U0379745

1. 国家自然科学基金青年基金项目：基于“数－形”双通量图谱的高密度街区形态测度模型与交互转译方法研究（52308051）
2. 江苏省重点科技研发计划：基于大数据的城市安全智慧管理平台科技示范（BE2023799）
3. 中国博士后科学基金面上项目：基于时空知识图谱的高密度城区空间演替模拟与数字推演研究（2024M750429）

全国高校出版社主题出版

城市设计研究/1
数字·智能城市研究

杨俊宴 主编

关联：城市形态复杂性的测度模型与建构机理

邵 典 杨俊宴 著

东南大学出版社·南京

· 作者简介 ·

AUTHOR INTRODUCTION

邵 典

东南大学建筑学院博士后，助理研究员。研究方向：城市空间形态与大数据。入选国家资助博士后研究人员计划、江苏省卓越博士后计划；主持国家自然科学基金青年科学基金项目 1 项；发表学术论文 15 篇，研制发明专利 28 件（已授权 7 件，含美国专利 1 件）；获授权软件著作权 3 件。获华夏建设科学技术一等奖、地理信息科技进步一等奖、第 48 届日内瓦国际发明展金奖等科技类奖项 5 项。获国际城市与区域规划师学会（ISOCARP）卓越设计金奖、国际建成环境学会（ISBE）杰出设计奖、全国优秀城市规划设计一等奖、江苏省优秀国土空间规划一等奖等设计类奖项 16 项。

杨俊宴

国家级人才特聘教授，东南大学首席教授、东南大学智慧城市研究院副院长，国际城市与区域规划师学会（ISOCARP）学术委员会委员，中国建筑学会高层建筑与人居环境学术委员会副主任，中国城市规划学会流域空间规划学术委员会副主任，中国城市科学研究会城市更新专业委员会副主任，住建部城市设计专业委员会委员，自然资源部高层次科技领军人才。中国首届科学探索奖获得者，*Frontiers of Architectural Research* 期刊编委，研究重点为智能化城市设计。主持 7 项国家自然科学基金（含重点项目和重大项目课题），发表论文 200 余篇，出版学术著作 12 部，获得美国、欧盟和中国发明专利授权 57 项，主持和合作完成的项目先后获奖 52 项。牵头获得 ISOCARP 卓越设计金奖、江苏省科学技术一等奖、住建部华夏科技一等奖和全国优秀规划设计一等奖等。

·序 言·

PREAMBLE

今天，随着全球城市化率的逐年提高，城市已经成为世界上大多数人的工作场所和生活家园。在数字化时代，由于网络数字媒体的日益普及，人们的生活世界和社会关系正在发生深刻的变化，近在咫尺的人们实际可能毫不相关，而千里之外的人们却可能在赛博空间畅通交流、亲密无间。这种不确定性使得现代城市充满了生活的张力和无限的魅力，越来越呈现出即时性、多维度和多样化的数据属性。

以大数据、5G、云计算、万物互联（IoT）等数字基础设施所支撑的社会将会呈现泛在、智能、精细等主要特征。人类正在经历从一个空间尺度可确定感知的连续性时代发展到界域认知模糊的不确定性的时代的转变。在城市设计方面，通过多源数据的挖掘、治理、整合和交叉验证，以及针对特定设计要求的数据信息颗粒精度的人为设置，人们已可初步看到城市物理形态“一果多因”背后的建构机理及各种成因互动的底层逻辑。随着虚拟现实（VR）、增强现实（AR）和混合现实（MR）的出现，人机之间的“主从关系”已经边界模糊。例如，传统的图解静力学在近年“万物皆数”的时代中，由于算法工具和可视化技术得到了质的飞跃，其方法体系中原来受到限制的部分——“维度”与“效率”得到重要突破。对于城市这个复杂巨系统，调适和引导的“人工干预”能力和有效性也有了重大提升。

“数字·智能城市研究“丛书基于东南大学杨俊宴教授团队在城市研究、城市设计实践等方向多年的产学研成果和经验积累，以国家层面大战略需求和科技创新要求为目标导向，系统阐述了数字化背景下的城市规划设计理论与方法研究，探索了智能城市设计、建设与规划管控新技术路径。丛书将作者团队累积十余年的城市空间理论研究成果、数智技术研发成果和工程实践应用成果进行了系统性整理，包含了《形构：城市形态类型的大尺度建模解析》《洞察：城市阴影区时空演化模式与机制》《感知：城市意象的形成机理与智能解析》《关联：城市形态复杂性的测度模型与建构机理》

和《实施：城市设计数字化管控平台研究》五本分册。从城市空间数智化研究的理论、方法和实践三个方面，详细介绍了具有自主知识产权的创新成果、前沿技术和代表性应用，为城市规划研究与实践提供了新技术、新理论与新方法，是第四代数字化城市设计理论中的重要学术创新成果，对于从“数据科学”的视角，客观精细地研究城市复杂空间，洞察城市运行规律，进而智能高效地进行规划设计介入，提升城市规划设计的深度、精度、效度具有重要的专业指导意义，也为城市规划研究及实践提供了有力支持，促进了高质量、可持续的城市建设。

今天的数字化城市设计融合了建筑学、城乡规划学、地理学、传媒学、社会学、交通和建筑物理等多元学科专业，已经可以对跨领域、多尺度、超出个体认知和识别能力的城市设计客体，做出越来越接近真实和规律性的描述和认识概括。同时，大模型与 AIGC 技术也将可能引发城市规划与设计的技术范式变革。面向未来，城市设计的科学属性正在被重新定义和揭示，城市设计学科和专业也会因此实现跨越式的重要拓展，该丛书在这方面已进行了卓有成效的探索，希望作者团队围绕智能城市设计领域不断推出新的原创成果。

王建国

中国工程院院士
东南大学建筑学院教授

·前 言·

PREFACE

复杂性科学是科学史上继相对论和量子力学之后的又一次科学革命，霍金曾预言21 世纪将是复杂性科学的世纪。复杂性科学打破了传统以线性、均衡、简单还原为主要手段的研究范式，其方法论原则是把复杂性当作复杂性来处理。这对于科学研究的方法论而言是一次重大的突破和创新。

城市形态的复杂性是近年来兴起的热点话题，是政治、经济、历史、文化等因素共同作用的产物，其反映的是城市的发展阶段、发展水平，以及社会空间职能与经济文化特色。换言之，处于不同发展阶段、具有不同地域特色的城市，造就了不同的城市形态复杂性及其内部的复杂性分布差异。研究城市形态复杂性的测度方法与建构机理，对于挖掘城市形态的形成机理，探索城市形态与社会、人文等非物质因素的内在关联，定量优化城市形态结构与空间布局具有重要意义。

城市形态的高度复杂性源于城市是一个始终处于开放变化和动态发展中的巨系统，而城市形态复杂性研究也是一个多尺度、多视角、多因素相互交织，耦合迭代的过程。本书以建筑体量为构成要素的城市形态复杂性研究为切入点，基于逐层剖析和递进式分析挖掘城市形态复杂性的构成及其相互作用规律，并通过城市形态的抽象、降维及归一化等方式建构城市形态复杂性测度模型，进而以南京中心城区为例进一步探讨其城市形态复杂性的特征规律、与空间要素的内在关联机理，并以此提出城市形态复杂性的原型模式。本书旨在突破传统“唯非线性论”的复杂性研究方式，在确保城市形态复杂性的研究与测度符合其非线性特征的同时保证研究和测度结果的可解释性。同时，挖掘小尺度空间下城市空间要素对城市形态变化的作用机理，厘清城市形态复杂性的强弱变化规律、衍化逻辑及模式构成，为城市空间的高品质、精细化发展提供理论依据和方法支撑。

城市形态是动态、变化发展的，未来对于城市形态复杂性的研究不该局限在街区、建筑或某一特定尺度，分析的范围可以向更大尺度的城市市域形态和城乡形态拓展，同时也应向更小尺度的建筑群落、空间组团方向深入研究，甚至以动态发展的眼光去看待城市形态的演化历程，剖析其内在的动力机制。此外还须进一步深入挖掘城市形态复杂性原型要素之间的相互制约和影响机制，揭示不同等级规模的城市形态复杂性特征规律，创新城市形态复杂性的实践路径。对于城市形态的复杂性研究需要一套成体系、全尺度的定量测度和研究方法，本书提出的以建筑体量为构成的研究思路，只为抛砖引玉，望能够引发学界、业界更深层次的思考和讨论。

·目 录·

CONTENTS

· 1 · 绪论

1.1 城市形态复杂性的研究背景

1.1.1 21 世纪将是复杂性科学的世纪

1）什么是复杂性

复杂性科学（complexity science）兴起于 20 世纪 80 年代，是一门新兴的边缘、交叉学科。复杂性科学是科学史上继相对论和量子力学之后的又一次科学革命，霍金曾预言：21 世纪将是复杂性科学的世纪[1]。复杂性科学打破了传统以线性、均衡、简单还原为主要手段的研究范式，致力于研究非线性、非均衡和复杂系统带来的种种新问题[2]。

目前，对于复杂性的定义学界尚未形成统一的说法。虽然国内外大量学者对复杂性进行了研究，但由于复杂性的涉及面很广，包含系统复杂性、经济复杂性、社会复杂性、空间复杂性等领域，因此要想找出一个能够符合各方研究旨趣的复杂性的概念还很困难。但也有人尝试对复杂性进行解释，例如宋学锋认为与我们日常所说的混乱、杂多、反复等概念不同，在科学领域可以将复杂性解释为系统因内在元素非线性交互作用而产生的行为无序性的外在表象[2]；Johnson 认为复杂性是系统或模型的行为特征，其组件以多种方式交互并遵循各自规则，没有更高级别指令来定义与约束各种可能的交互关系[3]；Heylighen 认为可以把复杂性解释为这样一种情形：为了得到一个复合体，你需要两个或更多的组成部分，这些组成部分以一种难以将其分离的方式连接在一起[4]；霍根（Horgan）更是收集了 45 种学者对于复杂性的定义[5]，如分层复杂性、算法复杂性、随机复杂性等，但他的统计仍不完全。

总之，复杂性是现代科学中最复杂的概念之一，至今无法对其做出统一定义是正常的，或许根本就不存在统一的复杂性定义。这或许就是复杂性科学的魅力所在，多样性、差异性原本就是复杂性的固有内涵，只接受一种意义下的复杂性，就否定了复杂性本身[6]。

2）复杂性科学对方法论的突破和思维方式的变革

有学者指出，简单性科学的方法论原则是把复杂性约化为简单性来处理，复杂性科学的方法论原则是把复杂性当作复杂性来处理[7]。这对于科学研究的方法论而言是一次重大的突破和创新。但是，这并非意味着复杂性科学就没有解释和分析的方法，相反地，把研究对象加以简化对于复杂性科学而言同样有效。简单性科学是以消除复杂性为前提的简化，复杂性科学要求在保留产生复杂性之根源的前提下进行简化，如果把产生复杂性的因素当作非本质的东西排除掉，那么复杂性科学便不复存在了[8]。

此外，复杂性科学的思维逻辑也呈现出以下新特征[2]：其一，非线性（不可叠加性）与动态性，普遍认为非线性是产生复杂性的必要条件，没有非线性就没有复杂性；其二，非周期性与开放性，复杂系统的行为一般是没有周期的；其三，积累效应（初值敏感性），即复杂系统的无可预测性；其四，奇怪吸引性，即复杂系统在相空间里的演化一般会形成奇怪吸引子；其五，结构自相似性（分形性），即复杂系统的结构往往具有自相似性或其几何表征具有分形特征。

3）复杂性科学的应用场景及量化难题

复杂性科学首先在自然科学领域得到了深入的研究和应用，例如陈予恕、唐云等编写了《非线性动力学中的现代分析方法》[9]；方锦清研究了混沌系统的控制理论与方法[10]；生物学家将复杂性科学与疾病相结合，探讨了心脏病、精神病等疾病的发生机理、诊断与控制方法[11]。同时，伴随着社会科技的不断进步，复杂性科学逐渐出现在了诸多社会学领域的相关研究中，并集中于经济管理与社会系统的复杂性研究，例如黄登仕等系统总结了非线性经济模型和研究方法[12]，宋长青等解释了地理复杂系统的基本概念，并就地理复杂系统的核心问题提出了相应的研究方法[13]。

可以说，当前关于复杂性科学的研究及其在众多学科领域的应用如火如荼，且正在迅速发展，但同时也存在几个关键性难题：其一，相关应用主要局限在物理、生物和经济管理领域，在其他领域，如社会科学和艺术领域的研究还相对比较滞后；其二，许多复杂性问题的研究，尤其是社会科学领域，目前还主要停留在定性的层面，定量分析和模型的建立仍需要加强；其三，大多数研究集中体现在理论方面，可操作性不强。

1.1.2 城市形态复杂性的研究价值及瓶颈

1）研究价值

城市形态复杂性是社会、空间、经济、历史等因素共同作用的产物，复杂性背后反映的是城市的发展阶段、发展水平，以及社会空间职能与经济文化特色。换句话说，处于不同发展阶段、具有不同地域特色的城市，造就了不同的城市形态复杂性，以及以街区为单位的复杂性分布差异。因此，研究城市形态复杂性的测度方法与建构机理，对于挖掘城市形态的形成机理、探索城市形态与经济社会人文等因素的内在关联、定量优化城市形态结构与空间布局，有着积极的意义。

2）认知瓶颈：传统以单一维度指标认知城市形态的片面性、割裂性

当下，对于城市形态的定量认知主要通过建构各项指标来描述形态的具体特征，本书梳理了以建筑体量为构成要素的相关形态指标，并根据其描述对象和内容将其归纳为密度类形态指标、形状类形态指标和空间关系类形态指标三种类型（表 1.1）。其中，密度类形态指标是城市规划设计中最常用的形态指标，用以描述街区内的建筑数量、强度、覆盖

表 1.1 城市形态指标类型梳理

类型	指标	指标含义
密度类	建筑基底面积	基础用地范围内所有建筑地面建筑面积之和
	建筑总面积	基础用地范围内所有建筑面积之和
	建筑总体积	建筑群所占空间体积之和
	建筑总边线长度	建筑外轮廓边界在地面投影的总长度
	建筑容积率	建筑总面积与建筑用地面积的比值
	建筑覆盖率	建筑基底面积与建筑用地面积的比值
	空间开放度	建筑总面积中每平方米所占基础用地中未建区域部分的面积
	建筑轮廓线密度	区域范围内每平方米所包含的建筑轮廓线的长度
	建筑个数	基础范围内建筑总个数
	最大建筑底面积	取所有建筑单体底面积中的最大值
	空地率	场地开放程度
形状类	形状指数	一个图形周长与其面积之间的关系
	紧凑度	紧凑度是和形状指数意义相反的一个指标，其值最大为 1，此时为一个圆形，同时也说明这个图形非常紧凑
	分割度	研究范围内建筑轮廓线总长度与研究范围内面积算术平方根的比值，数值越大则建筑整体的形状越不规则
	分散度	主要用来识别不同的板式楼房的分散程度
	建筑平均层数	研究范围内建筑容积率与建筑覆盖率的比值
	街区平均临街面长度	街廓平均周长

续表

类型	指标	指标含义
空间关系类	连接值	指与一个节点相邻的节点个数
	深度值	值越大，说明该空间系统越复杂；值越小，说明该空间系统相对简单
	离散度	用来描述建筑之间的距离从而判断是否有公共空间的指标。由两组数值来体现，并能从一定程度判别建筑物之间的位置关系，数值越大，说明建筑物越分散；数值越趋近于1，说明建筑分布越均质
	错落度	用来描述三维空间的高低错落变化

率等平面形态特征；形状类形态指标常见于规划研究中，用以描述特定空间对象的形状特征；空间关系类形态指标则是描述空间对象之间的空间相对位置关系。

可以发现，传统指标主要被用于描述城市形态的某个单一维度，然而城市形态是三维空间特征的高度集成，这导致了以单一维度和量纲认知城市形态的片面性和割裂性。此外，城市形态的多样性不仅体现为二维平面的特征与三维立体的特征多样性，同时也体现为形态指标量纲的多样性。而既有城市形态定量研究方法往往难以做到多维度的兼顾，同时不同量纲指标也难以实现有效集成，例如反映形态强度的容积率指标和反映形态三维起伏程度的错落度指标，因为维度及量纲单位不同，无法通过某一综合指标来实现集成描述。因此，如何综合二、三维形态特征并实现多量纲指标的集成，是目前难以实现用统一指标解析城市形态的主要难题之一。

3）研究瓶颈：既有研究止步于宏观尺度，以建筑体量为构成要素的街区尺度城市形态复杂性认知缺乏有效方法

目前，对于城市复杂性的研究主要集中在区域地理和城市宏观整体层面，例如分形城市、自组织城市、动力城市、元胞城市、复杂网络城市等，但主要为城市地理学家所关注，并且主要集中于空间结构[14]和空间演化[15]复杂性研究。可以说，目前关于城市形态复杂性的研究止步于宏观尺度，尚未开展以建筑体量为构成要素的街区尺度城市形态复杂性研究。其原因在于，以建筑体量为构成要素的城市形态涵盖了多元要素之间的复杂空间位置关系，传统对空间关系及组合特征的界定模糊导致解析精度无法提高。具体体现为每一类空间要素之间的位置、方向等空间关系，例如街区与道路的围合关系、建筑与街区的包含关系、建筑与建筑之间的围合和朝向等。目前既有的形态解析方法大多只能解析空间关系的某一指标（如离散度、错落度等），不仅无法对不同的空间关系进行统一定量解析，而且无法精细刻画要素之间的具体空间关系并测算其形态的复杂性。

4）方法瓶颈：常规非线性方法难以对城市形态的复杂性做出系统解释

在复杂性科学研究中，大量学者主张用非线性方法代替线性方法来研究复杂性，其原因在于，线性方法的研究思路为“系统分解→要素研究→要素整合”，其基础是整体必须等于局部之和，其经常会用子系统的性质来说明系统本身的性质，或用系统环境的性质来说明系统自身性质，因此很多学者认为线性研究的特征与复杂性研究是相背离的。在城市复杂性研究中亦是如此，例如空间句法、元胞自动机（CA）、自组织、耗散结构等方法都是非线性研究的产物。但是，常规非线性方法也有其不足之处，关键原因在于该方法将复杂系统看成一个复杂的系统整体去研究，这就导致了复杂性研究的不可知性、难预测性和不可解释性。非线性方法对于其他学科而言似乎是可行的研究路线，但是对于城市形态的复杂性研究而言，尤其是本书所聚焦的以建筑体量为构成要素的街区尺度城市形态复杂性研究而言，非线性研究方法很难对复杂形态背后的空间关系和判定机理做出有效、精确的解释，很容易导致最终的研究结果仍然是难以解释的、模糊而又混沌的。故本书认为城市形态复杂性的研究并不排斥非线性方法，而是需要在确定性描述手段的基础上，对城市形态的复杂性做出深度解释和解构，否则，任何结论将永远无法证实或证伪，对于城市形态复杂性的研究将不可避免地原地打转。因此，本书尝试将线性方法与非线性方法相结合，以线性思维解释城市形态复杂性的构成维度，并结合非线性方法对城市形态复杂性进行量化测度，在保证研究结论的可解释性的同时保证城市形态复杂性的研究与测度符合其非线性特征。

1.1.3 城市形态复杂性研究的机遇与新趋势

1）大数据、人工智能等技术发展为城市形态复杂性的精细认知提供了新途径

在移动互联网产品与人工智能技术深入城市日常生活的当下，数字化新技术和新数据显然正在逐渐改变人们的科研方式和设计手段。近年来，多源城市大数据成为研究城市的重要工具，并直接或间接为捕获城市物质空间要素及建构形态的内在关联奠定了基础。一方面，高精度的空间大数据为精准测量和模拟城市形态提供了数据基础，并实现了建筑、道路、山河水系等空间要素在三维实景沙盘中的综合集成和量化；另一方面，基于信息熵、自组织、混沌模型等，城市形态的复杂性研究逐渐从哲学领域的理论探讨步入数字量化的进程中，为城市形态复杂性的精细认知提供了新途径。

2）建筑空间序列组合关系的精细量化测度

随着城市形态复杂性研究的不断深入，近年来也有不少学者开始尝试不断提高研究的精度。其中，由建筑体量构成的城市形态复杂性研究成为趋势之一。研究的关键问题在于如何从复杂的建筑空间序列组合关系中测度其形态的复杂性。在这一尺度下，城市形态复杂性研究已经不再是区域、交通、组织、节点等大尺度城市空间要素的综合研究，而是趋向于建筑空间序列和多维形态关系的综合测度，包括建筑高度、建筑间距、建筑朝向、空间布局、组合序列等对城市形态复杂性的影响。在这种研究精度不断提高、研究尺度不断聚焦的情况下，城市形态复杂性研究较之以往的大尺度研究将在研究方法、思维模式、建构理念等方面发生新的变革，为复杂性研究提供创新和内涵拓展的可能性。

1.2 城市形态复杂性的内涵及概念释义

1.2.1 复杂性的内涵

复杂性科学兴起于 20 世纪 80 年代，是系统科学发展的新阶段，也是当代科学发展的前沿领域之一。复杂性科学的发展，不仅引发了自然科学界的变革，而且也日益渗透到哲学、人文社会科学领域。复杂性科学是指以复杂性系统为研究对象，以超越还原论为方法论特征，以揭示和解释复杂系统运行规律为主要任务，以提高人们认识世界、探究世界和改造世界的能力为目的的一种“学科互涉”的新兴科学研究形态。

目前，对于复杂性的定义学界尚未形成统一的说法。但值得说明的是，我们日常所说的“复杂性”或“复杂”指的是混乱、杂多、反复等意思，而并非科学研究领域中的混沌、分形以及与非线性相关联的复杂性。针对科学领域的“复杂性”概念，已有不少学者尝试从系统、经济、社会等不同视角对其进行系统解释，并且逐渐从自然科学领域延伸到社会科学领域（表 1.2）。

综合上述研究，对复杂性最简单的理解是不可预测性。因此，复杂性可以狭义地解释为：系统因内在元素非线性交互作用而产生的行为无序性的外在表象[2]。

1.2.2 城市形态复杂性的概念释义

“形态”一词可追溯至希腊语 morphe 和 logos，其意为形式的构成逻辑。城市形态最初由歌德所构建，起初主要是针对生物及艺术作品的物质形态研究[32]。根据国际城市形态论坛（ISUF）编写的城市形态学术语表及《人文地理学词典》中对城市形态做出

表 1.2 复杂性概念的相关解释及所在领域

	领域	复杂性解释	代表论著
自然科学	哲学	复杂性是客观世界固有的不以人的主观意志为转移的属性，不会因科学的发达而消失。复杂性被定义为客观事物不同层次之间的相互关系，也是客观事物跨越层次的不可直接还原的相互关系	《论复杂性概念——它的来源、定义、特征和功能》（王志康）[16]，*Complex Adaptive Systems in Complexity: Metaphors, Models and Reality*（Gell-Mann M）[17]
	物理	复杂系统由大量个体构成，由于个体之间的相互作用，复杂系统不是个体性质的简单之和，而呈现关联、合作、涌现等集体行为	《物理学研究的新领域：探索复杂性》（姚虹等）[18]，*Deterministic Nonperiodic Flow*（Lorenz E N）[19]
	计算机	任何信息都存在冗余，冗余大小与信息中每个符号（数字、字母或单词）的出现概率或者不确定性有关	*New Mathematical Measures for Apprehending Complexity of Chiral Molecules Using Information Entropy*（Piras P）[20]
	数学	算法复杂性即度量该计算方法的计算能力，包括时间复杂性、空间复杂性、信道带宽、数据总量等	《复杂：诞生于秩序与混沌边缘的科学》（沃尔德罗普）[21]，*Stability and Complexity in Model Meta-ecosystems*（Gravel D et al.）[22]
	生物	在复制生物结构的过程中展现出生长性和自适应性，生物的无双性导致不同层次、不同类群，甚至不同个体生物的复杂性，显示有很强的个性，此外生物复杂性难以量化	《穴位辐射的混沌与分形》（李福利等）[11]，《脑电信号的混沌分析》（徐强等）[23]
社会科学	社会经济	复杂性体现为非线性相互作用可能产生复杂的演化行为，包括形形色色的不稳定性，丰富的斑图动力学，各种各样的自组织、涌现及进化行为等	*Random Graphs and Complex Networks*（Van der Hofstad.）[24]，*Statistical Physics of Social Dynamics*（Castellano C）[25]
	空间	城市空间演化具有两种对立统一方式：以效用最大化为目标，以信息量的一定损失为约束条件；以信息量损失最小为目标，以效用一定为约束条件。这两种矛盾运动的结果表现为临界相变过程的空间复杂性	*Less Is More, More Is Different: Complexity, Morphology, Cities, and Emergence*（Batty）[26]，《城市、分形与空间复杂性探索》（刘继生等）[27]
	系统	构成元素不仅数量巨大，而且种类极多，彼此差异很大，它们按照等级层次方式整合起来，不同层次之间往往界限不清，甚至包含哪些层次有时并不清楚。这种系统的动力学特性就是复杂性	《开放的复杂巨系统》（王寿云等）[28]，《夸克与美洲豹：简单性和复杂性的奇遇》（盖尔曼）[29]
	管理	混沌和非均衡现象，是一种不稳定、不可预测的状态，其短期行为可以预测，而组织的长期行为是不可预测的、混沌的	*Societal Systems: Planning, Policy, and Complexity*（Warfield J N）[30]；*Complexity and Creativity in Organisations*（Stacey R D）[31]

的描述，城市形态学（urban morphology）是对城市形态（urban form）的研究，指对城市的物质肌理以及塑造其各种形式的人、社会经济和自然过程的研究。在城市设计学领域，城市形态学研究也指一种寻找城市设计原则的分析方法。除此之外，不同学者从不同尺度、学科、层次对城市形态给出了不同的解释和定义，在英文中与城市形态类似的概念还包括 urban morphology、urban form、city form、urban pattern、townscape、urban landscape 等[33]。

迄今为止，关于城市形态复杂性，学界尚未形成统一的定论，甚至尚未有学者对此做出系统的阐述。对于一个不太成熟的概念也不应该过早地定义——避开术语“雷区”，可以为方法进一步成熟以后巩固定义留下余地[34]。尽管如此，科学家都知道什么是复杂性。复杂性的定义通常涉及数量/多样性（quantity/diversity）、组织（organization）和相关性（connectivity）三个基本特性[35-36]。有学者对复杂性做出了较为通俗易懂的解释，即在某种程度上复杂性也就是自组织临界性。自组织临界性代表自组织与决定性混沌相遇的区域，在动力系统中，定性的和定量的秩序都在混沌的边缘地带诞生[21]，这个过程可以简单地表示为：

秩序（order）→复杂性（complexity）→混沌（chaos）

借用这一概念，本书认为城市形态复杂性（complexity of urban morphology）所研究的是城市形态的秩序性或无序性，并且又分为广义和狭义两种。其中，广义的城市形态复杂性包含了城市空间中各种有形的物质空间要素（如城市道路、建筑、街区、绿地等物质空间要素实体）及这些物质空间要素所承载的社会模式、人类活动、土地经济等一系列人类和自然因素所构成的对象整体，在相互作用关系、生成机理、衍化机制等方面所呈现的秩序性或无序性。而狭义的城市形态复杂性则特指物质空间形态的复杂性，即城市空间中各有形的物质空间要素在相对位置关系、形态布局结构等三维几何形态上所呈现的秩序性特征。本书主要研究狭义的城市形态复杂性，并以此探索城市形态复杂性的建构机理与测度方法。

1.3 国内外城市形态复杂性的研究动态

关于城市形态复杂性的研究，最早兴起于20世纪50年代，在70多年的发展中，其理论和技术方法得到不断深化和发展。本书系统梳理城市形态复杂性的研究历程、研究方向与技术方法，为本次研究的进一步开展提供理论与方法基础。在文献梳理的过程中发现，城市形态的复杂性并没有非常明确的研究边界，诸多关于“城市空间复杂性”“城市空间形态复杂性”“城市结构复杂性”的研究实则也涵盖了“城市形态复杂性”的研究内容。根据以上概念梳理（表 1.3），发现之所以产生这种研究交叉，是因为以上内容都是在城市实体空间基础上的研究分析，物质空间要素始终是以上研究的基础，其概念也并非相互独立。因此，本书将在“城市形态复杂性”研究的基础上，筛选出“城市空间复杂性”“城市空间形态复杂性”“城市结构复杂性”等研究中与城市形态相关的内容，进行统一系统整理和归纳。

表 1.3 城市形态的相关概念及关系

城市空间	城市形态	城市空间形态	城市结构
城市空间（urban space）是指由城市内部及其场所建筑物共同界定、围合而成的空间形式。城市空间不是人类活动的背景，而是城市活动的内在本质，因此城市空间研究领域中“真实的城市空间本质才是研究的对象”[37]	城市形态(urban morphology)，包含物质形态与非物质形态两部分，前者包括城市空间构成要素的空间布局、形状、外部轮廓;后者是城市空间中个体活动与经济、社会、文化等要素相互作用的产物，两者相互作用与组织，构成一个完整的空间系统	城市空间形态(urban space morphology)作为城市形态在空间视角上的概念延伸，泛指城市空间系统构成要素在空间范围内的分布组合状态、表现特征与功能联系，是城市系统存在和发展的空间形式。段进将其概括为“城市空间的深层结构和发展规律的显相特征”[38]	城市结构(urban structure)是指城市各组成要素相互作用的形式和方式，其实质为城市形态和城市系统相互作用的表述方式。城市结构与城市形态互为表里关系。前者是城市空间的内在反映与投影，后者是城市空间的外在显性状态和形式

1.3.1 国外研究动态

1）复杂性科学理论的发展

第二次世界大战结束后，伴随着全球社会经济、科学技术的发展，以及人类认知事物的能力不断加强，越来越多的复杂事物和复杂现象进入人们的视野，这些复杂事物和复杂现象背后的复杂规律和特征也逐渐受到学者的注意。正是在这样的背景下，复杂性科学逐渐萌芽和发展，成为当代科学发展的前沿之一，被誉为“21 世纪的科学”。

复杂性科学的发展大致可以分为三个阶段，如图 1.1 所示。第一阶段是 20 世纪 40—60年代，伴随着牛顿力学受到量子力学、相对论的挑战，线性的机械论的基本理念愈发受阻。与此同时，控制论、信息论、运筹学、系统工程先后问世，它们都是为解决传统科学技术难以解决的复杂性问题而提出来的。贝塔朗菲提出一般系统论，标志着复杂性科学的诞生[39]。从一般系统论开始，“系统”“整体”“整体性”成为科学研究的主要对象。第二阶段是 20 世纪 60—80 年代，这一时期是复杂性科学发展的黄金时期，耗散结构理论、协同论、突变论等大量理论相继诞生，使人们对事物的复杂性认知越来越深入，更多地用整体的观点来看世界。于是，人们的认识开始从平衡态到非平衡态，从简单到复杂，从有序到无序，从线性到非线性，从组织到自组织推进[40]。第三阶段是 20 世纪 80 年代之后，以复杂系统为研究对象的复杂性科学打破了以前学科的界限，进入综合研究阶段。经济学、社会学、人工智能等更多不同的学科融入其中，其研究内容也逐渐从理论与哲学思辨、定性研究向定量研究迈进。

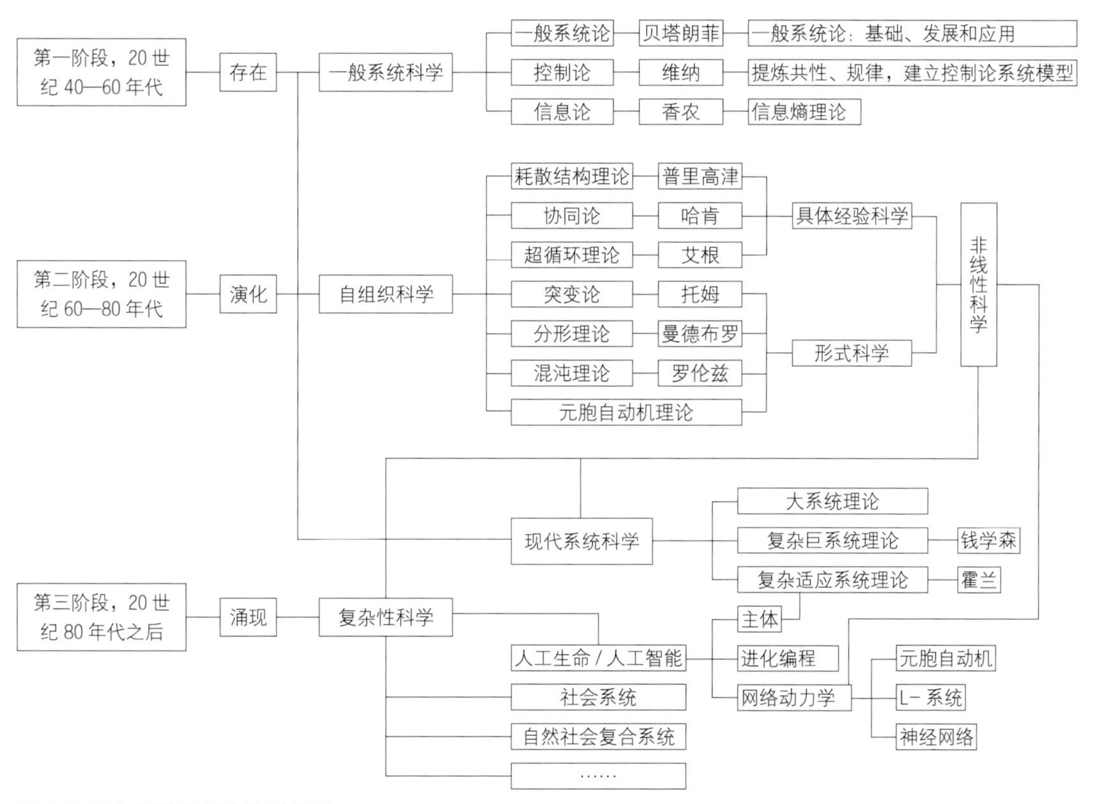

图 1.1 复杂性科学理论发展简图

资料来源：彭丽谦．当代人居环境研究中的复杂性思维方法 [D]. 湖南大学，2014.

2）城市形态复杂性研究的主要流派

复杂性科学研究的发展推动了城市领域的复杂性研究，其中不乏城市空间复杂性、城市系统复杂性、城市形态复杂性、城市结构复杂性等多方面研究。其中，城市形态作为城市物质空间实体要素的外在表现形式，其复杂性不仅体现为空间构形要素的空间布局、形状、外部轮廓等三维几何形态的复杂性，同时还涵盖了城市空间中个体活动与经济、社会、文化等要素相互作用的复杂过程。因此，本书从诸多城市形态复杂性研究中梳理出其中六个主要的学术流派（表 1.4）。

表 1.4 城市形态复杂性研究的主要流派

流派类型	发起年代	研究历程	代表人物
异速城市研究流派	20 世纪 50 年代	城市人口和城市用地之间满足幂指数关系，此即所谓城市人口－城区用地异速生长定律，系统建立了系列城市异速生长函数[41]。其中以 Smeed 的城市人口负幂律模型和 Dutton 的城市人口－面积幂指数模型最具影响力	Clarke, Batty, Dutton, Nordbeck, Smeed
动力城市研究流派	20 世纪 60 年代末	一方面，大量学者从系统动力学视角，系统开展了城市人口、经济、环境、资源、生态等子系统的相互作用机制及可持续发展预测研究；另一方面，一些学者运用突变论、协同论等全面揭示了城市空间变化的动力学过程，如 Amsin 的城市突变方程和 Weidlich、Hagg 的区域迁移动力学方程[42]	Forrester, Wilson
分形城市研究流派	20 世纪 80 年代	分形城市源于分形思想的城市形态、结构的模拟与实证研究，Mandelbrot 奠定分形城市研究[43]，随后 Batty 等长期全面地对城市及城市系统的内部空间结构展开分形理论和实证研究，系统奠立全新的分形城市研究的理论体系和计算模型[44–45]。近年，分形城市研究领域不断扩展，从城市内部形态向内逐渐细化至城市建筑，向外逐渐扩展到城市体系，包括微观层次的城市建筑分形、中观层次的城市内部分形，及宏观层次的城市体系分形	Mandelbrot, Batty, Longley
元胞城市研究流派	20 世纪 80 年代	元胞思想应用于城市系统研究历史已久，在 20 世纪 50—70 年代，就有学者运用 CA 计算模拟城市土地利用和交通发展过程，并创立“细胞地理学”[46]。80 年代，Coucleis 和 Batty 等率先在城市动态模拟领域开展 CA 理论和实证研究，引领一些学者在城市规划领域进行了尝试性及深入性的应用和扩展[47–48]。90 年代以来，随着 GIS 技术日益成熟，GIS-CA 模型成功实现融合，学术界掀起一股 CA 城市系统研究热潮，研究内容集中于城市系统形态生长、土地利用、城市景观、位序－规模等[49–50]	Batty, Coucleis, Tobler
自组织城市研究流派	20 世纪 90 年代	从 20 世纪 90 年代开始，系统论、耗散结构论、协同论、混沌论、分形理论、人工智能－生命理论、自组织临界论、自适应系统论等复杂科学理论与方法不断应用于城市－区域系统复杂性研究，分形和元胞城市渐趋合流，形成自组织城市研究学派，研究内容为耗散城市、协同城市、混沌城市、自组织城市、智能城市、网格－主体城市等[51]	Allen, Haken, Dendrinos

续表

流派类型	发起年代	研究历程	代表人物
复杂网络城市研究流派	20世纪90年代	从20世纪90年代开始，世界城市系统研究转向网络化视角，从空间实体流[52]和虚拟流[53]两个方面，揭示城市系统关联网络的复杂性研究成为热潮。近年来，随着图论和统计物理的融合，复杂网络理论取得大发展，一些学者从城市内部和城市体系两大视角，从交通联系、社会联系、信息交流等方面，将复杂城市系统抽象为复杂网络，系统分析了城市系统网络拓扑连接的复杂性规律[54]，如无标度性、小世界性等的验证，脆弱性或鲁棒性评价及控制，以及动力学演化与传播特征等	Batty, Townsend

其一是异速城市研究流派，该流派起源于20世纪50年代，是城市形态复杂性研究的最早流派，诸多学者研究证明城市人口和城市用地之间满足幂指数关系，此即所谓城市人口－城区用地异速生长定律，并探索人口与城市空间背后所反映的复杂关联。其二是动力城市研究流派，从20世纪60年代末开始，人们开始意识到基于牛顿力学的传统静态空间形态模型（如引力模型、潜力模型、空间扩散模型、距离衰减模型等）不能有效解释城市自组织的动态演化过程，因此创立了动力城市理论，以探索城市系统的动态演化过程和行为机制。其三是分形城市研究流派，兴起于20世纪80年代，与异速城市保持研究逻辑同构，包括城市及城市系统的内部空间结构，近年来从城市内部形态向内逐渐细化至城市建筑，向外逐渐扩展到城市体系。其四是元胞城市研究流派，崛起于20世纪80年代中期，最早可追溯到70年代，与动力城市及网格－主体城市存在一定渊源，研究内容集中于城市形态生长、土地利用、城市景观、位序－规模等。其五是自组织城市研究流派，标志着城市形态复杂性研究进入了新的研究阶段，在协同论、混沌论、分形理论等复杂科学理论和方法的支撑下，形成自组织城市研究流派，研究内容包括耗散城市、协同城市、混沌城市、自组织城市、智能城市、网格－主体城市等诸多领域。其六是复杂网络城市研究流派，兴起于20世纪90年代。非线性动力学的发展和复杂网络理论的兴起，为传统城市网络系统复杂性研究提供新的视角和方法，从而奠定了复杂网络城市研究流派。

3）城市形态复杂性研究的常见技术方法

分形几何。分形是自然界普遍规律之一，而分形几何是这一规律在形态几何中的体现。其基本概念是客观事物具有自相似的层次结构，局部与整体在形态、功能、信息、时间、空间等方面具有统计意义上的相似性。分形几何学侧重于对整体与局部之间属性自相似性的描述，从分形维度的角度分析事物形态。简而言之，分形几何即是从自相似性和分形维度的角度分析事物。城市形态也存在明显的分形特征，即城市形态中包含了很多重复性的形态，这种重复性形态的某方面属性可以用自相似性描述，但这绝不是重复性的全部。城市形态的重复性体现在距离、方向、面积等基本因素及其更高层形态上。比如，距离造成的镜像对称、旋转方向造成的中心对称等也是形态重复性的体现，如图 1.2 所示。

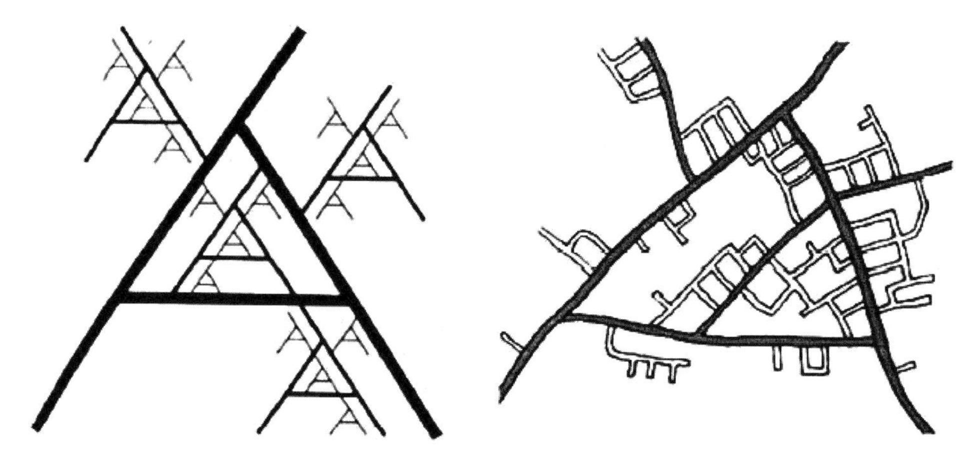

图 1.2 城市街道形态的分形结构
资料来源：马歇尔．城市·设计与演变 [M]. 陈燕秋，胡静，孙旭东，译．中国建筑工业出版社，2014.

分形在城市形态中的研究，最早始于 Batty 在 20 世纪 90 年代初发表的《作为分形的城市：模拟生长与形态》（*Cities as Fractals: Simulating Growth and Form*）一文；1994 年 Batty 和 Longley 共同撰写的《分形城市：形态与功能的几何学》(*Fractal Cities: A Geometry of Form and Function*) 为分形方法在城市中的研究奠定了思想基础 [55]。近二十年来，分形研究越发贴近城市形态复杂性的结构生成与演化机制等问题，如公共交通网、郊区铁路网及排污设施网的分形特征，Frankhauser 测算了许多世界大城市的城市形态分形维数值，通过对比分形特征研究了城市形态的相似性及增长过程 [56]。

元胞自动机模型（CA 模型）。CA 模型属于分形的一个分支，它是一个由具有离散、有限状态的元胞组成的元胞空间，按照一定的局部规则，在离散的时间维上进行演化的动力学系统 [57]。20 世纪 70 年代，Tobler 最早将 CA 模型引入城市形态领域的研究，这一时期间 CA 模型主要用于模拟城市化进程中的土地利用变化 [58]。随后，众多学者纷纷开始探索 CA 模型与城市空间、形态、区域地理等相关领域的集成研究。CA 模型模拟城市形态在时空上的动态变化，具有直观、生动、简洁、高效、实时等特征，是其他模型难以媲美的。同时，它具有完备的复杂计算特征，可以模拟非线性复杂系统的突现、混沌等特征，是模拟城市形态、空间、系统等多种高度复杂的城市现象的有力工具。

近年来，国外学者逐渐认识到静态城市模型的局限性。以自组织、非线性城市为代表的早期静态模型转变为通过城市自下而上演化过程的相互作用和反馈，来研究城市所有空间形态要素之间交互作用、影响的动态模型。例如，Pradhan 通过元胞自动机模型对城市 40 年的城市形态进行跟踪，并对城市形态进行建模，对其形态紧凑度、边缘扩张、形态演化等形态复杂变化机制进行探讨[59]；Shafia 等将城市过去 20 年的形态演化特征与人口、基础设施进行耦合分析（图 1.3），提出城市形态增长的复杂模型及演替模式[60]；Tong 等将 CA 模型与城市大尺度形态格局相结合，运用约束模型对城市未来 10 年的形态做出预测（图 1.4）[61]。这些研究以探究城市区域空间结构与宏观层面城市形态模型为主，虽然难以应用到中观层面，但其研究成果对于城市形态生成机制、形态参数确定，以及城市形态动态演化的概念原理与分析方法，仍具有一定的启示和参考作用。

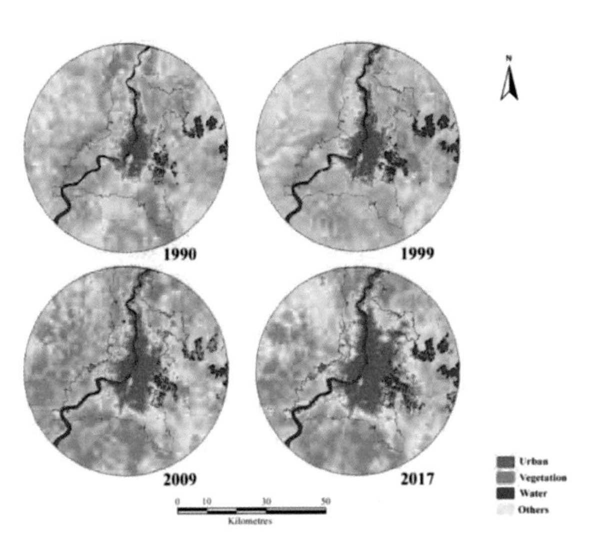

图 1.3 城市过去形态演化的 CA 模型建构
资料来源：SHAFIA A, GAURAV S, BHARATH H A. Urban growth modelling using cellular automata coupled with land cover indices for Kolkata Metropolitan Region[J]. IOP Conference Series: Earth and Environmental Science,2018,169(1).

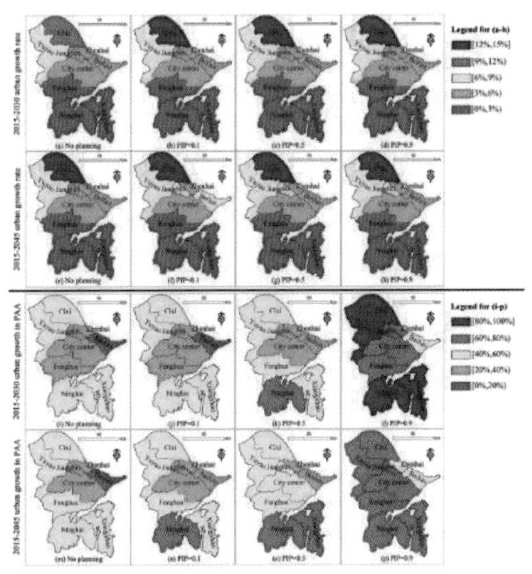

图 1.4 基于 CA 模型的城市未来形态预测
资料来源：TONG X H, FENG Y J. How current and future urban patterns respond to urban planning? An integrated cellular automata modeling approach[J]. Cities,2019,92.

复杂网络理论与拓扑模型。20 世纪 60 年代，Alexander 的著作《城市并非树形》（*A City Is Not a Tree*）中以系统论的观点将城市视为一个系统，运用数学逻辑对其进行描述和分析，颠覆了以往将城市构成元素的层次等级看成“树形结构”的传统认知，从而提出真实的城市生活比“树形模型”具有超乎寻常的多样性和复杂性，并论证了“一个有活力的城市应该是而且必须是半网络形”（semi-lattice），这是首次将城市看成一个复杂的拓扑网络模型（图 1.5）。随着拓扑分析技术的不断发展与完善，复杂网络理论（Complex network theory）开始成为描述和探析各类开放性复杂系统的骨架拓扑结构和动力学性质的强劲、有效工具。在这之后，学者们意识到半网络模型存在的还原论瑕疵与局限性，转而对城市形态与结构之间的整体性组构进行研究，并提出了一套完整的空间测度指标体系，形成了这一时期基于集合论和代数拓扑学的空间拓扑组构模型研究，即将 Q 分析法（Q-analysis）应用于建筑与城市的空间拓扑结构研究 [62]。

近年来，复杂网络理论（complex network theory）成为描述和分析各类开放性复杂系统的拓扑结构的有效工具。在城市形态的网络研究方面，萨林加罗斯通过小世界网络、熵值等理论，将城市理解为由某些简单规则自组织演化而形成的复杂系统，并建立城市网络理论模型来描述城市整体形态的复杂性 [63]；Huynh 将城市整体形态抽象为由点和圆构成的复杂网络结构，结合熵最大思想来量化城市形态的复杂性及其空间模式，即质量退相干和空间退相干，并通过全球不同城市进行横向对比研究（图 1.6）[64]。

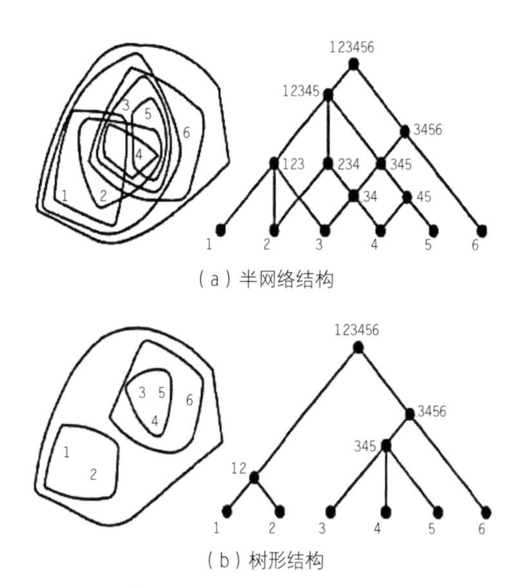

图 1.5 《城市并非树形》中的城市复杂网络理论
资料来源：亚历山大 . 城市并非树形 [J]. 严小婴，译 . 建筑师，1985(6).

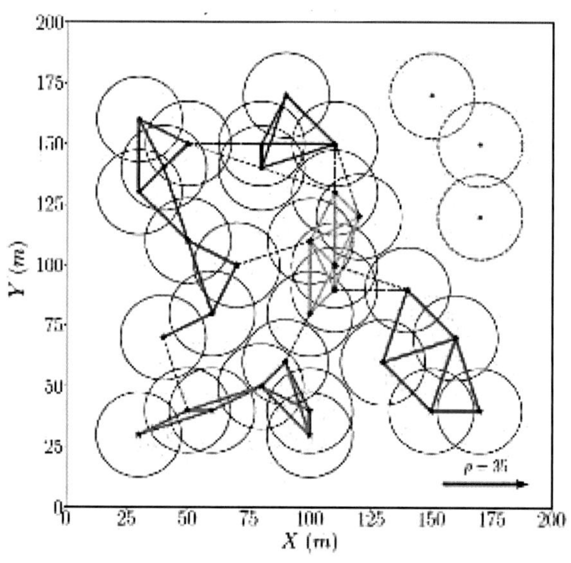

图 1.6 城市组团形态复杂网络
资料来源：HUYNH H N. Spatial point pattern and urban morphology: perspectives from entropy, complexity, and networks [J]. Physical Review E,2019,100(2).

空间句法。空间句法理论产生于 20 世纪 70 年代末，由英国伦敦大学学院的巴特莱特建筑学院学者比尔 · 希列尔 (Bill Hillier) 及其领导的小组在“环境范型”和“逻辑空间”

的研究基础上首次提出并使用[65]。空间句法理论在空间的拓扑抽象与轴线划分的基础之上，提出一种全新的量化方法，用于描述现代城市空间模式关系，通过城市街道空间元素之间的图解关联，探究城市空间结构的量化构造方式以及整体性质。此后，学者们开始结合图论的思想，对空间的通达性、网络形态格局特征、空间结构与人类活动间的关系等进行了一系列研究。

其中，在城市形态的复杂性方面，空间句法主要通过街道网络的几何形态特性进行量化分析，如 Pont 等将网络密度作为主要的量化测度指标对城市街道空间形态进行科学化描述，通过空间网络形态的量化研究有效增强社会网络与空间网络在街道空间句法结构层面的关联，探讨空间网络的异质性特征[66]。koohsari 等通过空间句法将城市街道形态与土地利用功能联系起来，来研究城市形态与常规步行交通之间的复杂关系[67]（图 1.7）。以街廓为基本空间单元并以街道空间行为主体行为为对象的精细量化研究成为街道形态量化研究的主要方向，促进了城市街道形态研究由定性向定量的进一步转向。

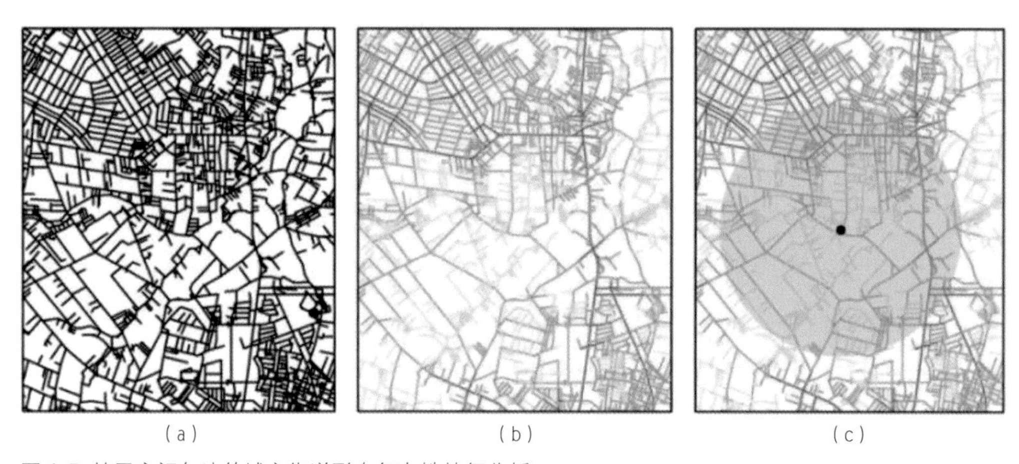

图 1.7 基于空间句法的城市街道形态复杂性特征分析

资料来源：KOOHSARI M J, OKA K, OWEN N, et al. Natural movement: a space syntax theory linking urban form and function with walking for transport[J]. Health and Place,2019,58.

1.3.2 国内研究动态

1）区域地理视角下的城市形态复杂性研究最早兴起

基于技术等方面的原因，我国在城市形态复杂性领域的研究起步较晚。在 20 世纪 80 年代，孙晓光和庄一民在国外研究的基础上，在《介绍两个城市数学模型》一文中介绍了城市引力模型和盖林 – 劳瑞模型，及其在国外区域地理形态中的应用[68]。随后，国内地理学者开始逐渐关注城市形态的复杂性，他们相继从城市空间与形态的自组织和复杂性角度，运用数理工具和元胞自动机等方法对城市形态演变的内在规律进行模拟和分析[69-70]。其中以陈彦光、刘继生的研究最具代表性，他们在《基于 GIS 的细胞自动机模型与人地关系的复杂性探讨》一文中认为人地非线性关系可以揭示地理系统空间形态复杂性的许多简单本质[71]，具有重要的理论意义和实践价值，其后的研究也为国内城市形态复杂性的理论与方法推进起到了重要的推动作用。

在这之后，城市形态复杂性的研究形成两大阵营：城市内部和城市体系，并且与国外相比国内的研究也相对较窄，主要集中于“形态结构复杂性”[72]和“形态演化复杂性”[73]研究两个方面。其中，“形态结构复杂性”侧重于借鉴分形理论、元胞自动机等复杂科学理论，从城市内部景观结构、土地利用、人口分布、交通网络以及城市体系空间形态、分形体系、等级结构、网络联系等方面，揭示城市形态的复杂性。例如，任君等利用嵌入规划目标的多准则判断元胞自动机模型对嘉峪关城市形态开发边界进行了研究[74]；刘继生等在城镇体系规模等级与空间分布、城镇总体用地形态层面进行了分形模型理论基础的探索性研究，极大地推进了该领域的研究[75-77]。“形态演化复杂性”侧重运用突变论、系统动力学、自组织理论、复杂适应系统论等复杂科学理论，开展城市空间演化过程（相变及突变）和动力机制（自组织和他组织）的定量研究和模拟预测，如动力城市、自组织城市和主体城市。例如，张新生归纳了城市形态增长的动力学机制，建立基于个体行为的城市空间动力学模型，实现了威尔逊模型的拓展[78]；孙战利将主体引入控制因素层和动态交通层，构建了城市形态动态演化模型，实现了宏观与微观、空间变化与属性变化相结合[79]。

2）城市宏观视角下的城市形态复杂性研究近 15 年快速发展

随着国内对于城市形态与空间结构深层次机制研究水平的不断提高，城市规划、城市设计领域的学者逐渐开始关注城市形态的复杂性研究，尤其是近 15 年，城市规划领域的城市形态复杂性研究成果显著增多，并且集中在城市分形、元胞自动机、空间句法、多主体建模等领域[80]。例如，陈苏柳等通过对城市形态的网络结构分析，提出有向性和连通性是城市形态在经过连续的拓扑变换之后保持不变的两个重要指标，这种不变性由特定的地理文化特征及空间耦合关系所决定[81]；龙瀛等构建了综合约束 CA 城市模型，基于约束条件本身从时间复杂性和空间复杂性角度进行了深入的分析，提出了满足综合约束条件的状态转换规则识别方法[82]；陈彦光等借助网格分维法等对城市建设用地的形态复杂性与分维特征及其对城市规划的启示进行了详细分析[83-85]。

此外，国内学者在理论与方法研究的基础上，结合国外学者的研究成果开展了我国城市形态的大量实证性研究。例如，龙瀛等提出基于CA模型的北京城市空间发展分析模型，对2049年北京的城市形态进行了不同约束条件下的情景分析[86]；朱东风以苏州市为例，基于GIS与空间句法的集成研究，展开了关于城市空间拓扑形态与功能结构演进组织机制的技术实践探索[87]；田达睿等通过城镇空间分形特征的研究以及分形规划方法的探讨初步建立了分形数理与城镇空间形态之间的联系，尤其是针对陕北黄土高原分形地貌约束下的人居环境适宜模式进行了较深入的研究[88]；徐冰基于空间句法理论，搭建了多层级、多变量的空间网络研究模型，对天津市中心城区的空间形态与结构的演变展开实证性研究与方案论证[89]。与此同时，国内形成了以北京城市实验室、南京大学环境规划设计研究院技术协同创新中心，以及北京大学城市与环境学院智慧城市研究与规划中心等为代表的从事城市形态复杂性和模型化的研究机构。

3）中微观视角下的城市形态复杂性研究近年来受到关注

与区域和城市宏观视角下的城市形态复杂性所关注的城市边界形态、结构形态、布局形态、人口形态、系统形态等抽象要素不同，中微观视角下的城市形态复杂性研究更聚焦于街区、街道、机理、群落、建筑等更为具象、人更能直观感知的实体形态要素。在这方面，无论是国内还是国外研究都相对匮乏，并且国内在中微观尺度下的城市形态复杂性研究大多集中在对国外理论的引入与初步借鉴[90]。

近年来，段进等[38]、杨滔[91]等学者介绍了空间句法的基本原理、技术方法与实践项目，为建筑师与规划师提供了一种城市形态复杂性量化分析的有效工具，并使越来越多的相关学者意识到了城市形态复杂性研究的紧迫性和重要性。例如，秦静等将城市形态的二维计盒维数法扩展到三维空间，提出了三维计盒维数的方法[92]；冒亚龙等从建筑创作的视角探讨了分形建筑的理论方法和设计实践[93-94]；龙瀛等针对城市空间相关因素的定量分析，基于多智能体构建了城市形态、交通能耗和环境的集成模型[95]；宋亚程从街道网络到街区内部，提出了街区形态复杂性表述方法，为认知城市街区的内在逻辑与秩序提供了新的工具[96]。

1.3.3 小结

通过对既有文献的梳理，目前国内外对城市形态复杂性的研究，主要有以下几个特点：

其一，城市形态复杂性研究经历了七十多年的发展，正逐渐从理论走向方法、从定性走向定量，城市形态的复杂特征正逐渐得到测度。

其二，空间句法、元胞自动机、自组织、复杂网络等技术方法仍是目前学界研究城市形态复杂性的主流方法，并且不断得到优化与发展。但随着这些方法的弊端逐渐暴露（例如分形形成的内在机制目前无法解释，元胞自动机难以有效应对城市人居尺度微观单元的形态模拟等），学者们发现城市形态复杂性研究的创新性显得不足，特别是缺乏针对城市形态本身系统综合关系的定量解释。

其三，大多数的既有研究都是区域地理和城市宏观尺度的城市形态复杂性研究，但是由于研究视角、学科背景、数据精度和技术方法具有局限性，大部分研究结论并没有突破既有的复杂性研究精度，中微观研究成果相对匮乏，同时缺乏以建筑体量为构成要素的城市形态复杂性研究，其复杂性概念、建构机理、特征构成等暂未得到深入研究。

基于此，本书尝试聚焦中微观尺度，基于建筑体量探索城市形态的复杂性特征，厘清这一视角下的城市形态复杂性的特征与认知逻辑，探索其复杂性的构成维度及相互作用机理。进而，突破传统复杂性研究技术方法的局限，建构以建筑体量为构成要素的城市形态复杂性测度模型，并以此定量分析城市形态复杂性与城市空间发展的内在关联，旨在实现城市形态与复杂性研究的方法论创新，为城市形态定量优化等实践应用提供理论和方法依据。

1.4 基本思路与研究方法

1.4.1 基本思路

资料收集与文献分析。在明确科学问题的基础上，对研究内容、研究方法、既有研究成果等进行梳理，建构全书的整体框架，确定全书的总体脉络；开展相关资料收集，并完成既有研究综述。

城市形态的复杂性原理。对复杂性、城市形态复杂性的概念做出系统性阐释，并明确本书的研究意义。探讨当前城市形态复杂性研究的主流观点、流派、不足以及关键难题，并找出对本书的启示价值。挖掘城市形态复杂性研究的方向脉络，厘清主客观研究的差异及研究特征，并论证以建筑体量为构成要素的城市形态复杂性研究的可行性。

城市形态复杂性的构成及内部机理。明确基于建筑体量的城市形态复杂性的构成要素，通过理论分析与逻辑推导逐步论证城市形态复杂性的构成维度猜想，并结合模型推导、演绎归纳等方法，尝试论证城市形态复杂性构成维度的相互作用机理。

城市形态复杂性的测度模型建构。在明确城市形态复杂性构成维度及作用机理的基础上，拟采用降维与归一化的方法，在对高维复杂的城市形态进行降维的同时，确保尽可能减少形态特征的信息丢失，将城市形态复杂性特征转译为统一量纲、可定量计算的函数矩阵，进而结合熵理论、概率事件等建构城市形态复杂性的测度模型。

城市形态复杂性与城市空间发展的内在关联。在对南京中心城区进行城市形态复杂性测度的基础上，初步发现其与空间肌理、道路街区、用地功能等空间因素的关联并提出猜想，进而结合空间耦合特征、关联机理、构成模式等定量与定性相结合的方式，探讨城市形态复杂性与城市空间发展的内在关联。

城市形态复杂性的原型建构。在厘清城市形态复杂性与城市空间内在关联的基础上，对南京中心城区的城市形态复杂性进行拓扑抽象，明确复杂性构成的要素体系及要素之间的特征结构，进而探讨不同复杂性强弱下的城市形态复杂性原型模式，并基于前文的构成模式，明确各种完型模式下的亚型特征，探讨城市形态复杂性及其原型的应用途径。本书的技术路线具体见图 1.8。

1.4.2 研究方法

① 文献查阅法。查阅与城市形态、复杂性、城市形态复杂性相关的论文、专著及其他科研资料，了解城市规划领域特别是城市形态领域的研究进展、主流学派、研究方法及存在的瓶颈，作为城市形态复杂性研究的理论基础。② 猜想论证法。先通过猜想并提出城市形态复杂性的构成维度，再结合形态模型通过推演、规划、论证等分析进一步验证猜想，进而总结得到最终结论。③ 定量解析法。结合复杂性构成维度以及每个维度对复杂性的作用机理，运用非线性算法建构城市形态复杂性测度模型，具体包括形态特征的降维、归一化以及复杂网络算法综合运用。④ 实证分析法。以南京中心城区为样例定量测度每个 1km^2 栅格的复杂性值，并结合问卷结果对测度模型进行验证，探讨主客观偏差的原因，同时将复杂性与城市用地功能、道路街区、空间肌理等因素进行空间耦合分析，挖掘其两两之间的关联，并探讨其内在关联机理。

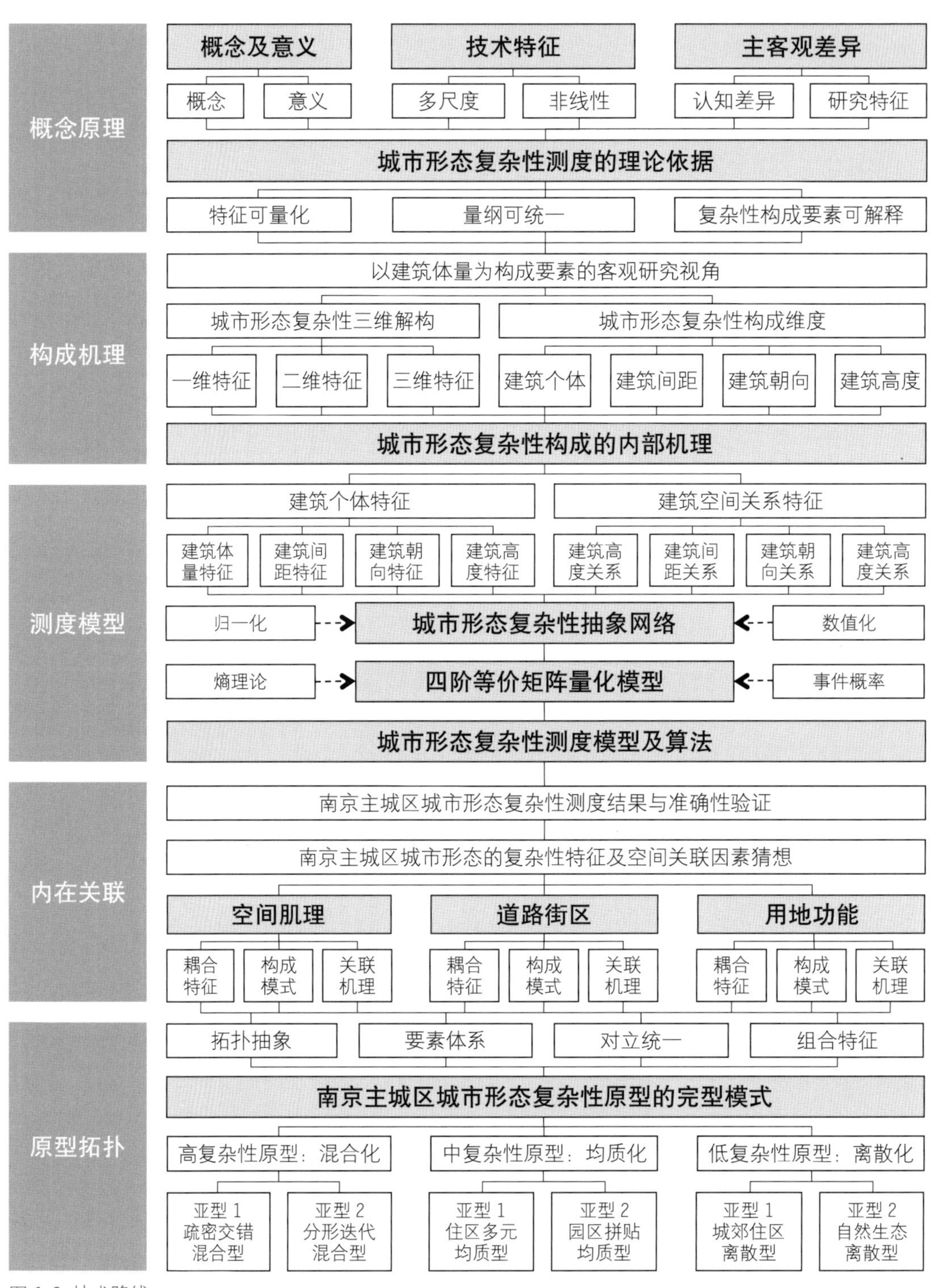
概念原理
概念及意义
技术特征
主客观差异
概念
意义
多尺度
非线性
认知差异
研究特征
城市形态复杂性测度的理论依据
特征可量化
量纲可统一
复杂性构成要素可解释
构成机理
以建筑体量为构成要素的客观研究视角
城市形态复杂性三维解构
城市形态复杂性构成维度
一维特征
二维特征
三维特征
建筑个体
建筑间距
建筑朝向
建筑高度
城市形态复杂性构成的内部机理
测度模型
建筑个体特征
建筑空间关系特征
建筑体量特征
建筑间距特征
建筑朝向特征
建筑高度特征
建筑高度关系
建筑间距关系
建筑朝向关系
建筑高度关系
归一化
城市形态复杂性抽象网络
数值化
熵理论
四阶等价矩阵量化模型
事件概率
城市形态复杂性测度模型及算法
内在关联
南京主城区城市形态复杂性测度结果与准确性验证
南京主城区城市形态的复杂性特征及空间关联因素猜想
空间肌理
道路街区
用地功能
耦合特征
构成模式
关联机理
耦合特征
构成模式
关联机理
耦合特征
构成模式
关联机理
原型拓扑
拓扑抽象
要素体系
对立统一
组合特征
南京主城区城市形态复杂性原型的完型模式
高复杂性原型：混合化
中复杂性原型：均质化
低复杂性原型：离散化
亚型1 疏密交错混合型
亚型2 分形迭代混合型
亚型1 住区多元均质型
亚型2 园区拼贴均质型
亚型1 城郊住区离散型
亚型2 自然生态离散型
图 1.8 技术路线

参考文献

[1] 成思危．复杂性科学探索：论文集 [M]. 北京：民主与建设出版社，1999.
[2] 宋学锋．复杂性、复杂系统与复杂性科学 [J]. 中国科学基金，2003，17(5): 262-269.
[3] JOHNSON N. Simply complexity: a clear guide to complexity theory [M]. London: Oneworld Publications，2009.
[4] HEYLIGHEN F. What is Complexity? [J/OL]. (1996-12-09)http://pespmc1.vub.ac.be/COMPLEXI.html.
[5] 霍根．科学的终结 [M]. 孙拥军，等，译．呼和浩特：远方出版社，1997.
[6] 黄欣荣．复杂性究竟有多复杂？: 论复杂性的测度 [J]. 系统辩证学学报，2005，13(4): 49-55.
[7] 苗东升．系统科学原理 [M]. 北京: 中国人民大学出版社，1990.
[8] 苗东升．论复杂性 [J]. 自然辩证法通讯，2000，22(6): 87-92，96.
[9] 陈予恕，唐云，等．非线性动力学中的现代分析方法 [M]. 北京：科学出版社，1992.
[10] 方锦清．非线性系统中混沌的控制与同步及其应用前景（一）[J]. 物理学进展，1996，(1): 3-5，7-62.
[11] 李福利，方彪，陈志刚．穴位辐射的混沌与分形 [J]. 量子电子学报，1997，14(3): 193-196.
[12] 黄登仕，李后强．非线性经济学的理论和方法 [M]. 成都: 四川大学出版社，1993.
[13] 宋长青，程昌秀，史培军．新时代地理复杂性的内涵 [J]. 地理学报，2018，73(7): 1204-1213.
[14] 陈彦光，罗静．郑州市分形结构的动力相似分析: 关于城市人口、土地和产值分维关系的实证研究 [J]. 经济地理，2001，21(4): 389-393.
[15] 黄泽民．我国多中心城市空间自组织过程分析: 克鲁格曼模型借鉴与泉州地区城市演化例证 [J]. 经济研究，2005 ，40(1): 85-94.
[16] 王志康．论复杂性概念: 它的来源、定义、特征和功能 [J]. 哲学研究，1990(3): 102-110.
[17] GELL-MANN M. Complex adaptive systems in complexity: metaphors, models and reality[C]. 1994.
[18] 姚虹，张建玮，狄增如．物理学研究的新领域: 探索复杂性 [J]. 物理，2010，39(3): 190-195.
[19] LORENZ E N.Deterministic nonperiodic flow[J]. Journal of the Atmospheric Sciences, 1963,20:130-141.
[20] PIRAS P. New mathematical measures for apprehending complexity of chiral molecules

using information entropy[J]. Chirality,2022,34(4):646-666.
[21] 沃尔德罗普．复杂：诞生于秩序与混沌边缘的科学 [M]．陈玲，译．北京：生活・读书・新知三联书店，1997．
[22] GRAVEL D, MASSOL F, LEIBOLD M A. Stability and complexity in model meta-ecosystems[J]. Nature Communications, 2016,7:12457.
[23] 徐强，吴芝芳，郑旭媛，等．脑电信号的混沌分析 [J]. 中国医学物理学杂志，1997(01)：56-58.
[24] VAN DER HOFSTAD R. Random graphs and complex networks[M]. Cambridge: Cambridge University Press，2016.
[25] CASTELLANO C, FORTUNATO S, LORETO V. Statistical physics of social dynamics [J]. Reviews of Modern Physics, 2009(81) : 591-646.
[26] BATTY M .Less is more, more is different: complexity, morphology, cities, and emergence [J]. Environment and Planning B:Planning and Design, 2000, 27(2):167-168.
[27] 刘继生，陈彦光．城市、分形与空间复杂性探索 [J]. 复杂系统与复杂性科学，2004, 1(3):62-69.
[28] 王寿云，于景元，戴汝为，等．开放的复杂巨系统 [M]. 杭州：浙江科学技术出版社，1996.
[29] 盖尔曼．夸克与美洲豹：简单性和复杂性的奇遇 [M]．杨建邺，李湘莲，等译．长沙：湖南科学技术出版社，1997.
[30] WARFIELD J N. Societal Systems: planning, policy, and complexity [M]. New York: Wiley Interscience, 1976.
[31] STACEY R D. Complexity and creativity in organisations[M]. San Francisco: Berret-Koehler Publishers, 1996.
[32] HILLIER B, HANSON J. The social logic of space[M]. Cambridge: Cambridge University Press, 1984.
[33] 邵典．基于建筑空间大数据的超大城市形态研究 [D]．南京：东南大学，2019.
[34] GALLAGHER R, APPENZELLER T. Beyond reductionism[J]. Science, 1999, 284(5411): 79.
[35] RUSSELL P. The global brain awakens: our next evolutionary leap[M]. California: Global Brain Inc, 1995.
[36] 罗素．地球脑的觉醒：进化的下一次飞跃 [M]．张文毅，贾晓光，译．哈尔滨：黑龙江人民出版社，2004.
[37] 科斯托夫．城市的组合：历史进程中的城市形态的元素 [M]. 邓东，译．北京：中国建筑工业出版社，2008.
[38] 段进，希列尔，等．空间研究 3: 空间句法与城市规划 [M]. 南京：东南大学出版社，2007.

[39] 贝塔朗菲 . 一般系统论：基础、发展和应用 [M]. 林康义，魏宏森，译 . 北京 : 清华大学出版社，1987.
[40] 滕军红 . 整体与适应：复杂性科学对建筑学的启示 [D]. 天津：天津大学，2003.
[41] SMEED R J. Road development in urban area [J]. Journal of the Institution of Highway Engineers, 1963(10): 5-26.
[42] 张新生 . 城市空间动力学模型研究及其应用 [D]. 北京 : 中国科学院地理研究所，1997.
[43] MANDELBROT B B. Fractals: form, chance, and dimension [M]. San Francisco: W. H. Freeman and Company, 1977.
[44] BATTY M. Fractals-geometry between dimensions [J]. New Scientist,1985,106(1450): 31-35.
[45] BATTY M, LONGLEY P A. Fractal cities: a geometry of form and function[M]. London: Academic Press,1994.
[46] CHAPIN F S, WEISS S F. A probabilistic model for residential growth [J]. Transportation Research,1968,2(4): 375-390.
[47] COUCLEIS H. Of mice and men: what rodent populations can teach us about complex spatial dynamics[J]. Environment and Planning A,1988,20(1): 99-109.
[48] BATTY M, LONGLEY P A. The morphology of urban land use [J]. Environment and Planning B,1986,15(4):461-488.
[49] WHITE R, ENGELEN G. Urban systems dynamics and cellular automata: fractal structures between order and chaos[J]. Chaos Solitons and Fractals,1994,4(4): 563-583.
[50] CLARKE K C, GAYDOS L J. Loose-coupling a cellular automaton model and GIS: long-term urban growth prediction for San Francisco and Washington/Baltimore [J]. International Journal of Geographical Information Science, 1998, 12(7): 699-714.
[51] 段德忠，刘承良 . 国内外城乡空间复杂性研究进展及其启示 [J]. 世界地理研究，2014，23(1): 55-64.
[52] JIANG B, CLARAMUNT C. A structural approach to the model generalization of an urban street network[J]. GeoInformatica, 2004, 8(2): 157-171.
[53] TOWNSEND A M. Networked cities and the global structure of the internet [J]. American Behavioral Scientist, 2001, 44(10): 1697-1716.
[54] BATTY M. Faster or complex? A calculus for urban connectivity[J]. Environment and Planning B, 2004, 31: 803-804.
[55] 温永瑞 . 基于复杂网络的城市公共交通网络生成与优化 [D]. 兰州 : 兰州交通大学，2017.
[56] FRANKHAUSER P. Aspects fractals des structures urbaines[J]. L' Espace géographigne,

1990,19: 45-69.
[57] 杨青生，黎夏．基于遗传算法自动获取 CA 模型的参数：以东莞市城市发展模拟为例 [J]. 地理研究，2007,26(2): 229-237.
[58] TOBLER W R. A computer movie simulating urban growth in the detroit region[J]. Economic Geography,1970,46(2):234-240.
[59] PRADHAN B. Spatial modeling and assessment of urban form [M]. Berlin: Springer, 2017.
[60] SHAFIA A, GAURAV S, BHARATH H A. Urban growth modelling using Cellular Automata coupled with land cover indices for Kolkata Metropolitan Region[J]. IOP Conference Series: Earth and Environmental Science,2018,169(1):012090.
[61] TONG X H, FENG Y J. How current and future urban patterns respond to urban planning? An integrated cellular automata modeling approach[J]. Cities,2019,92:247-260.
[62] ATKIN R H. An approach to structure in architectural and urban design.1. Introduction and Mathematical Theory[J]. Environment and Planning B, 1974, 1(1):51-67.
[63] 萨林加罗斯．城市结构原理 [M]. 阳建强，等，译．北京：中国建筑工业出版社，2011.
[64] HUYNH H N. Spatial point pattern and urban morphology: perspectives from entropy, complexity, and networks[J]. Physical Review E,2019,100(2):022320.
[65] HILLIER B, LEAMAN A, STANSALL P, et al. Space syntax[J]. Environment and Planning B: Planning and Design,1976,3(2):147-185.
[66] PONT M B, HAUPT P. Spacematrix: space, density and urban form[M]. Rotterdam: Nai Publishers, 2010.
[67] KOOHSARI M J, OKA K, OWEN N, et al. Natural movement: a space syntax theory linking urban form and function with walking for transport.[J]. Health and Place, 2019,58:102072.
[68] 孙晓光，庄一民．介绍两个城市数学模型 [J]. 城市规划，1984(1): 29-34.
[69] 张新长．基于 GIS 技术的城市土地利用时空结构演变分析模型研究 [D]. 武汉：武汉大学，2003.
[70] 张乐珊．基于元胞自动机和 VR-GIS 技术的城市空间增长三维动态模拟及应用研究 [D]. 青岛：中国海洋大学，2010.
[71] 刘继生，陈彦光．基于 GIS 的细胞自动机模型与人地关系的复杂性探讨 [J]. 地理研究，2002,21(2): 155-162.

[72] 陈彦光，罗静．郑州市分形结构的动力相似分析：关于城市人口、土地和产值分维关系的实证研究 [J]. 经济地理，2001，21(4)：389-393.
[73] 黄泽民．我国多中心城市空间自组织过程分析：克鲁格曼模型借鉴与泉州地区城市演化例证 [J]. 经济研究，2005,40(1)：85-94.
[74] 任君，刘学录，岳健鹰，等．基于 MCE-CA 模型的嘉峪关市城市开发边界划定研究 [J]. 干旱区地理，2016，39(5)：1111-1119.
[75] 刘继生，陈彦光．城市地理分形研究的回顾与前瞻 [J]. 地理科学，2000，20(2)：166-171.
[76] 陈彦光．分形城市与城市规划 [J]. 城市规划，2005，29(2)：33-40,51.
[77] 姜世国，周一星．北京城市形态的分形集聚特征及其实践意义 [J]. 地理研究，2006，25(2)：204-212.
[78] 张新生．城市空间动力学模型研究及其应用 [D]. 北京：中国科学院地理研究所，1997.
[79] 孙战利．基于元胞自动机的地理时空动态模拟研究 [D]. 北京：中国科学院地理研究所，1999.
[80] 田达睿．复杂性科学在城镇空间研究中的应用综述与展望 [J]. 城市发展研究，2019，26(4)：25-30.
[81] 陈苏柳，鲁明．城市空间网络拓扑形态研究 [J]. 建筑学报，2011(S2)：138-141.
[82] 龙瀛，毛其智，沈振江，等．综合约束 CA 城市模型：规划控制约束及城市增长模拟 [J]. 城市规划学刊，2008(6)：83-91.
[83] 陈彦光，罗静．城市形态的分维变化特征及其对城市规划的启示 [J]. 城市发展研究，2006,13(5)：35-40.
[84] 詹庆明，徐涛，周俊．基于分形理论和空间句法的城市形态演变研究：以福州市为例 [J]. 华中建筑，2010，28(4)：7-10.
[85] 赵珂，冯月，韩贵锋．基于人地和谐分形的城乡建设用地面积测算 [J]. 城市规划，2011，35(7)：20-23，77.
[86] 龙瀛，毛其智，沈振江，等．北京城市空间发展分析模型 [J]. 城市与区域规划研究，2017，9(2)：257-289.
[87] 朱东风．1990 年代以来苏州城市空间发展：基于拓扑分析的城市空间双重组织机制研究 [D]. 南京：东南大学，2006.
[88] 田达睿，周庆华．国内城市规划结合分形理论的研究综述及展望 [J]. 城市发展研究，2014，21(5)：96-101.
[89] 徐冰．基于多层级网络结构特征的规划设计结构研究：以天津城市空间为例 [D]. 天津：天津大学，2012.
[90] 肖彦．复杂性视角下城市空间解析模型的耦合优化研究 [D]. 大连：大连理工大学，2015.

[91] 杨滔．说文解字：空间句法 [J]. 北京规划建设，2008(1)：75-81.
[92] 秦静，方创琳，王洋，等．基于三维计盒法的城市空间形态分维计算和分析 [J]. 地理研究，2015，34(1)：85-96.
[93] 冒亚龙，何镜堂，郭卫宏．分形视野下的岭南建筑学派与创作 [J]. 南方建筑，2014(1)：88-93.
[94] 冒卓影，冒亚龙，何镜堂．国外分形建筑研究与展望 [J]. 建筑师，2016(4)：13-20.
[95] 龙瀛，毛其智，杨东峰，等．城市形态、交通能耗和环境影响集成的多智能体模型 [J]. 地理学报，2011，66(8)：1033-1044.
[96] 宋亚程．城市街区形态复杂性的表述方法研究：以南京为例 [D]. 南京：东南大学，2019.

·2· 城市形态复杂性的测度意义、特征及依据

2.1 城市形态复杂性测度的意义

城市形态复杂性测度的时代意义。快速城镇化步入中后期，集约发展、生态宜居、双碳城市等成为城市空间高品质发展的基本特征。而城市规划和城市设计则成为实现城市空间高品质发展的基石和前提。从本质上来看，城市规划设计基础工作则是认识城市空间的复杂性。然而，目前的研究大多集中在区域地理视角下的宏观城市空间的复杂性，例如城市区位复杂性、城市空间结构复杂性、城市网络结构复杂性等，关于城市形态复杂性的研究则少之又少。而城市形态是城市发展的物质空间载体的三维体现，城市形态的复杂性决定了城市空间构成要素形状、空间要素的三维空间布局以及形态特征之间的相互关联。城市形态复杂性是城市发展阶段和发展历程的重要体现。因此，探索城市形态的复杂性对于城市空间的高品质发展具有重要的时代意义。

城市形态复杂性测度的理论意义。城市形态复杂性的测度，是对复杂性科学的重要补充和发展，不仅能促进城市规划领域的系统认知发展，弥补当下对城市形态（尤其是中小尺度城市形态）科学规律认知的不足，而且可以渗透到社会复杂系统及社会科学的研究中去。探索城市形态复杂性的测度方法、建构机理和空间规律，目的是揭示城市空间中各个系统与城市形态之间的内在关联机理，找出城市形态演化所遵循的共同规律，提出城市形态的优化和调控方法，为城市设计、空间规划等实践提供理论依据，以应对当前自然和社会各方面的挑战。

城市形态复杂性测度的实践意义。城市形态复杂性的测度对于挖掘城市形态的形成机理、探索城市形态与经济、社会、人文等因素的内在关联、定量优化城市形态结构与空间布局，有着积极的实践意义。例如，可以通过城市形态复杂性的测度进行城市设计方案的优化调整。由于不同城市用地功能的街区的城市形态各不相同，并且同一类型用地的街区的形态复杂性具有一定的相似度和数值区间（例如住宅街区，由于其空间布局较为规整，因此其复杂性通常要低于商业街区的复杂性），因此可以通过复杂性的测度找出城市形态不符合自身功能定位的街区。如图 2.1 中的住宅区方案，建筑形态差异过大、建筑之间距离关系无秩序，导致其形态复杂度过高，不满足住宅街区的形态特征；相反地，中心区方案建筑间距、建筑高度的空间秩序性过强，导致空间索然无趣，从形态复杂度上反映为数值过低，因此需要提高形态的复杂度以提升空间的趣味性。当然，城市形态复杂性研究还可以应用于当下热门的人工智能城市设计方案生成等数字化领域，通过复杂性与功能匹配对智能生成的城市设计方案进行智能评价，并结合复杂性测度算法，对不符合要求的方案提供具体优化参数的指导。总之，城市形态复杂性的测度，对于城市形态的优化调整、功能匹配等方面有着广泛的实践意义。

（a）住宅区方案：复杂度过高，空间零碎

（b）中心区方案：复杂度过低，空间无趣味性

图 2.1 不同功能设计方案的城市形态复杂性体现

2.2 城市形态复杂性测度的技术特征

2.2.1 多尺度特征：重宏观轻微观

从认识论的角度来看，复杂性是人们对复杂系统的感觉，也就是系统复杂性在人头脑中的映射；从分形学的角度来看，不同尺度下的城市形态存在共性规律。以上研究都证实了城市形态复杂性具有多尺度的特征，即城市的形态不能与其被观察时的分辨率相割裂，在不同尺度下城市形态呈现的特征各不同（图 2.2）。

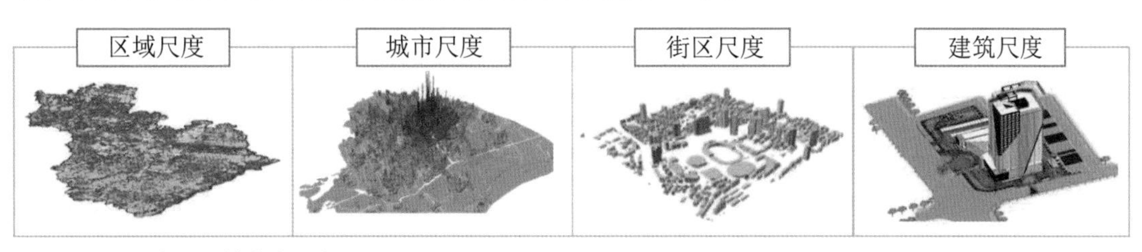

图 2.2 城市形态复杂性的多尺度

具体地说，在宏观区域地理尺度下，城市形态的复杂性（狭义，下同）在形态特征上主要体现为区域、节点、边界、连接等城市形态特征，街道、建筑等形态要素由于分辨率不足可以完全忽略。因此，这一尺度下的城市形态复杂性研究以宏观结构的复杂性研究为主。例如 Batty、Frankhauser 基于分形技术对城市群形态的复杂生长过程进行解释[1-2]；刘继生等聚焦城镇体系规模等级与城镇形态在空间上的分布耦合特征进行分析，进而结合分形等复杂性研究的技术方法进行探索，推动了区域尺度下城市形态的复杂性研究[3-5]；翟顺河等则在此基础上相继结合各城市或城镇群展开了深入的实证研究[6-7]。

在城市整体尺度下，城市形态体现为由建筑组团组成的肌理、簇群等形态特征，以及由主干道路围合而成的路网形态结构，是当前城市形态复杂性研究的主要领域之一。这一尺度下城市形态复杂性研究聚焦于城市的形态结构等是如何影响城市各系统要素行为的[8]，主要体现在三个方面：一是哲学思辨，通过定性的方法从理论上阐释城市形态的复杂时空演化特征或规律，例如李后强从非线性动力学视角分析了城市形态演化的基本特征，发现城市非线性演化的过程中会产生多边形形态，其中正六边形结构只是城市的市场、交通和行政管理等服务系统发展到一定程度后的结果[9]；王铮等发现在城市形态扩张的过程中城市不是连绵向外扩张，而是以“飞点”形式逐渐发展成边缘城市或城市亚核，并且受到环形结构和扇形结构格局的影响在形态上呈现出“似周期非周期”的混沌特征[10]。二是数理分析，主要利用分形、混沌等后现代数学方法，结合地理计算技术，从定量模型的角度探索城市形态结构的复杂演化规律，例如 Allen 和 Sanglier 提出了城市空间与形态演化的系统动力学模型[11]；郑锋、王青等分别利用受限扩散凝聚（DLA）模型和电介质击穿模型（DBM）分析城市形态的分形演化，揭示城市形态扩张的复杂时空演化机制[12-13]。三是计算机模拟，主要利用元胞自动机、人工神经网络、遗传算法等复杂性工具，结合 GIS 模拟城市演化，例如 Ward 等改变了传统把城市看作一个自组织系统的做法，把城市的形态发展看作一个受到多方面大尺度因素的限制和修改的局部自组织过程，并通过 CA 模型模拟外部因素对城市形态的复杂影响[14]。

在街区尺度下，建筑、道路、绿地、广场等城市基本构成单元已清晰可见，且无论是国内还是国外相关研究都相对匮乏。当前对于街区尺度下的城市形态复杂性研究聚焦街区、街道、肌理、群落等更能直观感知的实体形态要素，例如段进等创新了街区尺度城市形态复杂性的量化分析方法[15-16]；秦静等将城市形态的二维计盒维数法扩展到三维空间，提出了三维计盒维数的方法[17]；宋亚程从街道网络到街区内部，建构了街区形态复杂性表述方法，为认知城市街区的内在逻辑与秩序提供了新的工具[18]。

在建筑尺度下，城市形态复杂性特征已难以体现，更多的是建筑外立面及其形体的多样性特征。例如冒亚龙等应用分形思想研究岭南建筑学派及其创作，以空间作为语言表达，分析不同尺度构成的城市形态的多重镶嵌和互含关系[19]；冒卓影等将城市形态复杂性中的分形理论应用于建筑领域，对国外分形建筑理论与方法、审美评价以及分形建筑设计实践进行了总结探讨，发现分形建筑的自相似和尺度层级理论以及重复、镶嵌韵律原理等已经应用到建筑形态的复杂性评价和设计领域[20]。

综上所述，目前关于城市形态复杂性的研究呈现出多尺度并行发展的特征，并且既有研究和技术方法多集中在区域地理和城市宏观尺度，而由于研究视角、学科背景、数据精度和技术方法具有局限性，难以突破既有的复杂性研究精度，中微观研究成果相对匮乏，同时缺乏以建筑体量为构成要素的城市形态复杂性研究，其复杂性概念、建构机理、特征构成等暂未得到深入研究。因此，本书选取城市街区尺度作为研究对象，以建筑体量为构成要素。一方面，该尺度的研究相对较少，有待进一步深入研究；另一方面，这一尺度下的城市形态复杂性反映的是城市更高精度的三维有形几何形态的秩序性特征，有助于进一步解释城市形态复杂性的测度方式及建构机理。

2.2.2 非线性特征：易模拟难解释

在复杂性科学的研究中，线性和非线性始终是探讨的一个重要话题。其中，线性的研究思路其本质可以概括为“系统分解→要素研究→要素整合”，其基础是整体必须等于局部之和，其分析的结果经常会用子系统的性质来说明系统本身的性质，或用系统环境的性质来说明系统自身性质。相应地，非线性的研究本质在于系统的整体大于各组成部分之和，即每个组成部分不能代替整体，低层次的规律不能说明高层次的规律。

目前，关于复杂性的研究更趋向于非线性的思维模式。苗东升认为，从本体论角度来看，线性思维认为现实世界本质上是线性的，非线性不过是对线性的偏离或干扰。从方法论角度来看，线性思维认为非线性一般都可以简化为线性来认识和处理，而非线性思维认为一般情况下都要把非线性当成非线性来处理，只有在某些简单情况下才允许把非线性简化为线性来处理[21]。

当前，多数城市形态复杂性的研究都效仿了其他学科中对于复杂性的非线性认知方法，其中分形城市、元胞城市、自组织城市、复杂网络城市等理论方法，都是非线性研究的典型代表。例如 Tong 等将 CA 模型与城市大尺度形态格局相结合，运用约束模型对城市未来 10 年的形态演变做出预测[22]；萨林加罗斯通过小世界网络、熵值等理论，将城市理解为由某些简单规则自组织演化而形成的复杂系统，并提出利用城市网络理论模型描述城市整体形态的复杂性[23]；Shafia 等建构城市过去 20 年的形态演化的 CA 模型，与特征与人口、基础设施等进行耦合分析，并提出城市形态增长的复杂模型及演替模型[24]。上述研究，其原理本质上都是通过建构复杂的非线性模型来模拟城市形态在分布、演变、生长上的空间特征，并以此来对城市形态的动力机制展开分析。

不可否定的是，相比于线性模型，非线性的复杂模型可以更好地模拟和呈现城市形态的复杂演变规律，而非线性方法始终是“以复杂论复杂”的方式来研究城市这一复杂巨系统，无法帮助我们从根源上分类地、直观地厘清并解释城市形态的内部复杂特征和相互作用机理，只能以一种“模糊的”“笼统的”方式来认知城市形态的复杂交互规律，这对于城市形态的理论完善和特征认知起到了一定的限制作用。因此，笔者认为对于城市形态的研究，不能一味借鉴其他领域对于复杂性的非线性认知方法，需要将非线性和线性方法结合起来，既模拟城市形态又要清晰地认知其内部子系统之间的相互作用机理，进而完善城市形态的理论和方法体系。

基于此，本方法以线性思维解释城市形态复杂性的构成维度，并结合非线性方法对城市形态复杂性进行测度，目的在于突破传统“唯非线性论”的复杂性研究方式，在确保城市形态复杂性的测度符合其非线性特征（子系统相互作用、相互联系）的同时，保证测度结果的可解释性。

此外，克劳修斯提出的“熵”（entropy）理论[25]以及香农提出的“信息熵”（information entropy）理论[26]也为本书提供了一种非常特别的城市形态复杂性研究视角。熵理论对复杂性做出了系统性、开创性的解释①，为本书对城市形态复杂性概念的理解提供了理论借鉴；而信息熵理论对描述信息源各可能事件发生的不确定性做出了系统解释，指出如何从单一事件（即可类比城市形态复杂性构成）中提取事件整体复杂性的理论方法，并提出了明确的、可解释的数学算法②，对于本书也具有重要的启示作用，而且信息熵理论还解答了客观和主观、结构和现象、社会性和主体性这些萦绕在以往城市形态研究中的困惑。

---

① 熵（entropy）理论：物质系统状态的一种量度，某些物质系统状态可能出现的程度。

② 信息熵：又称“香农熵”，借鉴了热力学的概念，反映一条信息的信息量大小和它的不确定性有直接的关系，变量的不确定性越大，信息量就越大，信息熵就越高。信息熵的提出解决了对信息的量化度量问题。

2.3 城市形态复杂性测度的主、客观方法及差异

2.3.1 主观 + 客观：复杂性研究的两条主要脉络

复杂性研究的出现，其关键原因在于在众多的复杂系统或事件中，其客观对象中存在着一种不可被忽视的复杂关系，并且这些对象、关系之间的层次关系都不可被约化、不可被还原[27]。因此，在复杂性研究中我们的最终目标就是要建立一个能够全面地、正确地反映客观世界运行规律的认知世界。但是由于客观世界具有整体性、运动性、变化性等特征，且人类认识能力存在局限性、个体认知的差异、对于客观世界的描述困难，因此我们只能无限地接近这个目标。这一背景下，复杂性研究产生了主观复杂性研究和客观复杂性研究两条分支（图 2.3）。

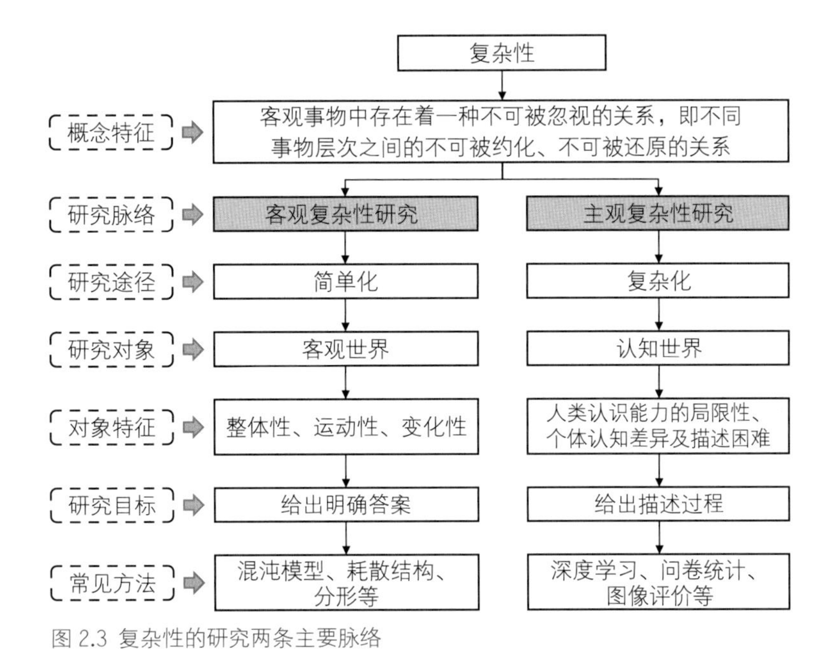

图 2.3 复杂性的研究两条主要脉络

其中，主观复杂性又称为认知复杂性。当人在接收外在客观世界的信息并认识世界的过程中，由于每个个体对于客观世界的描述过程都会受到诸多因素的干扰（例如人的短期记忆能力、即时问题处理能力、认识过程中受到的环境因素干扰等），因此人的认知能力会受到不同程度的影响，从而导致认知困难，随即产生复杂性。这种主体认知能力因素影响所导致的复杂性叫作主观复杂性[28]。例如，美国系统学者 Warfield 指出，当前复杂性研究的“系统动力学”“混沌理论”“自适应理论”等主要理论，都聚焦研究客体的系统特征，但是在研究的过程中，当我们的眼睛盯着系统时却没有把我们主观认知过程中的复

杂因素排除在外，这就导致我们无法全面理解复杂性[29]。因此，不少学者认为要研究复杂性，就必须把作为研究者的人包括在系统之内，一个较为全面的复杂性研究除了包含较多描述对象的固有属性和特征之外，还应该纳入研究者或者观察者的特征[30]。在主观复杂性的研究视角中，认知事物复杂性特征虽然是对客观世界的反应，但并非对客观世界的简单描述或临摹，而是一个创造性的过程，因为本质上都是人类大脑的产物[31]。这就导致当下诸多主观复杂性的研究，都摒弃了采用常规诸如分形、混沌理论等非线性方法对事物复杂性做出明确解释的做法，取而代之的是给出一个融入人类个体认知差异的描述过程，例如通过眼动和行为试验，研究者采集了不同人群对于图像复杂性的认知差异和判断锚点，以此来描述人对于图像感知的视觉复杂性[32]；通过人工智能深度学习并结合个体案例，研究学生在线学习的十种复杂性规律，这些规律并不能被系统、清晰地解释清楚，但是其特征能够几乎被无遗漏地描述出来[33]。综上所述，主观复杂性的研究，其方法论核心在于认为人类只能一定限度地描述客观世界，描述的结果也只是其中的一部分，并且认知过程中许多内容并不是客观世界的真实描述。

与主观复杂性的复杂问题复杂化不同，客观复杂性研究强调的是复杂系统的简单化。无论是客观世界还是认知世界，它们都是外在于认知个体（即个体人）的客观存在，都可以从外部来提供给个体的意识过程，因此可以将它们所具有的复杂性统称为客观复杂性。事实上，简单和复杂都是用来表达人类认知外部世界的一种应对方式：当人们很容易地利用已有知识或方法对客观世界的认知对象进行解释或系统描述时，人们就会将这一对象定义为简单对象[34]；相反地，当人们无法通过已有知识或方法对客观世界的认知对象进行解释或系统描述时，或者无法完整、清晰地表述时，则认为这一对象是复杂对象[35]。虽然主观复杂性的研究认为人的大脑认知也是复杂性的一部分，但是当前众多从事复杂性研究的科学家从来没有放弃过对这些研究对象的“适度简单化”，他们利用他们的研究成果针对研究对象的复杂特征给出了较为明确的答案，例如极其复杂的混沌系统仅仅通过简单的数学公式经过反复迭代就表达了其产生的内在机理，只需少数参量就可决定其行为[36]；在数学上极为复杂的曼德勃罗特集，霍兰在计算机上利用简单程序就证明了“少数规则和规律就能产生令人惊奇的、错综复杂的系统”[37]。此外，分形、空间句法、信息熵等理论亦皆如此。

总之，对于事物的复杂性认知是客观世界、认知世界共同作用于人的大脑后的结果，并导致了最终的复杂性。当客观世界和认知世界可以外在于人的具体意识过程而独立存在时，则可以将其理解为是客观复杂性；相反，认知个体的具体意识过程所导致的复杂性则属于主观复杂性。不管是主观复杂性还是客观复杂性，都是我们对于复杂性问题的探索过程，只是认知的角度不同但没有对错之分[38]。

但需要说明的是，客观复杂性研究，无论是对于研究路径的定位、研究方法的探索或是最终结果的研究，无不透着科学家们对简单性、可解释性的追求，科学研究本质上不正是为了把事物和问题简单化、确定化，从而服务于人类自身吗？所有的科学研究都必然是寻找外部世界的简化方式的过程，这不是客观世界的要求，而是人类有限认知能力的必然结果。

2.3.2 主、客观认知差异

与复杂性研究的两条脉络一样，城市形态的复杂性也同样受到人的主观认知偏差，导致存在主、客观的认知差异。借用上文对于主客观复杂性的理解和分析过程，本书浅谈城市形态复杂性的主客观概念及对应认知特征。

其中，对于城市形态复杂性的主观认知，指的是人在观察城市空间的形态信息并认知其形态特征的过程中，由于每个个体对于城市形态特征的描述过程都会受到诸多因素的影响（例如人对于形态的理解能力、观察视角、形态记忆力等），因此人认知城市形态的能力出现不同程度的偏差，随即产生城市形态的复杂性。其认知特征在于，不同人在认知城市形态的过程中，除了城市形态本身的差异以外，由于认知的个体和方式都存在差异，因此对于复杂性的理解都会存在不同。一方面，由于不同对象的年龄、社会经验、所受教育和专业视角不同，对于同一城市形态的认知过程也会不同，例如土建类专业人群在看到一个城市的形态时会自动脑补其路网、广场等开放空间，并根据建筑的形态分布自动认知其对应的用地功能，而非专业人群则考虑得相对较少，这些差异都会导致人对复杂性的认知产生偏差。另一方面，在城市形态复杂性研究的过程中，即便是同样的 1 000 m×1 000 m 的栅格，由于认知方式不同，对于复杂性的理解也会不同，例如不同的视点距离（即观察图像或三维影像的分辨率），不同的鸟瞰视点高度、视点角度以及视点位置，都会导致人观察到的城市形态的特征、建筑细节、脑海中映射的三维形态场景等发生变化，从而导致对城市形态的复杂性认知差异（图 2.4）。综上所述，城市形态复杂性的主观认知反映了人对于城市形态复杂性认知的局限性、个体差异性以及对于城市形态复杂性的描述困难，导致我们只能无限接近城市形态复杂性的本质特征但无法全面描述，因为城市形态复杂性虽然是客观的，但是人的认知过程是一个创造的过程，本质上也是人类大脑的产物。

与主观认知不同，城市形态复杂性的客观认知指的是无论城市形态的认知主体和方式如何变化，城市形态本身都是客观存在的，其形态的特征和复杂性都不会随着外界变化而改变，是城市空间的真实产物。在客观认知中，城市形态是不存在视角、分辨率和认知主

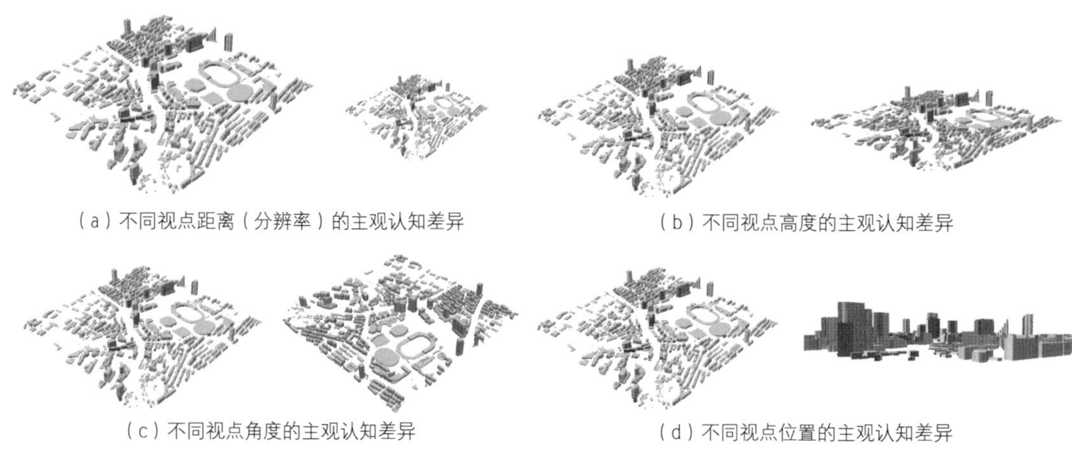
（a）不同视点距离（分辨率）的主观认知差异　（b）不同视点高度的主观认知差异

（c）不同视点角度的主观认知差异　（d）不同视点位置的主观认知差异

图 2.4 城市形态复杂性的主观认知方式差异

体的差异的，其反映的是最小构成单位（建筑体量）在 1 000 m×1 000 m 的城市形态栅格中的相对位置关系、形态布局结构、建筑体量关系等三维几何形态上所呈现出的有序或无序特征，是一种纯客观、可量化的描述方式。如果说城市形态复杂性的主观认知是在城市形态客观特征基础上的二次主观加工，是一种偏定性、模糊化的描述方式，那么城市形态复杂性的客观认知则完全是基于三维物质形态的定量化描述，其对形态的解读完全符合学理和可解释性要求，并且同一个城市形态的复杂性强弱数值是唯一的。综上所述，城市形态复杂性的客观认知反映了城市形态每个本体复杂特征的客观性，不以人的判断而改变，是一种纯定量、数值唯一的认知方式。

2.3.3 主、客观研究特征

城市形态复杂性主观研究的特征在于以人对城市形态的复杂性认知结果为切入点，探讨认知过程中对城市形态的复杂性判定依据，以及不同形态特征要素对人进行复杂性判定的影响方式，进而从中总结出人对于复杂性的主观认知规律和特征，并以此总结城市形态复杂性的原理或测度方法（图 2.5）。例如杨昌新从物理学、生成哲学、生成科学、生成理论四个方面总结了城市形态的生成过程，并基于认知的结果系统描述了城市形态的生成原理、生成过程、生成逻辑等具体内容[39]；李磊通过实地调研和访谈的形式，获取了人群对于城市形态的价值判断以及行为特征，并基于上述规律总结了道路、建筑、绿地、水系等形态的复杂性特征，进而提出了对于城市形态和视觉景观的评价方法[40]。可以发现，城市形态复杂性的主观研究优势在于能够清晰把握人对于复杂性的认知过程，并基于足量的研究样本和数据分析，给出一个相对普适性的研究结果，并且这一结果符合大部分人群对于城市形态复杂性的认知过程。其不足在于结果的可解释性往往偏弱，例如为什么会得出这样的认知结果？这一认知结果反映的是什么客观规律？为什么人对于不同形态特征的认知程度会存在差异？以上这些问题难以得到有效的回答。

与主观研究不同，城市形态复杂性的客观研究特征在于，首先根据学理及研究目标分析城市形态复杂性的研究维度以及构成要素，进而基于系统性的理论剖析建构复杂性的测度方法或分析模型，并基于问卷等方式验证结果的合理性，从而结合实际案例总结城市形态复杂性的规律和特征(图 2.5)。目前，城市形态复杂性的客观研究占据了较大的研究比重，例如宋亚程对形态学方法进行归纳与总结，探讨城市形态学认知事物的知识框架及其表述语言，进而以此为依据建构了街区形态复杂性的测度方法，并以南京为例对城市形态复杂性与空间的关联特征进行对比分析，总结了复杂性的几种类型[18]；曹炜威分析了路网形态的自组织规律并从理论上解析了道路形态与用地功能的联系机理，进而综合复杂网络与分形建构了道路形态的复杂性测度方法，并以成都为例探讨了道路形态的复杂分形特征及互斥性规律[41]。可以发现，城市形态复杂性的客观研究在学理方面具有极强的可解释性，能够自下而上地解释复杂性的构成及建构机理，这一优势正好弥补了主观研究的不足，并且能够将复杂问题简单化，并建构系统的复杂性理论或方法体系。但是其不足也很明显，即具有一定的片面性，只能以城市形态的某个维度（例如路网、肌理、尺度等）作为切入点，其得到的复杂性结果并不能够符合所有或绝大多数人的认知，并且在理论建构的过程中也可能会受到主观因素的干扰。

综上所述，城市形态复杂性的主观研究是一种“先认知再总结”的研究方法，而客观研究则是一种“先建构再总结”的研究方法，两者切入点的核心差异在于是否融入人的个体认知差异对于复杂性的影响这一研究变量，因而研究的结果也会出现较大差异。总之，两者在方法论上并非存在正确之分，其研究结果也是互为补充、互为论证的交互关系，因此，笔者认为现阶段城市形态复杂性的研究，需要双线并行，在各自的研究领域不断创新、互补，逐渐丰富和完善复杂性科学的理论与方法，并为城市空间的实践提供支撑。

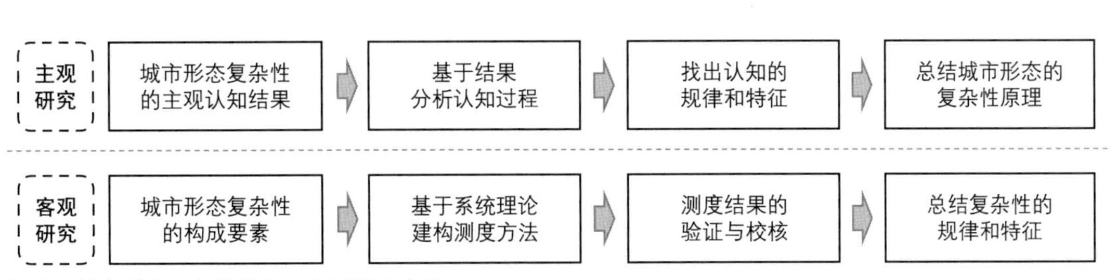

图 2.5 城市形态复杂性的主、客观研究步骤

2.4 城市形态复杂性的测度依据

2.4.1 城市形态特征的可量化

根据城市形态复杂性的定义，本书研究的是物质空间形态的复杂性，即城市空间中各有形的物质空间要素在相对位置关系、形态布局结构等三维几何形态上所呈现的复杂性特征，因此，这一定义下的城市形态特征是可以被量化的，城市形态的复杂性研究也可以采用定量计算的方式，其复杂性也可以进行定量测度。

当前，对于城市形态的量化研究极为丰富，而在以建筑体量为构成要素的城市形态特征量化研究中，本书将其总结为三种主要的量化方式，包括建筑单体形态特征的量化、建筑与建筑组合形态特征的量化、建筑与街区组合形态特征的量化（表 2.1）。其中，建筑单体形态特征的量化主要以描述建筑单体的形态特征为主要目标，例如建筑平均高度、建筑平均体量、建筑朝向、形状指数等；建筑与建筑组合形态特征的量化主要描述街区或地块内的建筑体量组合而成的建筑群落的形态特征，例如建筑群落在空间上的集聚度、天空暴露度、建筑聚落的平面放射状指数等；建筑与街区组合形态特征的量化主要描述每个建筑单体、建筑群落与街区或地块之间组合而成的整体城市形态特征，这种量化往往是大中尺度的量化方式，不再聚焦于某一个建筑群落或建筑单体，形态的量化方式也呈现出复杂化的特征，例如街道高宽比、紧凑度、形态多样性、可达性等。

此外，城市形态特征的量化也逐渐呈现出由简单公式描述到复杂计算描述的变化过程，不再局限于传统的高度、密度、强度等简单计算，因为这些量化方式只能简单描述形态单一维度的统计特征，而无法对其形态进行精准描述。因而，大量更高层次、更深维度的城市形态特征得到了量化表达。综上所述，城市形态的多元特征是可以被量化的，并且量化的方式在不断改进，深度在不断提高，这为基于建筑体量的城市形态复杂性测度提供了重要的技术和算法支撑，也拓宽了复杂性测度的研究视角。

2.4.2 城市形态量纲的可统一

城市形态包含高度、体积、面积、紧凑度、可达性等不同方面的特征，这些特征相互组合构成了城市形态的复杂特征。因此，要测度城市形态的复杂性，就必须将不同方面的特征都纳入进来并进行统一测度。然而，这些数据的量纲、数量级都是各不相同的，例如建筑距离的单位是米（m），通常以 10 m 为数量级；而建筑形态的单位是立方米（m^3），通常以 10 000 m^3 为数量级，两者的单位不同，数值差异也巨大，如果直接进行复杂性计算，小数量级的形态特征容易被大数量级的形态特征湮灭，同时不同量纲的数据也难以直接

表 2.1 城市形态特征量化的典型方式

维度	名称	特征描述	量化方式
建筑单体形态特征	建筑平均高度	地块中所有建筑的平均高度[42]	$B_h=\sum_{i=1}^{n} B_i/n$ 其中，B_h 为地块内建筑的平均高度，B_i 为第 i 个建筑的高度，地块内共 n 个建筑
	建筑平均体量	地块中所有建筑的平均体量[42]	$B_s=\sum_{i=1}^{n} B_s/n$ 其中，B_s 为地块内建筑的平均体积，B_i 为第 i 个建筑的体积，地块内共 n 个建筑
	建筑朝向	以正北为 0°计算建筑较宽面所朝的方向[42]	$\Delta O^{bh}=O^{bh}-O^{N(bh)}, b=1,2\cdots,B; h=1,2\cdots,H^b;$ $0°\leqslant \lvert O^{bh}\rvert \leqslant 90°$ 其中，B 是地块内所有建筑总量，H^b 是每个地块 b 中的建筑数量，ΔO^{bh} 是以正北为 0°计算建筑较宽面所朝的方向，O^{bh} 为建筑较宽面所朝的方向，$O^{N(bh)}$ 为建筑较宽面朝向为正北
	形状指数	描述一个建筑底面形态的规律程度，越接近方形则值越大，反之越小[43]	$S=\frac{P}{4\sqrt{A}}$ 其中，P 是建筑底面的周长，A 为建筑底面积
	紧凑度	描述一个建筑或街区的形态紧凑程度，越紧凑越接近 1，反之接近 0[44]	$C=2\sqrt{\pi A}/P$ 其中，C 为紧凑度，A 为建筑底面积，P 为建筑底面的周长
建筑与建筑组合形态特征	空间集聚度	计算地块内建筑之间的平均作用力，类似于引力模型[44]	$A(i,j)=Z_iZ_j/cd^2(i,j)$ ，$T=2\sum A(i,j)/[N(N-1)]$ 其中，$A(i,j)$ 为某两个街区之间的作用力，Z_i 为街区 i 的土地面积，Z_j 为街区 j 的土地面积，c 为比例因子（取值 100 m²），$d(i,j)$ 为 i 与 j 的中心点距离，N 为街区数量，T 为空间集聚度
	天空暴露度	从底面某一点向天空发射的辐射中被建筑遮挡部分与总辐射的比值[45]	$Z=1-\sum_{i=1}^{360/e}\sin^2\beta(\frac{\alpha}{360})$ 其中，Z 为暴露度，$\sin^2\beta(\frac{\alpha}{360})$ 为圆心点遮蔽度，β =arctan（H/X），H 为壁面高度，X 为圆半径，α 为方位角步长，e 为自定义参数，每隔 $e°$ 计算一次
	放射状指数	衡量城市中各个街区的区位是否更接近中心[43]	$F=\sum_{i=1}^{n}\left\lvert\left(\frac{100d_i}{\sum_{i=1}^{n}d_i}\right)-\frac{100}{n}\right\rvert$ 其中，F 为放射状指数，d_i 是第 i 个街区到城市中心的距离，n 为街区数量

续表

维度	名称	特征描述	量化方式
建筑与街区组合形态特征	容积率	容积率是项目总建筑面积与总用地面积的比值	$P=\sum_{i=1}^{n}V_i/n$ 其中，P 为容积率，V_i 是第 i 个建筑的建筑面积，n 为建筑数量
	建筑密度	街区内建筑在平面上所占的比重	$D=\sum_{i=1}^{n}S_i/S_B$ 其中，D 为建筑密度，S_i 为街区内第 i 个建筑的底面积，S_B 为街区的总面积
	街道高宽比	临街道路建筑高度与街道宽度的比值[46]	$T=H/W$ 其中，T 为街道的高宽比，H 为临街建筑的平均高度，W 为街道宽度
	紧凑度	描述一个建筑或街区的形态紧凑程度，越紧凑越接近 1，反之接近 0[44]	$C=2\sqrt{\pi A}/P$ 其中，C 为紧凑度，A 为建筑底面积，P 为建筑底面的周长
	形态多样性	描述街区内建筑形态的多样性程度[47]	$V=\frac{\sum_{i=1}^{n}\sqrt{S_i-\bar{S}}/(n-1)}{\bar{S}}$ 其中，V 为形态多样性，S_i 为街区内第 i 个建筑的底面积，$\bar{S}$ 为街区内所有建筑底面积的平均值，n 为建筑数量
	可达性	城市中某一建筑或街区到另一个建筑或街区的可达程度[46]	$C=\sum（Act_y\cdot f_y）/\sum f_y$ 其中，C 为可达性，y 是对象的类型，Act_y 表示对象在单次可达性方面的具体数值（0~1 之间），f_y 表示使用的频率

统一到同一个测度公式中。因此，一方面需要将不同量纲的特征数据统一到同一个表达式中，另一方面还要将不同量纲的数据特征归并到同一个数量级。

针对数据的统一量纲，目前常用的就是地理信息系统中的多因子叠加分析和数据矩阵两种方法。其中，前者主要应用于定性的研究分析，例如通过城市形态与风、声、热环境的多因子叠加分析，得到不同环境条件下的最优城市形态模型[48]。而后者则主要应用于定量的属性测度，例如通过矩阵将图像处理中图像的不同量纲的仿射变换表述为一个仿射矩阵和一张原始图像相乘的形式[49]；在简正模式研究中，通过矩阵描述不同量纲的系统运动方式，并以此来刻画它们之间的相互作用特征[50]。由此可以说明，在其他研究领域中已经出现用不同量纲数据进行量化表达并用于描述或测度对象的复杂特征，我们可以以此为借鉴并将其应用到城市形态的复杂性测度中。

针对不同量纲数据的数量级差异问题，目前有 12 种量纲化方法（表 2.2），其中归一化 (MMS)、正向化 (MMS) 和逆向化 (NMMS) 符合本书的需求，可以将不同量纲、不同数量级的形态特征统一到 [0，1] 的数值区间。由于本书研究的是城市形态复杂性的客观性研究，因此不具有人的价值判断，仅从纯物质空间形态的角度予以探讨，而归一化 (MMS) 仅强调将数字压缩到 [0，1] 之间，是标准的量纲化手段，且不具价值判断，因此本书选取“归一化 (MMS)”作为矩阵量化的方法。

2.4.3 城市形态复杂性构成要素的可解释

如果要从客观视角进行城市形态复杂性的测度，那么就必须明确其构成要素。由于客观的分析方法已经将人对于复杂性的感知排除在外，因此无法通过机器学习、数据统计、问卷访谈等大数据统计汇总的方式得出相对完善且符合逻辑的城市形态复杂性的构成要素。因此需要从其他渠道明确城市形态复杂性的构成要素，并形成较为完善的体系以对构成要素做出合理的解释。

目前，针对城市形态复杂性构成要素的可解释问题，学界已经开展了积极探索，并形

表 2.2 常用的 12 种量纲化方法

量化类型	意义	特征	公式
标准化 (S)	将数据变成平均值为 0，标准差为 1	针对数据进行了压缩大小处理，同时还使数据具有特殊特征	(*X*−Mean) /Std
中心化 (C)	将数据变成平均值为 0	社会科学类研究中使用较多，比如进行中介作用或者调节作用研究	*X*−Mean
归一化 (MMS)	将数据压缩在 [0,1] 范围内	常见的量纲处理方式，可以将所有的数据均压缩在 [0，1] 范围内，使数据之间的数理单位保持一致	(*X*−Min) /(Max−Min)
均值化 (MC)	将平均值作为标准进行对比	此方法有前提，即所有的数据均应该大于 0，否则可能就不适合用此种量纲化方法	*X*/Mean
正向化 (MMS)	将数据压缩在 [0,1] 范围内	目的是使正向指标保持正向且量纲化，强调让数字保持越大越好的特性且对数据单位压缩	(*X*−Min) /(Max−Min)
逆向化 (NMMS)	将数据压缩在 [0,1] 范围内，且数据方向颠倒	目的是将逆向指标正向且量纲化，便于进行方向的统一，尤其是在指标同时出现正向指标和逆向指标时	(Max−*X*) /(Max−Min)

续表

量化类型	意义	特征	公式
区间化(Interval)	将数据压缩在自己希望的范围内	让数据压缩在 a 和 b 之间，目的是将数据压缩在固定的区间	$a+(b-a)\times(X-\text{Min})/(\text{Max}-\text{Min})$
初值化(Init)	数据除以第一个数字	在综合评价时使用，适用于具有一种趋势或规律性的数据，出现负数时会失去其特定意义	X/ 该列第 1 个不为空的数据
最小值化(MinS)	将最小值作为标准进行对比	目的是将最小值作为参照标准，所有的数据全部除以最小值，要求数据全部大于 0	X/Min
最大值化(MaxS)	将最大值作为标准进行对比	目的是将最大值作为参照标准，要求数据全部大于 0，否则不适用此种量纲方法	X/Max
求和归一化(SN)	数据表达总和的比例	目的是将求和值作为参照标准，所有的数据全部除以求和值，得到的数据相当于为求和的占比	$X/\text{Sum}(X)$
平方和归一化(SSN)	数据表达平方和的比例	目的是将平方和值作为参照标准，所有的数据全部除以平方和值的算数平方根，得到的数据相当于为平方和的占比	$X/\text{Sqrt}(\text{Sum}(X^2))$

成了三种主要的方法体系。其一是基于相关性分析提炼出与复杂性相关的构成要素，并结合实际案例检验构成要素的合理性，例如陈彦光等基于城市形态边界维数，结合北京、长沙、南京、成都等全国 30 个大中型城市，将城市形态的复杂性与圆形率、紧凑度等要素进行相关性分析，得出复杂性与这些构成要素具有复杂函数关联，并通过数据分析对结果进行检验，证实了城市形态复杂性的构成要素包含上述特征[51]。其二是基于既有的复杂性理论和方法，提出复杂性构成要素的猜想，并结合数据进行论证，例如房艳刚综合分析了复杂性理论在地理学和城市空间系统中的研究，并结合元胞自动机、点轴系统等理论和方法，将大尺度城市形态的复杂性构成要素概括为结构复杂性、功能复杂性等若干方面，结合城市形态数据从空间、时间等维度进行论证，总结其中的特征规律[52]。其三是基于学理逐步分析推导，建构完整的逻辑体系，并结合实践证明测度结果的可行性，例如宋亚程从学理层面对街区尺度城市形态的复杂性进行逐步推导，并将复杂性测度的内涵概括为互锁度、合并度和套叠度多个方面，以此建构较为完善的方法体系，且结合南京中心区案例进行复杂性的测度和结果论证[18]。综上所述，从客观视角分析城市形态复杂性的构成要素，已经具有了较为系统的方法体系，并且其可解释性也在这一过程中逐步完善，因此也可以以此为依据来建构城市形态复杂性的测度算法。

参考文献

[1] BATTY M. Cities as fractals: simulating growth and form. In: A J Crilly, R A Earnshow, H Jones(eds). Fractals and chaos. New York: Springer-Verlag, 1991, 43-69.

[2] FRANKHAUSER P. La fractalité des Structures Urbaines[M]. Paris: Economica, 1999.

[3] 刘继生，陈彦光．城市地理分形研究的回顾与前瞻 [J]. 地理科学，2000，20(2)：166-171.

[4] 陈彦光．分形城市与城市规划 [J]. 城市规划，2005，29(2)：33-40,51．

[5] 姜世国，周一星．北京城市形态的分形集聚特征及其实践意义 [J]. 地理研究，2006，25(2)：204-212.

[6] 翟顺河，刘成．山西省城市规模分布的分形特征拓展研究 [J]. 规划师，2010，26(Z1)：9-16.

[7] 付建新，李玲琴，薛静．青海省城镇体系空间结构现状与分形初步研究 [J]. 干旱区资源与环境，2010，24(3)：32-36.

[8] 房艳刚，刘鸽，刘继生．城市空间结构的复杂性研究进展 [J]. 地理科学，2005，25(6)：754-761.

[9] 李后强，艾南山．关于城市演化的非线性动力学问题 [J]. 经济地理，1996,(01)：65-70.

[10] 王铮，邓悦，宋秀坤，等．上海城市空间结构的复杂性分析 [J]. 地理科学进展，2001，20(4)：331-340.

[11] ALLEN P M, SANGLIER M. A dynamic model of growth in a central place system[J]. Geographical Analysis, 1979, 11(3):256-272.

[12] 郑锋．自组织理论方法对城市地理学发展的启示 [J]. 经济地理，2002，22(6)：651-654.

[13] 王青．城市形态空间演变定量研究初探：以太原市为例 [J]. 经济地理，2002，22(3)：339-341.

[14] WARD D P, MURRAY A T, PHINN S R. A stochastically constrained cellular model of urban growth[J]. Computer Environment and Urban System, 2000,24(6): 539-558.

[15] 段进，希列尔，等．空间研究 3：空间句法与城市规划 [M]. 南京：东南大学出版社，2007.

[16] 杨滔．说文解字：空间句法 [J]. 北京规划建设，2008(1)：75-81.

[17] 秦静，方创琳，王洋，等．基于三维计盒法的城市空间形态分维计算和分析 [J]. 地理研究，2015，34(1)：85-96.

[18] 宋亚程．城市街区形态复杂性的表述方法研究：以南京为例 [D]. 南京：东南大学，2019.

[19] 冒亚龙，何镜堂，郭卫宏．分形视野下的岭南建筑学派与创作 [J]. 南方建筑，2014(1)：88-93.

[20] 冒卓影，冒亚龙，何镜堂．国外分形建筑研究与展望[J]. 建筑师，2016(4)：13-20.
[21] 苗东升．论复杂性[J]. 自然辩证法通讯，2000，22(6)：87-92，96.
[22] TONG X H, FENG Y J. How current and future urban patterns respond to urban planning? An integrated cellular automata modeling approach[J]. Cities, 2019, 92: 247-260.
[23] 萨林加罗斯．城市结构原理[M]. 阳建强，等译．北京：中国建筑工业出版社，2011.
[24] SHAFIA A, GAURAV S, BHARATH H A. Urban growth modelling using Cellular Automata coupled with land cover indices for Kolkata Metropolitan Region[J]. IOP Conference Series: Earth and Environmental Science,2018,169(1):012090.
[25] 代金平．"熵"的内涵及其扩展[J]. 聊城师院学报（自然科学版），1996,(3)：84-88.
[26] PATRICK P. New mathematical measures for apprehending complexity of chiral molecules using information entropy.[J]. Chirality, 2022, 34(4): 646-666.
[27] 崔东明．"复杂性科学"还是"复杂性研究"？[J]. 贵州大学学报（社会科学版），2019，37(6)：13-19.
[28] 曹庆仁．论认识过程的主客观复杂性研究[J]. 科技管理研究，2007,27(11)：267-269,272.
[29] 许国志．系统科学与工程研究[M]. 上海：上海科技教育出版社，2000.
[30] 苗东升．系统科学精要[M]. 北京：中国人民大学出版社，1998.
[31] 尼科里斯，普利高津．探索复杂性[M]. 罗九里，陈奎宁，译．成都：四川教育出版社，1986.
[32] 高成，肖春曲，赵姝婕，等．艺术图像的视觉复杂性对产品奢侈感的影响研究[J]. 新闻与传播评论，2019，72(5)：84-98.
[33] 徐亚倩，陈丽．生生交互为主的在线学习复杂性规律探究[J]. 中国远程教育（综合版），2021(10)：12-18，38.
[34] 闵家胤．关于"复杂性研究"和"复杂性科学"[J]. 系统辩证学学报，2003,11(3)：13-15.
[35] 宋学锋．复杂性科学研究现状与展望[J]. 复杂系统与复杂性科学，2005,2(1)：10-17.
[36] 洛仑兹．混沌的本质[M]. 刘式达，刘式适，严中伟，译．北京：气象出版社，1997.
[37] 霍兰德．涌现：从混沌到有序[M]. 陈禹，等，译．上海：上海科学技术出版社，2001.
[38] 苗东升．复杂性研究的现状与展望[J]. 系统辩证学学报，2001,9(4)：3-9.
[39] 杨昌新．从"潜存"到"显现"：城市风貌特色的生成机制研究[D]. 重庆：重庆大学，2015.
[40] 李磊．城市发展背景下的城市道路景观研究：以北京二环城市快速路为例[D]. 北京：北京林业大学，2014.
[41] 曹炜威．城市道路网结构复杂性定量描述及比较研究[D]. 成都：西南交通大学，2015.
[42] TAUBENBÖCK H, KRAFF N J, WURM M. The morphology of the Arrival City: a global

categorization based on literature surveys and remotely sensed data[J]. Applied Geography, 2018, 92: 150-167.

[43] 林炳耀．城市空间形态的计量方法及其评价 [J]. 城市规划汇刊，1998(3)：42-46.

[44] 金俊，齐康，张静宇，等．城市中心区紧凑度量化评价与分析：广州珠江新城与香港中环对比研究 [J]. 城市规划，2018，42(6)：47-56.

[45] 丁沃沃，胡友培，窦平平．城市形态与城市微气候的关联性研究 [J]. 建筑学报，2012(7)：16-21.

[46] LI X, CHENG S D, LV Z H, et al. Data analytics of urban fabric metrics for smart cities[J]. Future Generation Computer Systems, 2020,107: 871-882.

[47] SILVA M C, HORTA I M, LEAL V, et al. A spatially-explicit methodological framework based on neural networks to assess the effect of urban form on energy demand[J]. Applied Energy, 2017,202:386-398.

[48] 曹玉杰．基于风热环境模拟的长春市浅山区空间形态选择与分析 [D]. 长春：吉林建筑大学，2021.

[49] SZELISKI R. Computer vision: algorithms and applications[M]. New York: Springer, 2010

[50] WHERRETT B S. Group theory for atoms, molecules and solids[M]. State of New Jersey: Prentice Hall, 1986.

[51] 陈彦光，刘继生．城市形态边界维数与常用空间测度的关系 [J]. 东北师大学报（自然科学版），2006,38(2)：126-131.

[52] 房艳刚．城市地理空间系统的复杂性研究 [D]. 长春：东北师范大学，2006.

城市形态复杂性的构成及其机理剖析

·3·

3.1 城市形态复杂性的构成

3.1.1 城市形态复杂性研究的尺度及其构成

多尺度是城市形态研究的核心特征之一，不同的空间尺度决定了城市形态的研究内容[1]。目前的城市形态研究可以概括为宏观地理、中观城市和微观街区三种尺度类型[2]。其中，宏观地理尺度下的城市形态研究，包括区域维度和都市区维度，目前研究主要集中于城市地理领域[3]，关注热点为城镇体系空间结构和城市边界形状等；中观城市尺度下的城市形态研究，包括城市维度和片区维度，目前研究主要集中于城市规划、空间规划等领域[4]，关注热点为城市空间发展结构、土地利用体系和城市交通体系等；微观街区尺度下的城市形态研究，包括街区维度、社区维度和建筑维度，目前研究主要集中于建筑设计、城市设计、景观设计等领域[5]，关注热点为建筑形态布局、空间意向、景观环境和设施布局等。城市形态的研究尺度及其构成见表 3.1。

表 3.1 城市形态的研究尺度及其构成

尺度	研究维度	研究领域	关注热点	数据性质
宏观地理	区域维度 都市区维度	城市地理	城镇体系空间结构 城市边界形状	红外遥感图、普查数据、三维地形、卫星影像等
中观城市	城市维度 片区维度	城市规划 空间规划	城市空间发展结构 土地利用体系 城市交通体系	空间规划图、土地利用数据、交通路网数据等
微观街区	街区维度 社区维度 建筑维度	建筑设计 城市设计 景观设计	建筑形态布局 空间意向 景观环境 设施布局	建筑矢量数据、水网地形数据、详细规划图纸、三维倾斜摄影、现状照片影像等

在宏观地理尺度下，城市形态主要关注城镇体系空间结构及其影响因素，进而探讨城市形态边界的增长和演化趋势及其内在的动力机制等。因而在这一尺度下，城市形态通常由山水环境、城市交通干道、铁路等骨架性要素构成[图 3.1（a）]，城市肌理呈现出板块拼贴的特征，由上述要素进行空间切割[6]。这一尺度下的研究通常采用边界维数、分形维数等分析大都市区的整体形态特征，常见的指标包含形状率（form ratio）、圆形率（circularity）、紧凑度（compactness ration）等[7]。

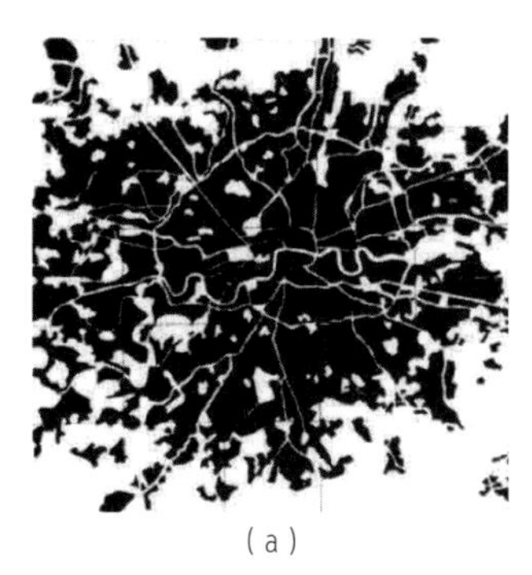
（a）

（b）

（c）

图 3.1 不同尺度下的城市形态

注：图（a）为宏观地理尺度下的城市形态，图（b）为中观城市尺度下的城市形态，图（c）为微观街区尺度下的城市形态。

资料来源：Salat S. 城市与形态：关于可持续城市化的研究[M]. 陆阳，张艳，译 . 中国建筑工业出版社，2012.

在中观城市尺度下，城市形态主要关注城市的空间发展结构、交通体系布局及土地利用体系，并开展了对城市形态的空间特征以及演变的动力机制研究。这一尺度下的城市形态，不仅包含了山水环境、铁路等空间要素[8]，同时还包含了城市各级交通路网、街区轮廓、大型开放空间等团块状的空间要素。此外，相关研究也进一步多元化，将自然环境、历史、政治、经济、社会、科技、文化等诸多因素与城市形态进行有机结合，以分析城市形态的形成机制和发展动力[9]。

在微观街区尺度下，城市形态的关注点从片区进一步聚焦于街区，关注局部街区的建筑形态布局、空间意向、景观环境与设施布局。这一尺度下的城市形态，不再融入片区板块等抽象元素，而是由具体的道路轮廓线、建筑单体、绿地、广场等实体要素构成[10]。虽然街区尺度城市形态是当下研究的热点话题，但是关于其复杂性的研究相较于其他中宏观尺度则较为薄弱，如何解构街区尺度下的城市形态要素，从复杂交错的元素构成中探究其复杂性构成，有待进一步研究。因此，本书选取街区尺度下的城市形态，以建筑（街区尺度下的核心构成要素）为切入点，深度解构复杂性的构成维度与相互作用机理。

在街区尺度下，城市形态包含街区、建筑、绿地、广场等要素（图 3.2）。其中，街

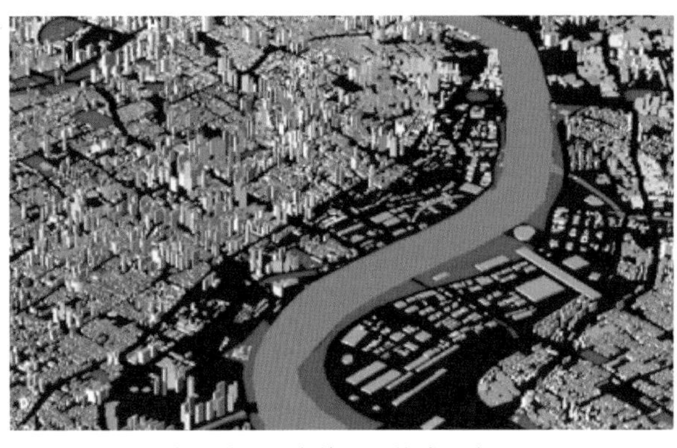
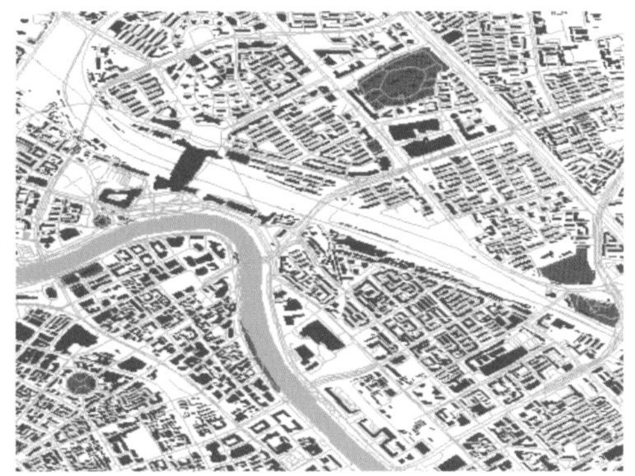

图 3.2 街区尺度下城市形态的主要构成要素

图 3.3 以建筑为核心的城市形态

区轮廓围合出研究的基本单元，确定了街区形态的外轮廓形态；建筑则是街区尺度城市形态的核心构成要素，反映了建筑组团的高度变化、体量形态、空间布局、界面闭合等形态特征，是城市形态的“实”要素构成；而绿地、广场是街区内的主要开放空间，虽然这些开放空间存在功能上的区分，但是从纯形态的视角来看并不存在本质区别，是与建筑相对的“虚”空间构成，亦可以理解为是建筑以外的空白区域，其本质仍是由建筑围合和布局特征所生成。因此，为了避免这些因素的干扰，本书将街道、街区轮廓、绿地、广场等“虚”空间要素抽象为建筑以外的空白区域，将研究聚焦于以建筑为核心要素的城市形态复杂性研究，探讨建筑形态的空间特征所反映的城市形态复杂性（图 3.3）。

以建筑为核心的城市形态复杂性研究，主要包含以下几个核心特征：

（1）选取 1 000 m×1 000 m 的栅格作为单元进行同比例研究。由于街区本身大小存在差异性，大尺度街区因为包含的建筑体块数量较多、形态类型更为多元，所以其复杂性更有可能高于小尺度街区。因此，为了避免街区大小对形态复杂性研究结果造成干扰，选择相同尺度的栅格作为研究单元。此外，1 000 m 是两个公交站点之间的常规距离，也是人步行 15 min 的距离。1 000 m×1 000 m 栅格可以有效容纳下城市中大部分类型的街区，并符合上文中对于“街区尺度”的相关认知，因此本书选择 1 000 m×1 000 m 作为栅格大小。

（2）以建筑体量为城市形态的构成要素。将绿地、广场、道路等外部空间视作由建筑围合和布局特征所生成的“虚”空间，从纯物质形态的视角研究建筑在空间中的形态复杂性，包括建筑的空间间距复杂性、建筑的高度复杂性、建筑的朝向复杂性等。

（3）复杂性分析规避视角、距离、分辨率等主观因素，从客观视角进行复杂性的理论建构与测度。由于不同的视角、距离、分辨率会导致人在认知城市形态复杂性的过程中存在主观差异，因此以上因素需要在研究过程中予以规避。在城市形态复杂性的构成特征和相互作用机理分析中，必须抛开上述因素的干扰，基于客观性的研究方法（诸如形态解构法、穷举法等客观方法）进行复杂性的理论建构与测度。

（4）建筑以体块形式呈现，去除开窗、屋顶、墙体等建筑细节。由于街区尺度城市形态的复杂性研究主要关注的是建筑与建筑之间的复杂形态关系，因此需要对建筑数据进行清洗和处理，仅保留建筑体块、外轮廓和裙楼，去除开窗、屋顶、墙体、檐口、连廊等建筑细节，如此可以最大限度地保留建筑特征并去除冗余的干扰因素，提高研究的效率和准确性。

3.1.2 复杂性构成的主客观差异

解构城市形态复杂性的构成要素是测度复杂性的重要前提，当下对于三维形态的量化解构主要以自上而下的谱系建构方法为主，并分为“主观”解构与“客观”解构两种类型。

其中，“主观”解构的特点在于研究者多结合相关理论及自身经验，从类型学的视角出发将研究对象划分为若干维度，并通过理论分析和实践经验对该分类方法进行逻辑阐述。例如 Oliveira 通过 Morpho 方法分析城市肌理的特征，并从可达性、街区密度、建筑年代、街区尺度等七个方面对街区尺度城市形态进行解构与分析[11]；蔡陈翼等根据街区内建筑的组合形态特征，将其概括为中式组合、线式组合、放射式组合等五种类型，进而结合自适应神经网络以街区为单位对南京住区形态进行解构[12]；曹俊提出城市形态重心的概念，并从学理层面建构了几何重心、可达重心、强度重心三个维度对复杂城市形态进行认知和解构[13]。

相对应的，“客观”解构则是基于客观存在的现实，依据既有的、经论证完善的数理分类方法，对对象的特征进行维度解构。例如 Gil 等通过 K-Means 数学模型提取街区的形态特征，并对其展开分类[14]；赵雨薇利用 K-Means 算法识别了其中的街区形态类型，进而提出了可与设计相结合的定量管控标准，并以南京老城南门东地区为例对其街区形态特征进行解构[15]；陈石等运用客观枚举法，提取空间肌理的 74 个形态参数，通过对不同类型空间肌理样本的聚类分析，验证了用形态参数表达空间肌理形态特征的有效性[16]。

对比这两种方法，其本质的不同在于划分的依据以及类型的划分。“主观”解构大多基于专业知识和主观经验判断，而“客观”解构则是基于既有的客观分析方法或数理分类方法，两种方法各有利弊。“客观”解构方法在形态指标的选取及指标区间的确定上具备一定的主观性，且指标间易存在冗余重复的情况，但其优势在于能够将研究对象和研究目的深度结合起来，在理论分析和逻辑推导相对严密的基础上可以有效得出试验结论；而“主观”解构方法则是对某类对象的所有类型可能性进行先验的架构，具有普适性作用。此外，“主观”解构方法会预先设定出明确的指标划分区间，相比于“客观”解构在各项指标上的划分区间较为模糊，类型间的区分直观明了，对各类型之间具有明确的边界划分，且说服力较强。

在前文中已提及：由于不同的视角高度、距离、分辨率会导致人在认知城市形态复杂性的过程中存在主观差异，因此以上因素需要在研究过程中予以规避。基于此，本书尝试在城市形态复杂性的构成分析中，抛开上述因素的干扰，从“客观”解构的角度出发进行复杂性的理论建构与测度。

3.1.3 客观视角下城市形态复杂性的构成

针对由建筑体量构成的街区尺度城市形态，本书采用“完全归纳法”① 与“排列列举法”② 等客观数理方法相结合的思路，分析城市形态复杂性的构成。

首先，采用完全归纳法拆解城市形态。对于以建筑为核心的城市形态而言，建筑是构成城市形态的基本单元。因此，在这一条件设定下城市形态均由建筑构成，并可以将城市形态归纳为每个建筑的个体形态特征以及建筑与建筑之间所组成的整体形态特征。其中建筑的个体形态特征是指每个建筑单体所表现出的形态特征，在直观呈现上可以反映为建筑单体的底面积、底面形状、个体高度和体块组合关系；而建筑与建筑之间所组成的整体形态特征是指除了每个建筑的个体形态特征以外，建筑与建筑之间在空间上的组合关系所呈现出的复杂特征。

其次，采用排列列举法将建筑与建筑之间所组成的整体形态特征分解为一维特征、二维特征和三维特征，并进行进一步的解构。其中一维形态即线性形态，在建筑与建筑的

---

① 完全归纳法，又称完全归纳推理，是以某类中每一对象都具有或不具有某一属性为前提，推出以该类对象全部具有或不具有该属性为结论的归纳推理。

② 排列列举法，在数学上原义为：针对问题的数据类型，根据答案的数据形式进行一组数的排列，列举出所有答案所在范围内的排列。本书中将其含义衍生为：针对城市形态的维度构成，对每个维度的特征进行一一排列，列举出每个维度内的形态特征。

空间组合上体现为建筑与建筑的空间间距，不同的建筑空间间距以及不同间距的排列组合，都会影响城市形态的复杂性，例如等距离排布的居住区与不等距排布的居住区，其形态复杂性存在显著差异。二维形态即平面形态，在建筑与建筑的空间组合上体现为建筑与建筑之间的朝向特征，不同的建筑朝向以及不同建筑朝向的空间组合，亦会影响城市形态的复杂性。三维形态即立体形态，在建筑与建筑的空间组合上体现为建筑群落所共同构成的三维高低起伏变化，无规律的高度变化和有规律的高度变化都会影响城市形态的复杂性，例如高度一刀切的城市形态，其复杂性会显著低于高低连绵变化而无规律可循的城市形态。

综上所述，城市形态复杂性可以拆解为建筑体量特征（个体）、建筑间距特征（一维）、建筑朝向特征（二维）、建筑高度特征（三维）四个方面，如图 3.4 所示。

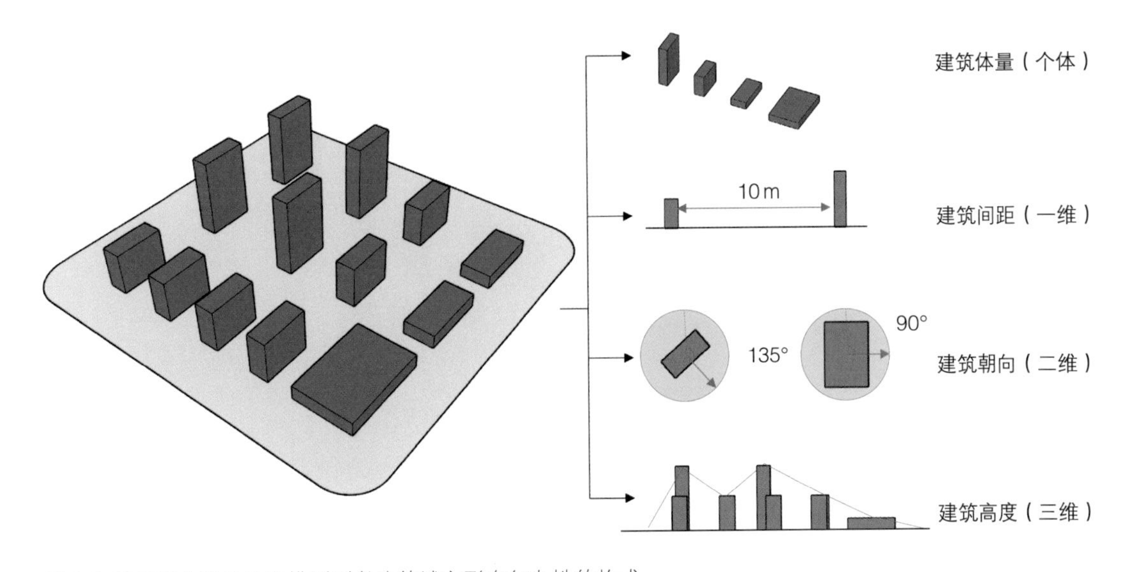

图 3.4 基于完全归纳法和排列列举法的城市形态复杂性的构成

3.2 城市形态复杂性构成的内部机理

在上述结论的基础上进一步分析城市形态复杂性构成的四个特征（建筑体量特征、建筑间距特征、建筑朝向特征、建筑高度特征）之间是如何相互作用并影响城市形态整体的复杂性的，且这些影响特征之间是否存在内部关联。因此，基于上述城市形态复杂性的四个构成特征，本节采用逐层逻辑推导的方法，逐层剖析和递进式分析城市形态复杂性构成特征的相互作用关系，并在这一过程中运用极简模型方法建构最小城市形态组合单元，并结合控制变量方法进行对比分析，以避免主观因素影响，确保分析结果的客观性。

3.2.1 建筑个体数量及特征的差异不影响复杂性

首先，从最基础的城市形态特征着手，分析建筑的绝对数量是否影响复杂性。在我们原有的认知中通常认为，固定的空间范围内（例如 1 000 m×1 000 m 的栅格空间中），建筑数量越多城市形态越复杂。然而通过极简模型对比可以发现，在建筑体量特征、建筑间距特征、建筑朝向特征和建筑高度特征都不变的情况下，仅增加建筑数量并不影响城市形态的复杂性（图 3.5）。由此可以说明，当同样的建筑无限增多时，只要不影响空间内的建筑组合特征，就不会影响城市形态的复杂性。因此得出结论：在建筑与建筑之间所组成的整体形态特征不变的情况下，建筑的绝对数量不影响城市形态的复杂性。

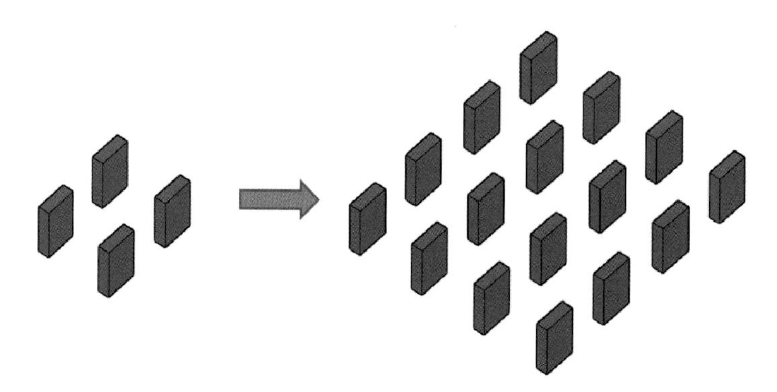

图 3.5 建筑的绝对数量对于城市形态复杂性的影响

除了建筑的绝对数量以外，另一个基础的城市形态特征为建筑与建筑之间所组成的整体形态特征，即建筑体量特征（个体）、建筑间距特征（一维）、建筑朝向特征（二维）、建筑高度特征（三维）。通过极简模型对比可以发现，同时建构底面扁平瘦长和底面方形宽大的两种不同个体形态特征的建筑，在建筑数量、建筑间距、建筑朝向和建筑高度特征都不变的情况下，两种建筑组合的城市形态复杂性并无高低之分，由此可以说明建筑体量特征的个体变量绝对值差异并不会影响城市形态的复杂性[图 3.6（a）]。同理，通过控制其他变量的方法进行极简模型对比，可以发现建筑间距特征的个体变量绝对值差异、建筑朝向特征的个体变量绝对值差异、建筑高度特征的个体变量绝对值差异都不会影响城市形态的复杂性[图 3.6（b）、（c）、（d）]。

进一步地，从上述 2x2 的极简模型推理延伸至城市真实的三维空间中，分析其形态单个构成特征的绝对值差异是否会对复杂性产生影响。在城市真实的三维空间下，红色建筑周边的环境更为复杂、红色建筑的体量形态更为多样化，因此需要在保证周边建筑环境不

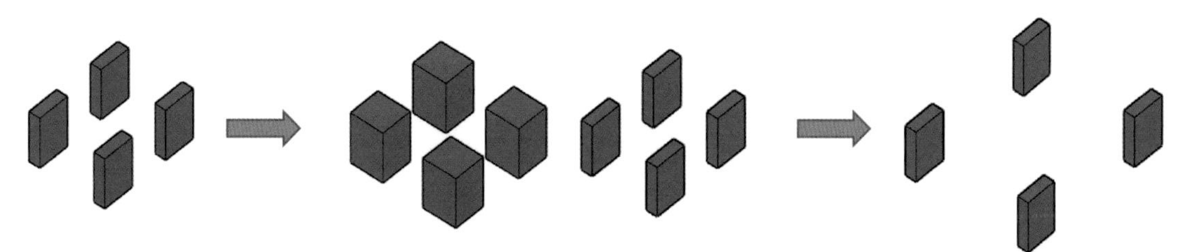

（a）建筑体量特征的个体变量绝对值差异不影响复杂性　（b）建筑间距特征的个体变量绝对值差异不影响复杂性

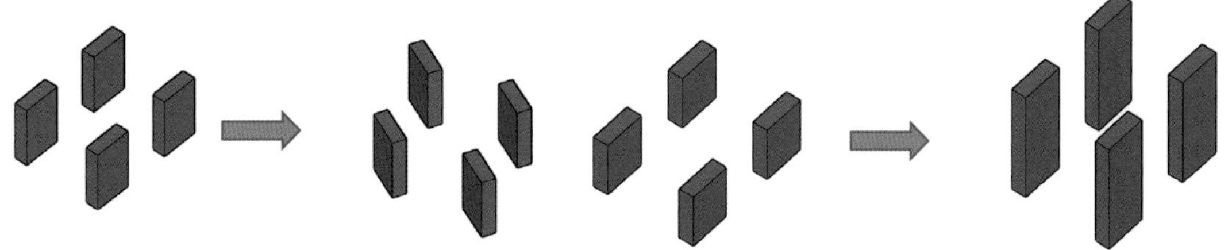

（c）建筑朝向特征的个体变量绝对值差异不影响复杂性　（d）建筑高度特征的个体变量绝对值差异不影响复杂性

图 3.6 建筑组合的绝对特征变化对城市形态复杂性的影响

变且红色建筑群落中每个建筑的体量、间距、高度都不变的情况下，仅存在建筑朝向一个变量，从而对比两者的复杂性（图 3.7）。当红色建筑群落的其他特征不变时，将其建筑朝向由正东改为正南，可以发现两个栅格的城市形态复杂性并无明显差异，局部的细小差别来源于周边建筑朝向的不规律性及其与红色建筑朝向的差异，图（a）的红色建筑朝向与周边建筑的朝向差异要大于图（b），因此会存在细微的复杂性差异，但总体来说两者的城市形态复杂性基本一致。因此得出结论：在复杂性构成的其他特征都不变的情况下，仅单个构成特征的绝对值差异不影响城市形态的复杂性。

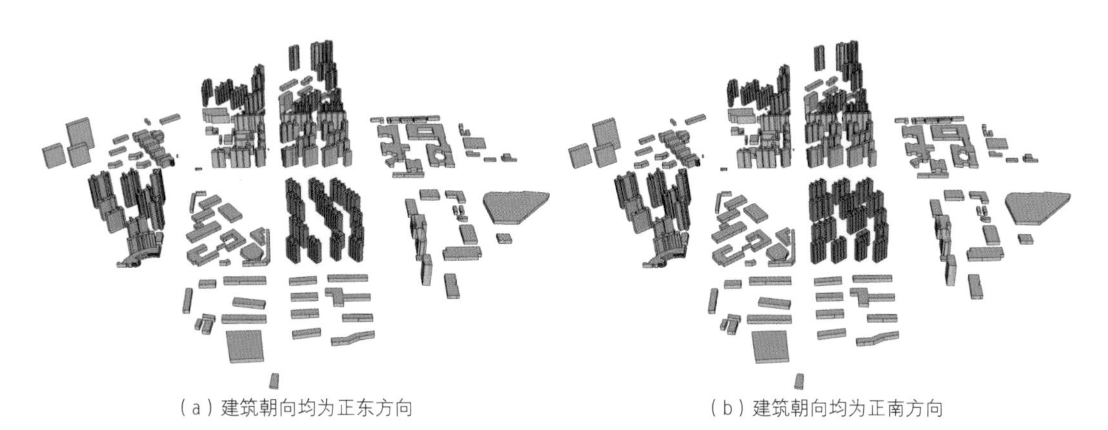

（a）建筑朝向均为正东方向　（b）建筑朝向均为正南方向

图 3.7 城市真实三维空间中单个构成特征的绝对值差异对城市形态复杂性的影响

3.2.2 复杂性本质为建筑空间关系的复杂性

既然建筑的绝对数量以及建筑绝对特征的差异都不会影响城市形态的复杂性，那么城市形态复杂性差异的本质到底是什么？要破解这一问题，仍要回到城市形态复杂性的构成上来。虽然单个构成特征的绝对值差异不会影响城市形态复杂性，但是并不代表单个构成特征的变化不会影响复杂性。

以建筑体量特征的变化研究为例，首先基于极简模型的思维建构由四个由底面积扁平的同体量建筑组合形成的最小城市形态单元，进而采用控制变量法[①]，将其中某一个建筑的形态调整为底面方形宽大的建筑体量，可以发现变换之后的最小城市形态单元的复杂性显著高于前者。由此可以发现，虽然建筑形态特征本身的绝对值差异不会影响城市形态复杂性，但当不同形态的建筑进行组合时，其复杂性会产生变化[图 3.8（a）]。同理，将其中某一个建筑的建筑间距、建筑朝向或建筑高度进行变化时，最小城市形态单元的复杂性都发生了变化，并且复杂性也随之提高[图 3.8（b）、（c）、（d）]。

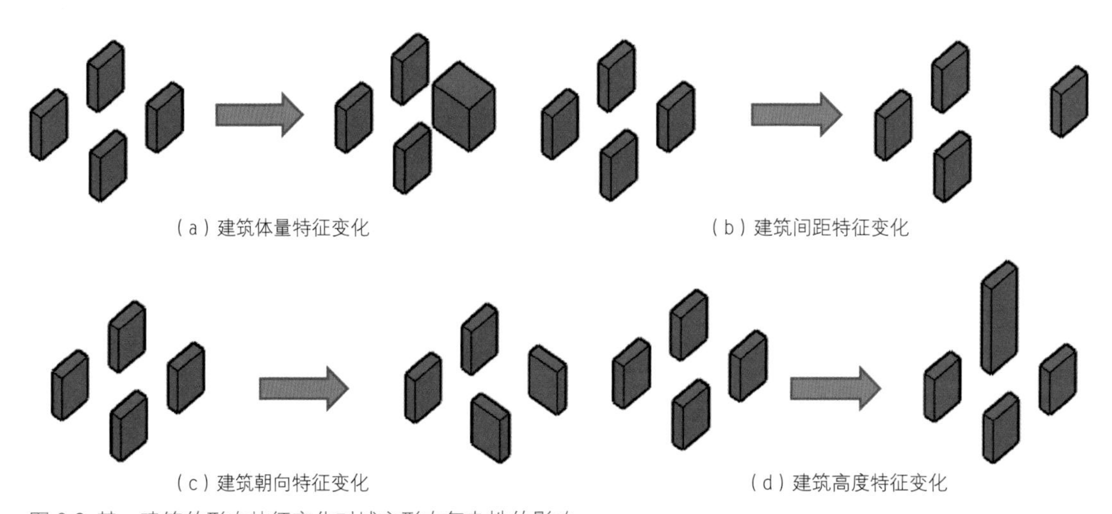

图 3.8 某一建筑的形态特征变化对城市形态复杂性的影响

以建筑体量特征变化[图 3.8（a）]为例，具体分析复杂性变化的内在机理。对比变化前和变化后可以发现，变化前的形态由四个相同的建筑构成，每两个之间的个体形态特征组合关系都是一致的，即“两个建筑之间的个体形态完全一致的一组空间关系”，

① 控制变量法：在研究对象之间相互关系的过程中，对影响事物变化规律的因素或者条件加以人为控制，使得其中的某一个或多个条件按照特定的要求进行变化或者不变，最终解决研究问题。在本书中是指在其他三个城市形态复杂性构成特征不变的情况下，仅改变其中一个特征，进而通过横向对比分析其对于复杂性的影响。

暂称之为“建筑与建筑的空间关系 A”。然而当其中一个建筑的个体形态发生变化时，该建筑与其他建筑之间的个体形态特征组合关系也随之发生变化，既包含“建筑与建筑的空间关系 A”，又包含另一种关系，即“两个建筑之间的个体形态在底面积上存在差异的一组空间关系”，并将其称之为“建筑与建筑的空间关系 B”（图 3.9）。由此可以发现，变化前和变化后的形态复杂性之所以不同，其原因在于建筑与建筑的个体形态特征的空间关系类型发生了变化，由仅包含“建筑与建筑的空间关系 A”变为同时包含“建筑与建筑的空间关系 A”和“建筑与建筑的空间关系 B”。结合 3.1.1 中“仅单个构成特征的绝对值差异不影响城市形态的复杂性”这一结论可以发现，复杂性差异并非由建筑与建筑的某一个构成特征所决定，其本质上是建筑与建筑的构成特征组合成的空间关系的类型发生了变化。

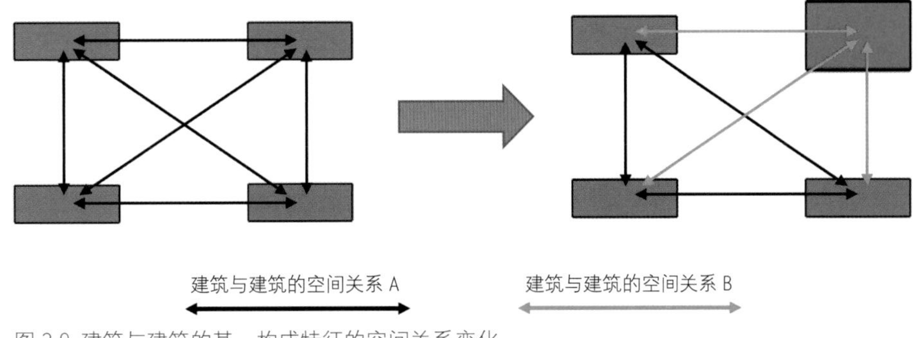

图 3.9 建筑与建筑的某一构成特征的空间关系变化

进一步地，从上述 2x2 的极简模型推理延伸至城市真实的三维空间中以论证上述观点，即复杂性差异本质上是建筑与建筑的构成特征组合成的空间关系的类型发生了变化。在如图 3.10 所示的真实三维空间中，仅从建筑高度这一构成特征来看，图（b）的城市形态复杂性要明显高于图（a），而两者的区别在于图（b）的紫色建筑高度为 100 m，图（a）的红色建筑高度为 50 m。而两者的本质区别在于，图（a）中红色建筑与周边建筑包含了 A、B、C、D 四种高度关系，而图（b）中紫色建筑的加入，使得新增了第五种建筑高度关系 E。以此类推，不仅是红色建筑的建筑高度关系增加了，其他建筑的高度关系也同样增加了，这也解释了图（b）的复杂性要高于图（a）。这得出结论：城市形态复杂性差异的本质，是建筑与建筑的某一个或几个构成特征的建筑空间关系类型发生了变化。

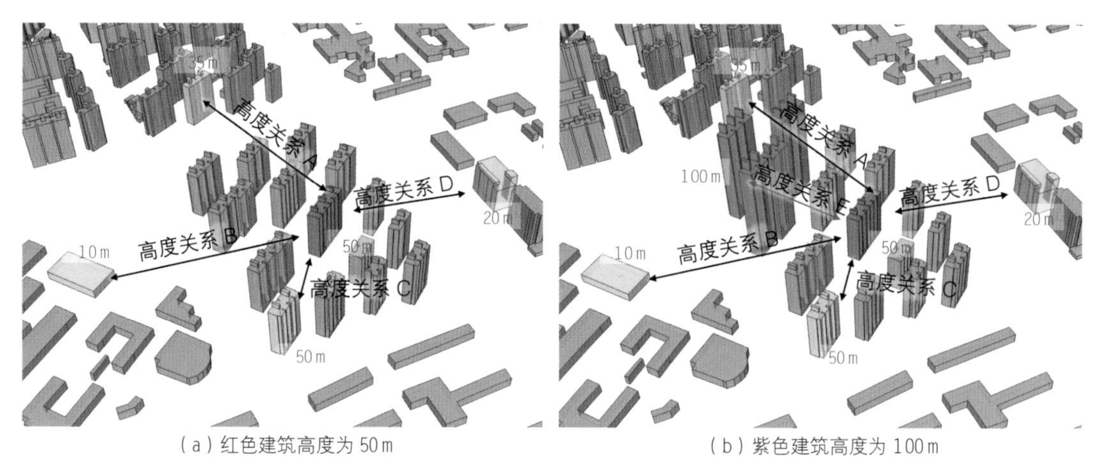

（a）红色建筑高度为 50m　　（b）紫色建筑高度为 100m

图 3.10 城市真实三维空间中建筑与建筑的某一构成特征的空间关系变化（本处为高度关系变化）

3.2.3 四种建筑空间关系对复杂性影响的等权重

在上一节中已经得出结论，城市形态复杂性的差异是由建筑与建筑体量空间关系、建筑间距空间关系、建筑朝向空间关系和建筑高度空间关系这四种空间关系所决定的。那么，这四种建筑空间关系对城市形态复杂性的影响程度是否相同？换言之，这四种空间关系对城市形态复杂性的影响权重该如何判断？

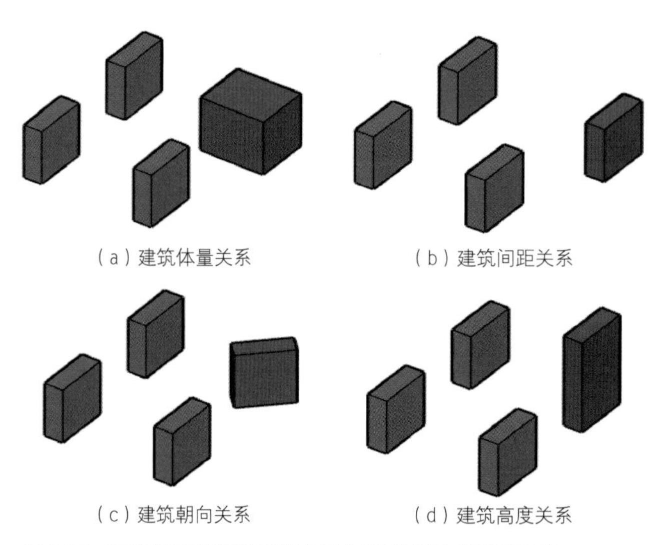

（a）建筑体量关系　　（b）建筑间距关系

（c）建筑朝向关系　　（d）建筑高度关系

图 3.11 四种建筑空间关系变化对复杂性影响的强弱比较

基于极简模型的思维建构四个由底面积扁平的同体量建筑组合形成的最小城市形态单元，进而采用控制变量法对每个最小城市形态单元中的其中一个建筑进行特征转换。第一组单元中将其中一个建筑的底面积扩大 1 倍，第二组单元中将其中一个建筑与其他建筑的空间间距拉长 1 倍，第三组单元中将其中一个建筑的朝向旋转 45°，第四组单元中将其中一个建筑的高度提高一倍。通过这四组形态单元的横向对比可以发现，其复杂性相比于变换前有显著提高，但是变换后的四组之间的复杂性则没有明显的高低之分，其复杂性是近似的(图 3.11)。由此说明: 四种建筑空间关系对城市形态复杂性的影响程度是近似相等的。

然而，上述研究仅能近似说明其影响的等价性，因此本书利用多因子叠加分析①的方法进一步验证上述猜想。首先，将最小形态单元由 2×2 提高到 4×4 的形态组合，以便于多个空间关系在同一空间单元上的综合表达，并以同样的方法建构由单个空间关系变化组成的四组空间单元 [图 3.12 (a)]。进而将四种空间关系进行两两组合，例如在一个空间单元中同时对其中部分建筑的建筑体量特征和建筑高度特征进行变化，以及在另一个空间单元中同时对其中部分建筑的建筑间距特征和建筑朝向特征进行变化 [图 3.12 (b)]，可以发现变换之后的两组空间单元的形态复杂性近似相等，或者说无法明显区分其复杂性的高低，同时这两组形态单元的复杂性要显著高于图 3.12 (a) 中四组形态单元的复杂性。最后，在四种建筑空间关系中选择三种进行空间组合，例如在一个空间单元中同时对其中部分建筑的建筑体量特征、建筑高度特征和建筑朝向特征进行变化，可以发现其复杂性又有了一定程度的提高 [图 3.12 (c)]。

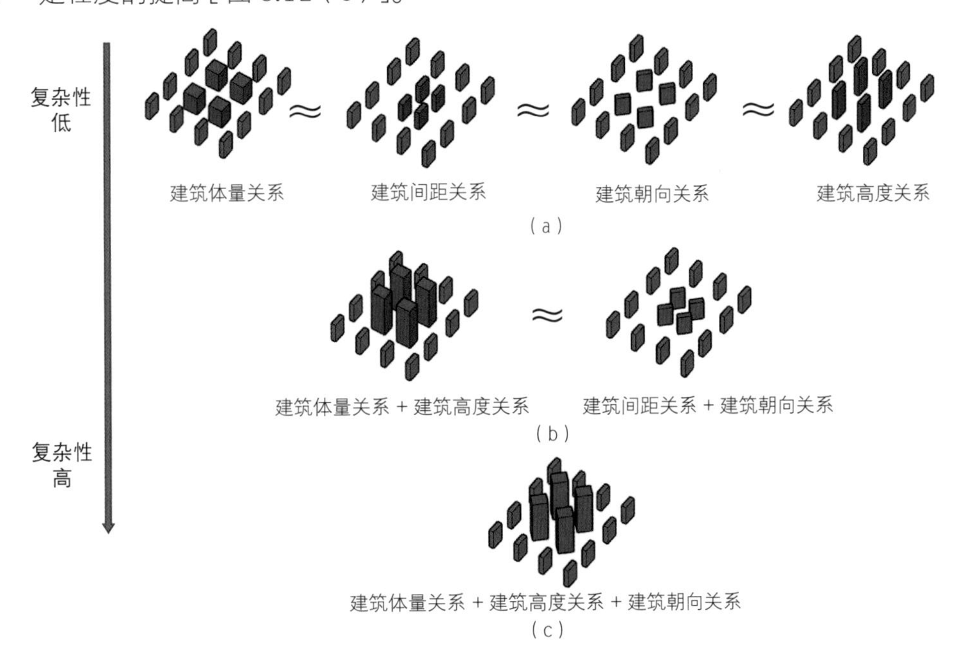

图 3.12 基于多因子叠加对比四种建筑空间关系组合对复杂性的影响强弱

① 多因子叠加分析：是在常用的单因子评价法基础上的补充，该方法根据计算得出的综合分值进行评价，表征出多个因子对评价区域的影响，得出一个较为全面的综合性结果。在本书中是指将单个因子进行空间熵的叠加，通过多个因子叠加进行横向对比，评价复杂性的高低，进而得出一个较为可信的结论。

进一步地，从上述 4x4 的极简模型推理延伸至城市真实的三维空间中，论证四种建筑空间关系的等价性特征。以图 3.13 所示的两组形态为例，所选取的城市形态较为规整且复杂性较低，以防止局部建筑特征变化对复杂性强弱的影响过小而无法进行复杂性对比。可以发现当把红色建筑的高度提高 40 m 和把建筑朝向旋转 40°，两者的复杂性基本相当且高于原本的复杂性。进而，从单一建筑空间关系变化变为两种空间关系的两两组合，可以发现其复杂性进一步提高，而两者之间也没有本质区别（图 3.14）。通过上述案例进一步证实了本节的猜想，进而得出结论：建筑体量空间关系、建筑间距空间关系、建筑朝向空间关系和建筑高度空间关系，对城市形态复杂性的影响程度是近似等价的，即影响权重均为 1。

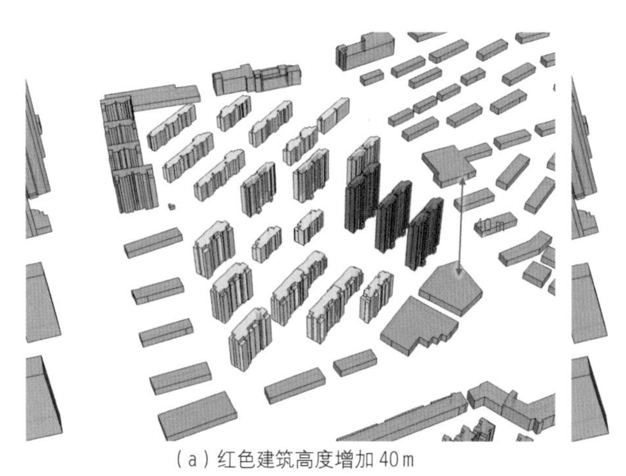

（a）红色建筑高度增加 40 m

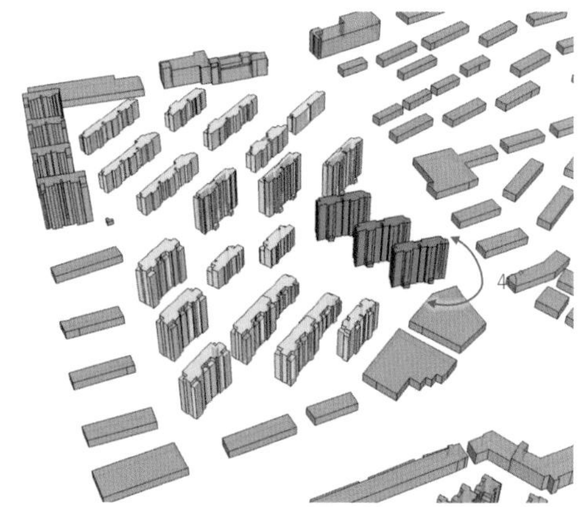

（b）红色建筑朝向转动 40°

图 3.13 城市真实三维空间中四种建筑空间关系的等价特征

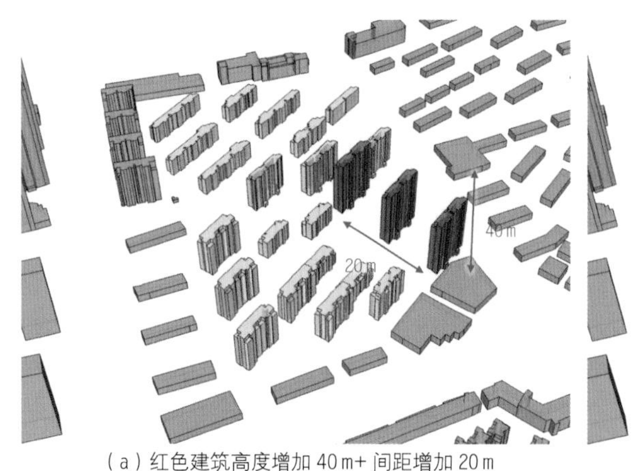

（a）红色建筑高度增加 40 m+ 间距增加 20 m

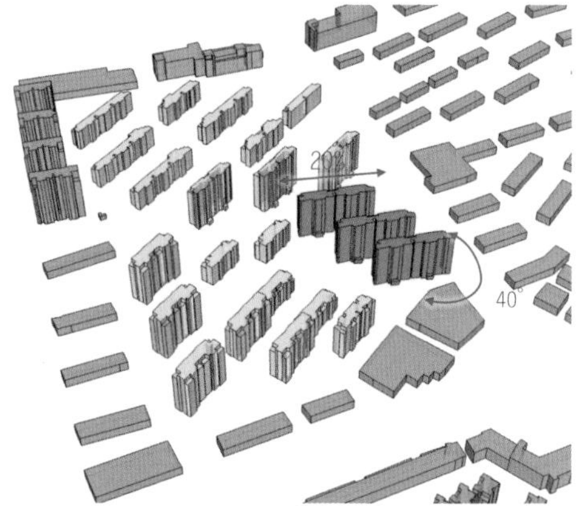

（b）红色建筑朝向转动 40° + 体量增加 20 %

图 3.14 城市真实三维空间中四种建筑空间关系两两组合的等价特征

3.2.4 同种建筑空间关系内部存在数值差异

虽然上述猜想证实了四种建筑空间关系之间是等价的，然而在实际的城市形态中（城市形态最小空间单元）其复杂性差异却为何千差万别？换言之，既然关系是等价的，那么由四种相同空间关系构成的城市形态，其复杂性一定相似吗？

本书选取了四组建筑空间关系组合较为相似的城市形态（表 3.2），例如对比组 1 中的两组形态，在建筑高度上都是西高东低，在建筑朝向上都是以东西向建筑为主；对比组 2 中的两组形态，在建筑高度上都是由高低两种建筑组合而成，且建筑相对等距排布。通过上下对比可以发现其复杂性差异极为明显，由此可以说明，虽然建筑空间关系是影响复杂性的关键，并且其相互之间是等价关系，但是仍存在某些其他因素影响了城市形态的复杂性。因此，本节通过四组建筑空间关系的进一步深度对比研究，来探究四种建筑空间关系对于复杂性的影响机理。

表 3.2 四组建筑空间关系组合较为相似的城市形态复杂性对比

	城市形态案例			
	对比组 1	对比组 2	对比组 3	对比组 4
复杂性高				
复杂性低				

首先建构四个由底面积扁平的同体量建筑组合形成的最小城市形态单元，然后对其中一个建筑的体量进行调整，将其体积扩大为原来的 1.2 倍；同时采用同样的方法将该建筑体积扩大为原来的 2 倍［图 3.15（a）］。对比之后可以发现，相比于扩大为原来的 1.2 倍的形态单元，扩大为原来的 2 倍的形态单元的复杂性较之原形态单元有显著的提高，而扩大为原来的 1.2 倍的形态单元的复杂性则没有明显变化。用同样的方法对建筑间距关系、建筑朝向关系和建筑高度关系进行大、小两种形态调整，可以发现同一类建筑空间关系在空间中的组合差异越大，其复杂性越高［图 3.15（b）、（c）、（d）］。由此可以解释表 3.2 的问题，例如对比组 2 中的两种城市形态，复杂性高的形态单元与复杂性低的形态单元在

建筑高度关系上有着显著的区别，前者建筑高差明显，而后者虽然也存在建筑高差，但总体上高度差异不大，大部分建筑的高差保持在一个极小的区间内，因此其复杂性要显著低于前者。由此可以发现，每一种建筑空间关系内部是存在绝对值差异的，这种绝对值差异对于复杂性的影响是不等价的。

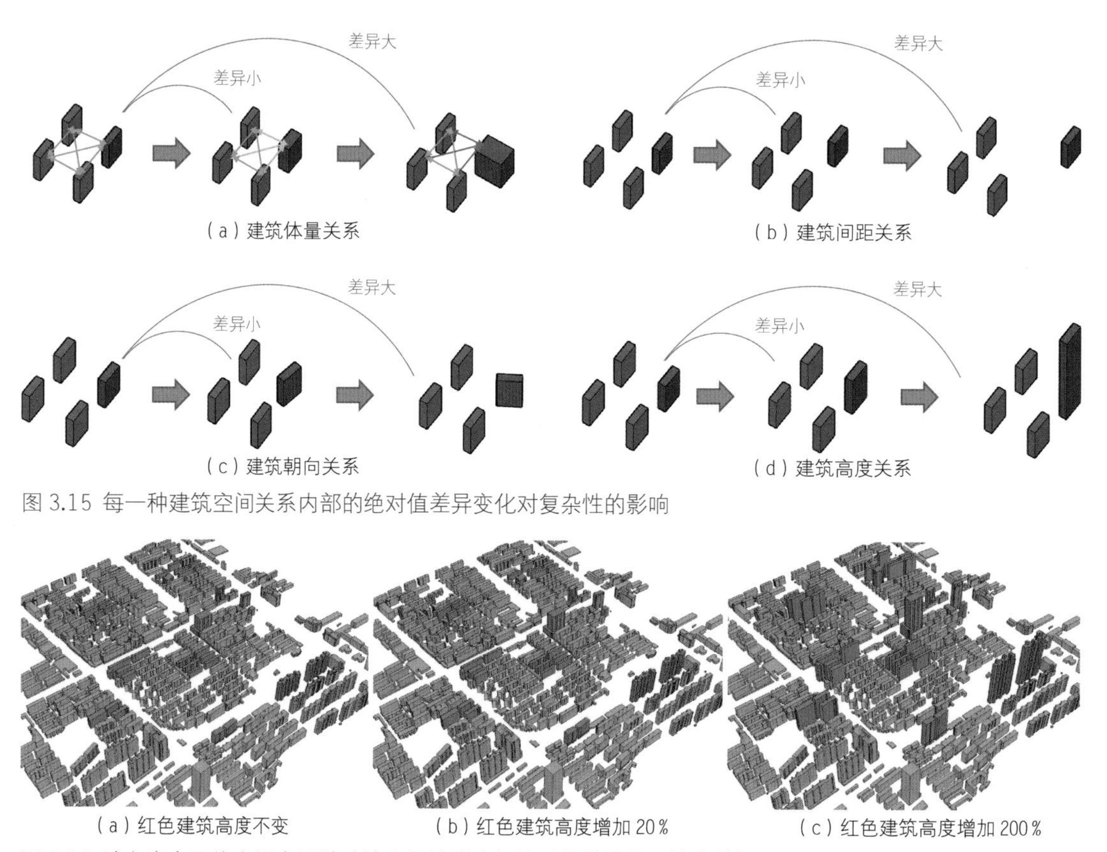

图 3.15 每一种建筑空间关系内部的绝对值差异变化对复杂性的影响

图 3.16 城市真实三维空间中四种建筑空间关系内部绝对值差异的不等价特征

进一步地，从上述 2x2 的极简模型推理延伸至城市真实的三维空间中，论证四种建筑空间关系内部绝对值差异的不等价特征。选取的真实三维空间形态较为规整，整体的复杂性较低，并从中选择多个建筑的高度进行变化，以防止局部建筑特征变化对复杂性强弱的影响过小而无法进行复杂性对比（图 3.16）。其中，图（a）为初始状态下的城市形态，图（b）为红色建筑高度提高 20％下的城市形态，图（c）为红色建筑高度提高 200％下的城市形态，可以发现三者的建筑体量关系、建筑朝向关系、建筑间距关系完全一致，且建筑高度关系的数量也完全一致，基于 3.2.3 的结论推理，三者的复杂性应该完全一致，而实际上图（c）的复杂性最高、图（a）的复杂性最低，由此也证明了每一种建筑空间关系内部的绝对值差异对复杂性的影响是不等价的。因此可以得出结论：虽然四种建筑空间关系之间是等价关系，但是每一种建筑空间关系内部的具体关系是存在绝对值差异且不等价的，即可以被量化为具体的数值。

3.2.5 建筑空间关系的类型数量和分布规律决定复杂性

上述研究表明，建筑空间关系都能在同等程度下对城市形态的复杂性造成影响。但是，城市空间本身是复杂的，在绝大多数情况下其建筑的组合模式和分布特征往往是四种建筑空间关系的复杂叠加。因此，仅从单一空间关系来分析城市形态复杂性的构成和相互作用机理是不够的。因此，本节需要在上述研究结论的基础上进一步探讨，当四种建筑空间关系组合在一起时，它们是如何在复杂的相互作用过程中对复杂性造成影响的，并且哪些影响是决定性的。要想厘清这一问题，就需要弄清楚每一种建筑空间关系的类型数量，是否越多越复杂？如果是，那么类型数量是否起到了决定性作用？如果不是，那么在建筑空间关系相互组合的过程中，到底是什么因素起到了决定性作用？

首先通过建构最小形态单元，对比不同建筑空间关系类型数量对复杂性的影响（此处需要融入不少于两种的空间关系类型，因此极简模型必须采用3×3的组合模式）。如图3.17所示，当建筑高度从完全一致转变为由三种高度建筑组合而成时，其高度关系从单一的一种高度关系A（即两个建筑高差为0m），变为同时包含高度关系A、高度关系B（即两个建筑高差为N_1m）和高度关系C（即两个建筑高差为N_2m），并且可以发现其复杂性显著提高。同样地，当建筑的朝向关系发生上述变化时，其复杂性也会随之提高（图3.18）。由此可以说明，每一种建筑空间关系的类型数量会影响复杂性，并且数量越多复杂性越高。

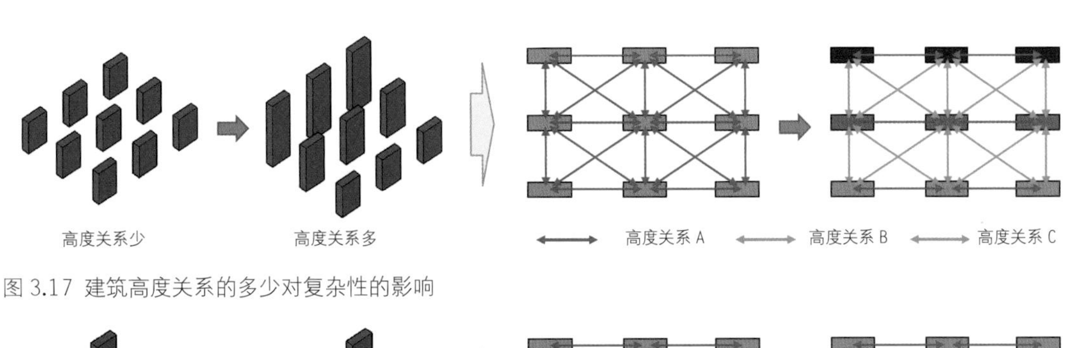

图3.17 建筑高度关系的多少对复杂性的影响

朝向关系少
朝向关系多
朝向关系 A
朝向关系 B
朝向关系 C

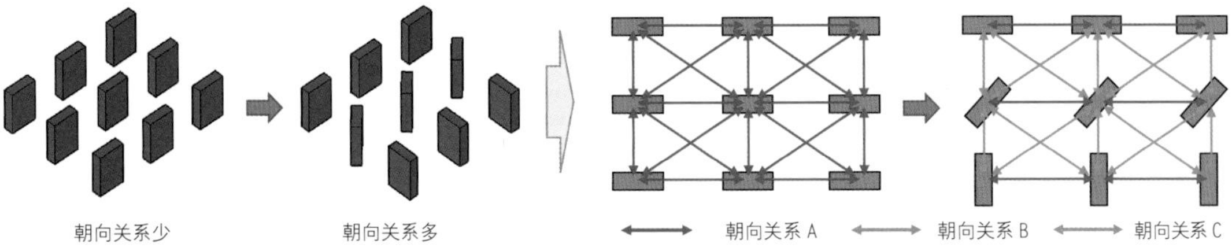

图3.18 建筑朝向关系的多少对复杂性的影响

然而，城市形态的复杂性决定了其构成的复杂特征，因此在研究中笔者发现，并不是所有的城市形态都满足上述特征，即并非每一种建筑空间关系的类型数量越多，其复杂性必然会越高。如图 3.19 所示，在图 3.17 的基础上从高、中、低三种等高度序列排布的建筑中抽取出两种建筑体量并打乱其布局后重新排布，可以发现建筑高度关系的类型数量虽然变少了，但其城市形态的复杂性却提高了；同样地，从横、斜、纵三种等朝向序列排布的建筑中抽取出两种朝向的建筑并打乱其布局后重新排布，建筑朝向关系的类型数量虽然变少了，但其城市形态的复杂性却提高了。由此可以说明，在某些情况下会出现建筑空间关系类型数量少的城市形态，其复杂性会高于类型数量多的城市形态。换言之，即存在其他的影响因素影响城市形态复杂性。

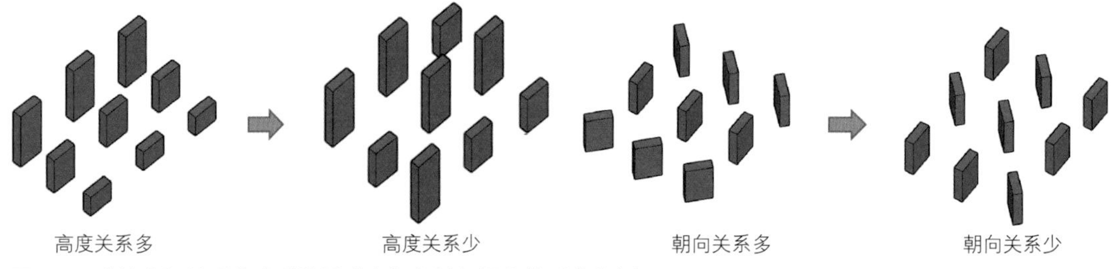

图 3.19 建筑空间关系的类型数量减少复杂性却提高的形态案例

为了深度挖掘上述现象的内在机理，并避免遗漏影响城市形态复杂性的因素，笔者以图 3.17 的高度形态特征为例，采用穷举法枚举出所有影响复杂性的因素：① 建筑个体高度形态的种类；② 建筑个体高度形态的数量；③ 不同高度形态建筑在空间上的位置关系；④ 建筑高度关系的不同类型（即不同建筑高差所构成的高度关系）；⑤ 建筑高度关系的不同类型的数量；⑥ 不同高度关系在空间上的分布特征。其中，上文的分析结论可以排除 ① 和 ② 两种情况，因为影响城市形态复杂性的本质因素是建筑与建筑的空间关系，而非建筑本体的形态特征；同时，图 3.19 中高度关系多的形态单元，已经包含了形态关系少的形态单元中的所有建筑高度关系的类型和类型数量，由此也排除了 ④ 和 ⑤ 两种情况。因此仅剩下 ③ 和 ⑥ 两种可能，而这两种情况在本质上是一致的，即都是建筑与建筑组合的高度关系在空间上的分布特征。由此可以说明，建筑空间关系在空间上的不同分布特征，也会影响城市形态复杂性。

将图 3.17 中的两种高度形态进行解构，可以发现建筑高度关系类型数量多的形态，其高度关系由高度关系 A（建筑高差为 0）、高度关系 B（高、中两种建筑形成的高差 N_1）和高度关系 C（中、低两种建筑形成的高差 N_2）三种高度关系构成，并且三种高度关系在空间上呈现出一种“有规律”的分布特征，如图 3.20 所示。这里所谓的“有规律”，是指高度关系分布呈东西对称、南北对称的特征，且东西向、南北向延伸的规律性极强。相反地，另一组建筑高度关系类型数量少的形态，虽然高度关系只有高度关系 A 和高度关系 B 两种类型，但其高度关系在空间上的分布却呈现出“无规律”分布的特征，如图 3.21 所示。这里所谓的“无规律”是与“有规律”相反的，无论是东西向或是南北向均没有明显的规律性，呈现出一种杂乱无章的分布特征。由此可以说明，除了每一种建筑空间关系的类型数量以外，空间关系在空间上分布的规律性也会影响城市形态的复杂性，且规律性越强，复杂性越低。

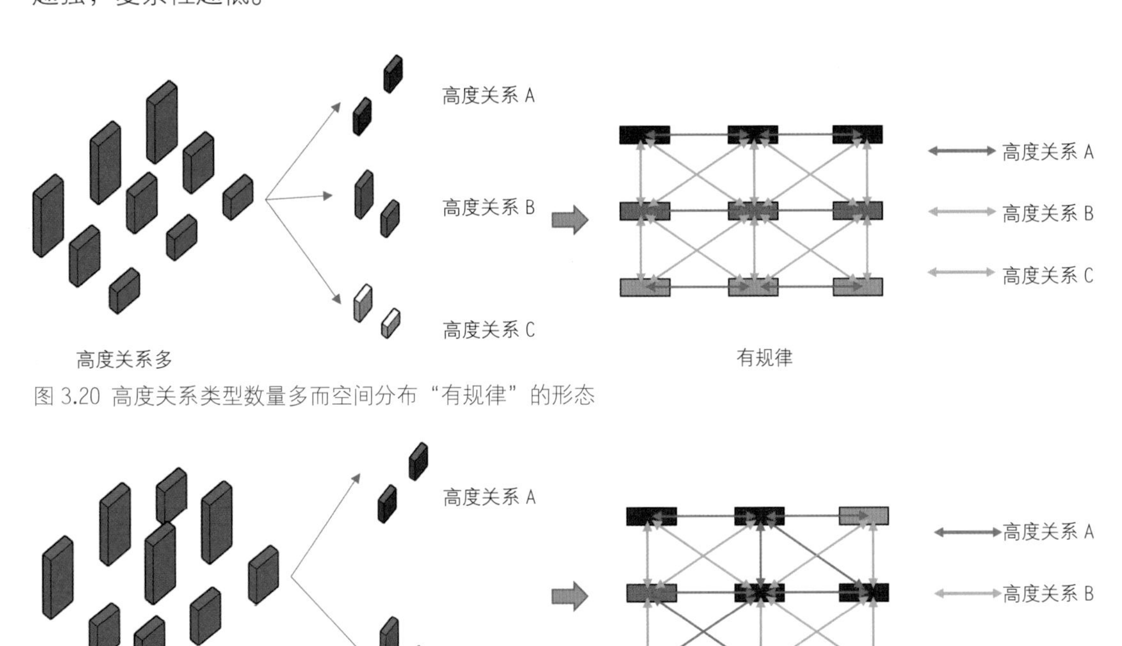

图 3.20 高度关系类型数量多而空间分布“有规律”的形态

图 3.21 高度关系类型数量少而空间分布“无规律”的形态

进一步地，从上述 3x3 的极简模型推理延伸至城市真实的三维空间中，论证建筑空间关系的类型数量和分布规律对复杂性的影响。以图 3.22 所示的两种城市形态为例，图（a）的建筑体量类型较多，并随之产生了 A—Q 等 17 种建筑体量关系的类型（由于关系数量过多，为便于观察，对每种关系仅保留一条以便展示）。在图（a）的基础上对局部建筑进行替换，在不改变建筑朝向、间距、高度等特征的情况下仅削减建筑体量的数量，可以发现其建筑体量关系的类型也从原本的 17 种降至 4 种，且复杂性显著降低，由此说明建筑空间关系的类型数量会对城市形态的复杂性造成影响。但是，建筑空间关系的类型数量不是影响复杂性的唯一因素，因此选择如图 3.23 所示的城市空间以进一步分析，其中图（a）的建筑体量关系的类型数量较多，但是由于排布较为规律，因此复杂性较低；而图（b）中的建筑体量关系的类型数量虽然减少，但是由于排布极为不规律，由此其复杂性要显著高于图（a），由此也证明了建筑空间关系的分布规律也会对城市形态的复杂性造成影响。

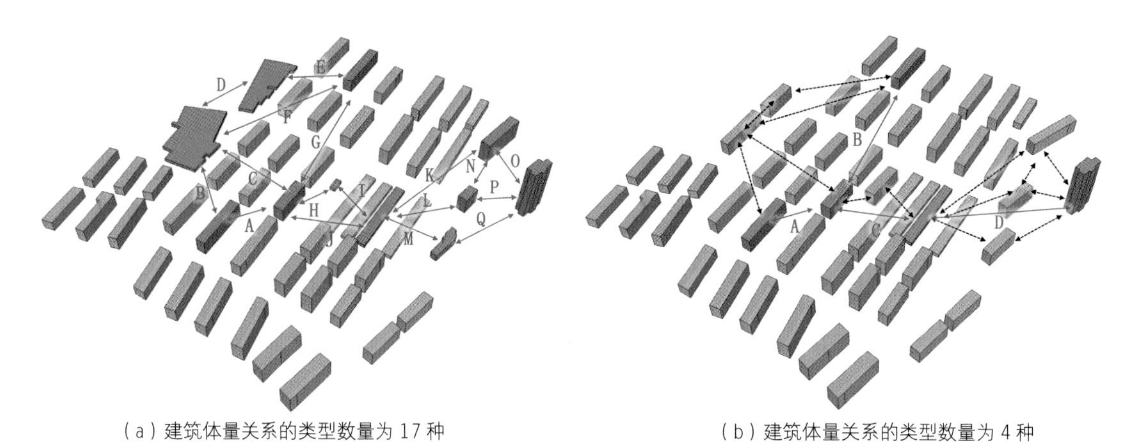

（a）建筑体量关系的类型数量为 17 种　　（b）建筑体量关系的类型数量为 4 种

图 3.22 城市真实三维空间中建筑空间关系的类型数量对复杂性的影响

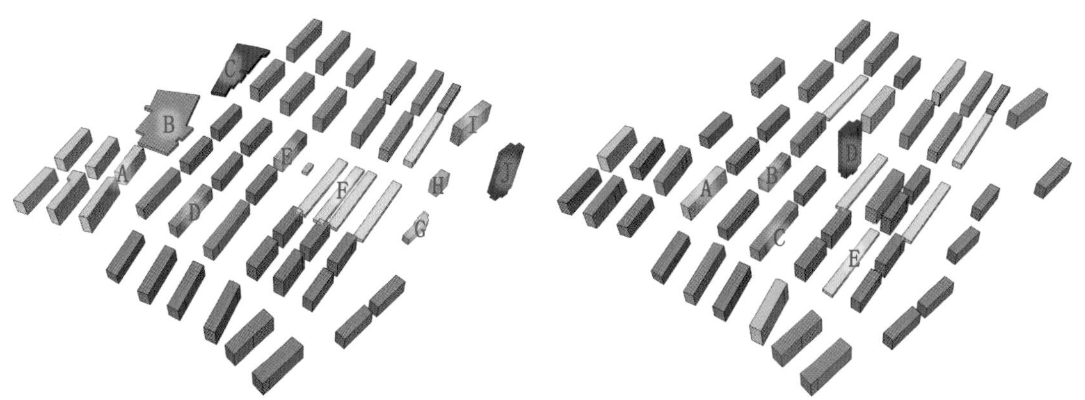

（a）建筑体量关系的类型数量多但分布规律　　（b）建筑体量关系的类型数量少但分布不规律

图 3.23 城市真实三维空间中建筑空间关系的分布规律对复杂性的影响

此外，这一发现已经在其他研究领域得到了证实。在香农提出的信息熵理论中就强调了秩序性特征对复杂性的影响 [17]。信息熵是对状态的不可预测性的一种度量，或者等价地说是对象的平均信息量。其中，字母表就是信息熵在数据维度的一种典型案例。假定一个事件是由若干字母按顺序排布而成的（图 3.24），则当字母表呈规律分布时，准确预测下一个字母的概率将会显著提高，这说明这一事件的信息量（即复杂程度）很少；相反地，若字母排列完全没有规律可言，则预测下一个字母的难度将显著提升，这一事件的信息量则增多[18]。信息熵是信息领域测度事件复杂性高低的权威方法，其理论与逻辑经过了缜密的论证，而其本质是测度所有事件的平均信息量，这与本书发现的空间关系规律性是一致的。由此可以证实本书的研究发现是合理的。综上所述，可以得出结论：每一种建筑空间关系的类型数量及其在空间上分布的规律程度是影响复杂性的关键因素，并且类型数量越多则复杂性越高，规律性越强则复杂性越低。

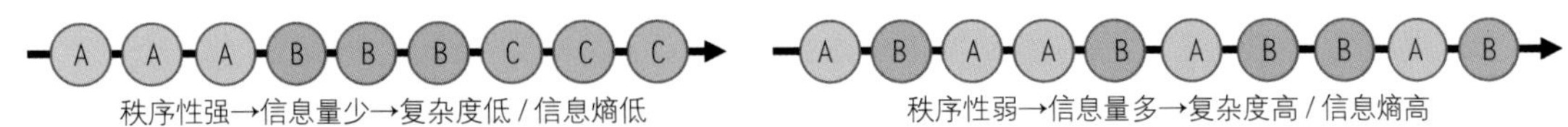

图 3.24 信息熵中对于字母排列秩序的复杂性判定

参考文献

[1] Salat S，城市与形态：关于可持续城市化的研究[M]. 陆阳，张艳，译. 北京：中国建筑工业出版社，2012.

[2] 刘志丹，张纯，宋彦. 促进城市的可持续发展：多维度、多尺度的城市形态研究：中美城市形态研究的综述及启示[J]. 国际城市规划，2012,27(2):47-53.

[3] 周滔，王笛，李帆. 多尺度下城市形态对空气质量的作用机制研究[J]. 地理研究，2022,41(7):1883-1897.

[4] 吴子豪，童滋雨. 城市尺度下城市物质空间形态演变特征研究：以南京市为例[J]. 南方建筑，2022(8):84-91.

[5] 姜之点，杨峰. 街区尺度城市形态因子对建筑能耗影响的模拟研究[J]. 建筑科学，2022,38(6):140-149.

[6] 李后强，艾南山. 具有黄金分割特征和分形性质的市场网络[J]. 经济地理，1992,12(4): 1-5.

[7] 林炳耀. 城市空间形态的计量方法及其评价[J]. 城市规划汇刊，1998(3): 42-45.

[8] 段进. 城市空间发展论[M]. 南京：江苏科学技术出版社，1999.

[9] 郑莘，林琳. 1990 年以来国内城市形态研究述评[J]. 城市规划，2002,26(7): 59-64,92.

[10] 张昌娟，金广君. 论紧凑城市概念下城市设计的作为[J]. 国际城市规划，2009, 24(6): 108-117.

[11] OLIVEIRA V. Morpho: a methodology for assessing urban form[J]. Urban Morphology, 2013,17(1):21-33.

[12] 蔡陈翼，李飚，霍夫施塔特. 神经网络导向的形态分析与设计决策支持方法探索[J]. 建筑学报，2020(10):102-107.

[13] 曹俊. 对城市形态重心的分层解构[J]. 建筑与文化，2020(11):172-173.

[14] GIL J, BEIRO J N, MONTENEGRO N, et al. On the discovery of urban typologies: data mining the many dimensions of urban form[J]. Urban Morphology, 2012, 16(1):27-40.

[15] 赵雨薇. 形态基因视角下的城市形态类型的量化分析[D]. 南京：东南大学，2019.

[16] 陈石，袁敬诚，张伶伶. 城市设计视角下空间肌理形态控制的方法探索[J]. 华中建筑，2022,40(2):113-117.

[17] PIRAS P. New mathematical measures for apprehending complexity of chiral molecules using information entropy[J]. Chirality,2022,34(4): 646-666.

[18] 刘钊. 基于计算智能的计算机视觉及其应用研究[D]. 武汉：武汉科技大学，2011.

·4· 城市形态复杂性测度的逻辑框架与模型建构

4.1 城市形态复杂性测度的逻辑框架

城市形态复杂性的测度，首先需要将复杂的城市形态进行抽象处理，即将不同量纲和等级的城市形态特征抽象并降维为以统一量纲和逻辑表达的形态语言，这是实现城市形态复杂性测度的前提条件。其次，需要通过归一化的方式，将城市形态以符合其多维形态构成特征的方式进行量化表达，进而生成城市形态复杂性的量化模型。最后，结合熵的相关理论以及上述研究发现建构复杂性测度算法。基于上述逻辑，本书在结合第 3 章的五大核心发现的基础上，分三步建构城市形态复杂性测度的逻辑框架，如图 4.1 所示。

1）城市形态复杂性的抽象网络——复杂性测度的前提条件

在第 3 章中提到，以建筑体量为构成要素的城市形态主要由每个建筑的个体形态特征，以及建筑与建筑组合在一起形成的整体空间关系特征所构成。并且，每个建筑的个体形态特征包含了建筑体量特征、建筑间距特征、建筑朝向特征、建筑高度特征，建筑空间关系也包含了与之对应的建筑体量关系、建筑间距关系、建筑朝向关系和建筑高度关系。

为实现城市形态复杂性的量化测度，就必须将三维的城市形态模型转变为单维度的形态模型，并且需要将建筑体量、建筑朝向、建筑高度、建筑间距等不同构成的形态特征降维为统一维度的逻辑语言。因此，一方面，结合发现①的观点，建筑个体的绝对数量及每个建筑的体量特征都与城市形态复杂性没有本质关联，因此在抽象时需要被降维处理并被建筑空间关系所替代，变成抽象的建筑点集；另一方面，结合发现②的观点，城市形态复杂性差异是由建筑与建筑的空间关系所决定的，因此可以将城市形态的复杂性特征归纳为建筑空间关系的复杂性特征，并将其抽象为连接建筑点与点之间的空间关系连线。

进而将原本由建筑个体所构成的城市形态，转变为由建筑点集和建筑空间关系连线所

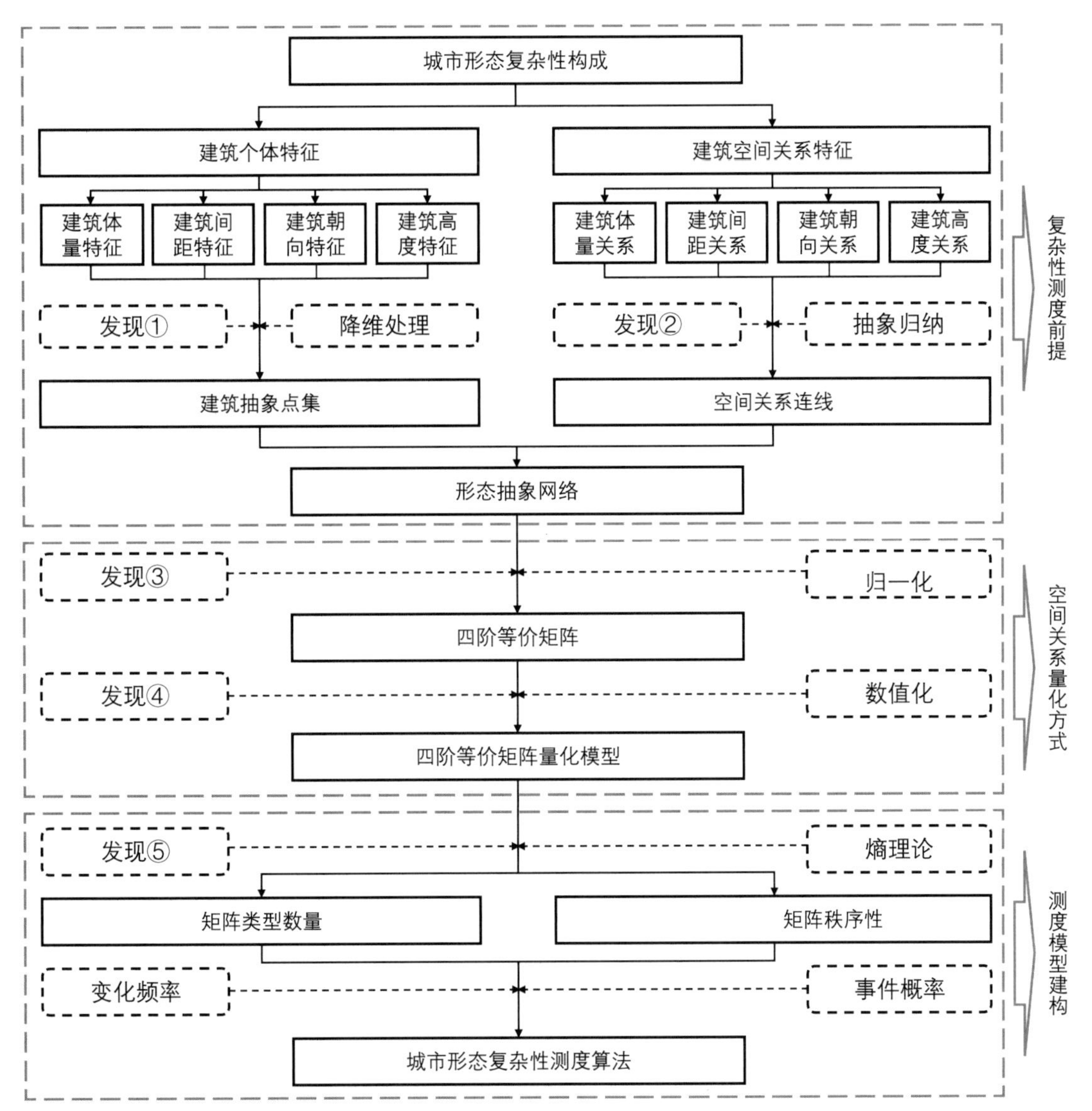

图 4.1 城市形态复杂性测度的逻辑框架

注：为了便于阐述，将第 3 章的五大核心发现概括为发现①至发现⑤，即发现①：在建筑空间组合形态特征不变的情况下，建筑的绝对数量多少不影响城市形态的复杂性，并且在复杂性构成的其他特征都不变的情况下，仅单个构成的绝对值差异不影响城市形态的复杂性。发现②：城市形态复杂性差异的本质，是建筑与建筑的某一个或几个构成特征的建筑空间关系类型发生了变化。发现③：四种建筑空间关系（即建筑体量空间关系、建筑间距空间关系、建筑朝向空间关系和建筑高度空间关系）对城市形态复杂性的影响程度是近似等价的，即影响权重均为 1。发现④：虽然四种建筑空间关系之间是等价关系，但是每一种建筑空间关系内部的具体关系是存在绝对差异且不等价的，即可以被量化为具体的数值。发现⑤：每一种建筑空间关系的类型数量及其在空间上分布的规律程度是影响复杂性的关键因素，并且数量越多复杂性越高，规律性越强复杂性越低。

构成的整体网络，生成城市形态复杂性的抽象网络。其特征在于每一个单体建筑的多维度特征在网络中已不复存在，而是转变成一个个抽象的、不具备任何特征的点集；真正反映形态复杂性特征的则是点与点相连所构成的空间关系连线。该网络中的每一条连线代表了两个建筑之间的四种空间关系（即建筑体量空间关系、建筑间距空间关系、建筑朝向空间关系、建筑高度空间关系）。从而将不同量纲和等级的城市形态特征抽象并降维为以统一逻辑表达的形态语言，这是实现城市形态复杂性测度的前提条件。

2）四阶等价矩阵量化模型——空间关系量化方式

由于城市形态复杂性的抽象网络的建筑点集本身没有特征属性，因此只需要对建筑点之间的空间关系连线进行量化。由于每一条空间关系连线都包含了建筑体量空间关系、建筑间距空间关系、建筑朝向空间关系和建筑高度空间关系这四种空间关系，每一种空间关系的量纲都各不相同，因此本书借鉴物理学计算方式，采用“归一化”① 的方法对这四种空间关系进行量化处理[1]。结合发现③ 中提到了四种空间关系之间的等价性原理，本书采用归一化原理中的四阶矩阵的方法来量化表达这四种不同量纲的空间关系连线。具体地说，以每一个建筑点所包含的与周边建筑的空间关系为单元建立四阶等价矩阵，矩阵包含四条横向阵列，每一条阵列代表一种建筑空间关系。并且由于四种空间关系的权重都为 1，因此四条阵列是等价关系，不需要叠加权重。

结合发现④ 中每一种建筑空间关系内部的具体关系可以被量化为具体的数值这一特性，每一条横向阵列中的具体空间关系都不是固定统一的，会随着具体的建筑个体特征和空间关系特征而改变且存在数值大小差异之分。因此，对每一条阵列中建筑点与周边建筑相连所形成的各空间关系赋予具体的数值，并以此数值来量化建筑空间关系连线，生成四阶等价矩阵量化模型，为下一步的城市形态复杂性测度中每一个具体形态的量化提供数据支撑，实现从三维立体的城市形态复杂性特征到抽象网络下的矩阵量化模型转化。

3）基于矩阵差异性的复杂性测度算法——城市形态复杂性测度模型建构

如果说城市形态复杂性本质上是由建筑空间关系所构成的，那么其复杂性则是由空间关系量化之后的四阶量化矩阵的数据特征所决定的。结合发现⑤，可以将四阶量化矩阵的数据特征划分为矩阵类型数量以及矩阵差异性两个维度，并且这两个维度是相互制约、相

① 归一化：一种无量纲处理手段，即将有量纲的表达式经过变换化为无量纲的表达式，成为标量。简化计算，缩小量值。在本书指的是通过四阶矩阵，将四种不同量纲的空间关系在一个数学模型量纲中进行量化表达。

互关联的关系。

一方面，四阶矩阵的类型数量越多则复杂性越高，而四阶矩阵的类型数量是由四种空间关系所决定的，每一种空间关系的类型越多，则组合而成的矩阵类型也会越多。此外，由于本书是以 1000 m×1000 m 的栅格为空间单元进行研究的，单元内的建筑数量和空间关系类型也是有限的，因此四阶矩阵的类型数量本质上反映的是空间内建筑空间关系的变化频率，变化频率越高，其复杂性提高的可能性则越大。这一特征类似于信息熵中对于单一事件的描述，由一百种单一事件组成的事件信息，其信息量通常会比由一万种单一事件组成的事件信息少得多。

另一方面，并非单一事件越多则复杂性一定越高，即并非空间关系的变化频率越高其复杂性一定越高。复杂性还与空间关系变化的规律性有很强的关联。因此，本书参照信息熵理论中关于事件规律性描述的理论方法来建构测度矩阵差异性的量化方法。其核心特征在于，若空间单元内的空间关系在空间上的分布极具规律性，则相邻的两个建筑中，其中一个建筑与其周边建筑的空间关系必然与另一个建筑与其周边建筑的空间关系存在极高的相似性，换言之，即其中一个建筑点生成的四阶矩阵与另一个建筑点生成的四阶矩阵具有极高的相似性，只有这样才能满足发现⑤中对于“建筑空间关系在空间上的分布呈现强规律性”这一特征的描述。因此，本书采用建构相邻两个建筑矩阵之间的差异性算法与随机抽样方法相结合的方式，来计算相邻两个建筑矩阵之间的差异性。进而，将矩阵类型数量与矩阵差异性两个维度相结合，综合得出城市形态复杂性算法。

4.2 城市形态数据处理及形态特征量化

4.2.1 城市形态数据的获取及清洗

针对上述逻辑框架，需要根据研究对象所在城市选取合适的城市形态数据。本书提出一种城市形态数据的获取和清洗方法，并以建筑为主要对象进行数据的清洗和除杂工作。本书所使用的城市形态数据主要依托国内的百度地图、高德地图等开源平台的 API（应用程序编程接口）端口，通过计算机编程语言进行 Python 编程获取，并结合 ArcGIS 和超图等地理信息系统软件，综合使用人机互动的方式对数据进行快速处理、数值运算以及矢量绘图。将采集得到的城市形态数据以 Shapefile 格式录入地理信息系统，并与笔者所在研究团队的既有城市空间数据进行坐标系叠加，进而进行相互校准，并对校准之后的数据进行清洗检查，最终得到目标城市的城市形态数据并建构数据库。其中的数据采集和绘制工作主要以计算机及 Python 编程自动计算为主，而数据的校准和清洗工作则人工参与度更高（图 4.2）。

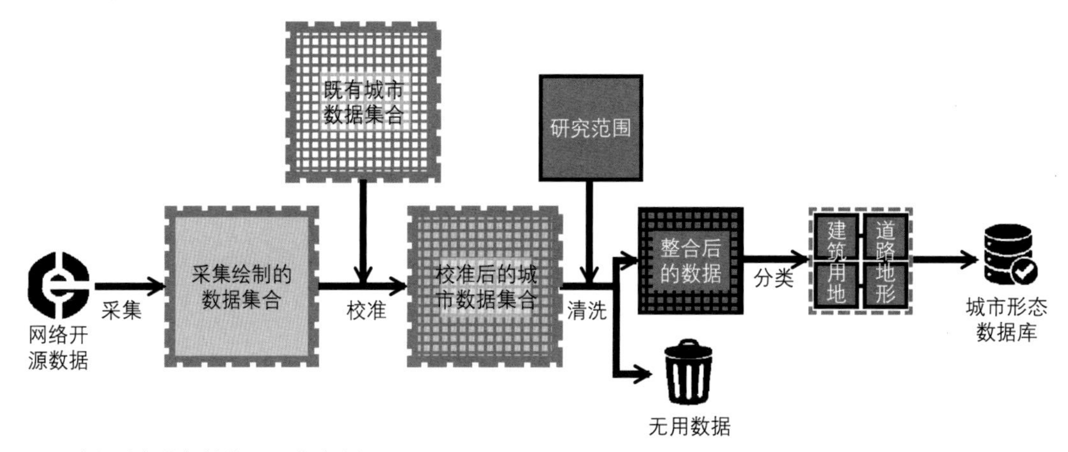

图 4.2 城市形态数据的获取及清洗流程

1）城市形态数据的采集

城市形态数据主要包含三大数据类型：其一为目标城市的建筑数据，通常包括建筑各点位的经纬度坐标、建筑空间布局、建筑面积、建筑高度（或建筑层数）等一系列信息，主要用于计算建筑体量特征、生成空间关系连线并建构四阶量化矩阵；其二为目标城市的道路数据，包括道路级别、道路坐标、道路宽度、道路名称等一系列信息，一方面用以生成街区轮廓，另一方面则用于城市形态复杂性的关联机理探讨；其三为目标城市的所有用地信息，包括用地类型、用地面积、用地布局、用地坐标等一系列信息，用于分析城市的空间格局、土地经济发展情况，并结合复杂性探讨复杂性的关联机理。

城市形态数据的采集原理为基于当前开放的 Open Street Map（OSM）、高德地图、高清卫星遥感影像等数据的抓取技术，获取目标城市范围内的地形地貌数据、交通铁路综合数据、建筑数据、用地数据以及高程等高线数据，将不同图层的数据基于坐标系进行统一坐标转换并进行空间关联，建构统一的城市三维空间数据信息库。获取城市形态数据过程如下：首先，在网络开源数据库（例如百度地图拾取器、高德地图 API 端口等）中确定需要获取数据的具体范围及对应坐标系（目前常见的为 WGS-84 坐标系），识别数据内的山体、水系和绿地空间等基本要素以及地形地貌数据。其次，运用 Java 语言代码，从开源数据库中识别出目标城市的对应研究范围，并从中下载和提取建筑的闭合轮廓线、建筑层数、建筑高度、经纬度坐标、用地闭合多段面以及用地属性等数据，生成研究所需要的目标城市的建筑数据和用地信息数据；进而，通过 URL 编程在开源数据库中获取研究范围内的公路、铁路、地铁等数据，并保存为相互独立的文件形式，生成目标城市的道路数据。

最后，将上述数据导入地理信息系统，并统一转换为 WGS-84 坐标系，即可得到目标城市研究范围内城市形态的原始数据集。

2）城市形态数据的校准

由于在开源数据库中获取的城市形态数据在时间上存在一定的滞后性，同时数据自动生成的过程容易导致数据出现误差，因此数据的精度需要进一步检验。本书将采集到的数据与笔者所在研究团队的既有城市空间数据进行坐标系叠加，从而进行相互校准。由于上个步骤中的建筑矢量数据坐标系是 WGS-84，因此需要将既有数据的坐标系匹配至 WGS-84 坐标系并投影至平面坐标，对两份数据进行比对。其中，对于两份数据中相互匹配的部分则直接导入城市形态数据库；而对于两份数据中不完全匹配的部分，则借助百度地图的历史影像进行二次校验；对于两份数据中都缺失的部分，本书基于 2020 年百度地图影像，通过人机交互的手段对影像图进行数据转移，从而完成建筑矢量数据的填补。其中，最关键的步骤是对建筑矢量数据中的高度信息进行判定和校验。通常情况下，若建筑轮廓对应的闭合多段线包含层数信息，则该部分数据可以直接导入城市形态数据库；而对于建筑层数属性缺失的矢量数据，则需要通过百度街景地图或实地调研进行层数信息的补充。因此，本书采用实地踏勘与卫星影像校验相结合的方式，结合无人机、测绘雷达等调研设备，既可以对缺失的数据进行补充，同时又对整体数据进行现场校核。最终，将完整的建筑空间数据与其他通过网络开源数据平台采集用于辅助计算的街区和道路数据进行封装，得到城市形态数据库（图 4.3）。此外，由于形态量化指标中有的需要通过建筑单体的构成体块进行计算，因此本书界定建筑单体在矢量数据中体现为不与其他任何图形相交的完整体块或体块组合，可以由多个体块通过相交或相接的方式构成。

3）城市形态数据的清洗

在数据校准完成之后，需要对城市形态数据库进行进一步的清洗，以便提高后续定量研究的数据精度和试验结果的客观准确性。本书利用 Python 编程并结合地理信息系统进行数据处理，同时运用人机互动的方式进行数据的运算及可视化。将数据库中的建筑、道路等数据以 Shapefile 格式录入地理信息系统（以 ArcGIS 为例），并对数据进行清洗、合并、归类整合。数据清洗需要对无用数据进行清洗、对无法进行矢量计算的数据进行清洗、删除超出研究范围的数据。其中，清洗无用数据，其核心步骤为通过 ArcGIS 属性表筛选出本书有用的数据并剔除无用数据，例如道路数据中的地铁数据、规划路网数据等数据均属于无用数据；清洗无法进行矢量计算的数据，可通过数据管理工具中的检查与修复功能，将几何要素为空、几何多段线为 null 或空、空间重叠等数据删除；清洗超出研究范围的数据，在明确市域边界、中心城区边界的基础上，将超出范围的建筑、道路、用地等数据删除。

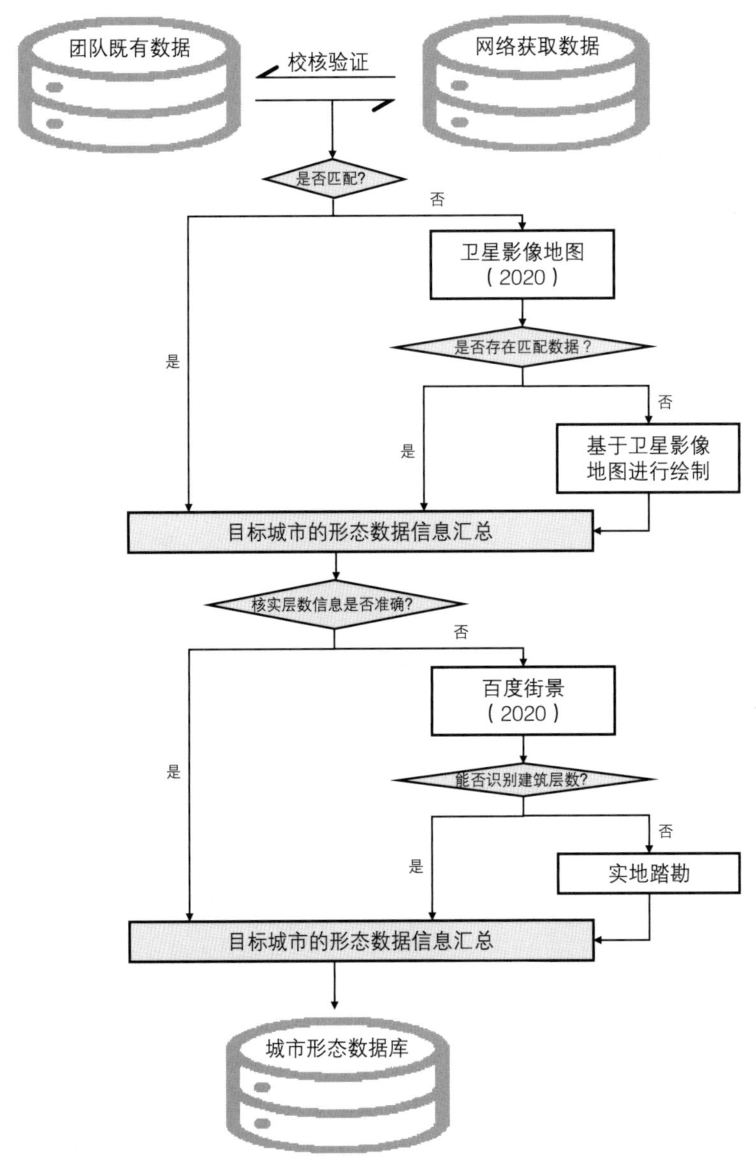

图 4.3 城市形态数据校准技术步骤

4.2.2 城市形态特征的提取及计算

由于本书是以建筑为核心的城市形态复杂性研究，对建筑数据的精度要求比对道路、用地等数据的精度要求高。因此在建构城市形态数据库之后，需要对建筑数据进行进一步的合并提取，同时对建筑四个构成要素的形态特征进行量化计算，为后续的四阶矩阵量化等步骤提供数据支撑。

1）建筑体块的提取及合并

首先是建筑体块的提取。这一操作主要采用人机互动的方式，在 ArcGIS 中对建筑数据进行二次加工。城市形态数据库中的建筑数据虽然经过了清洗和校核，但清洗后的有效数据仍然会呈现出被栅格切分的碎片状。之所以会产生这一现象，是因为当下所有开源数据库的数据都是以栅格来进行切分和上传的。例如，一个建筑会被切割为若干个碎片，然后拼合在一起，虽然看似仍是一个整体，但对于计算机而言已经切分为若干个块，这会导致后期计算和分析的误差。因此，本书采用 ArcGIS 中的 merge 等指令对栅格边缘的建筑数据进行二次融合，以得到一个完整的建筑体块。

当然，提取后的建筑体块仍然不能满足当前对于城市形态复杂性研究的需求。其原因为在实际的城市空间中，绝大多数的综合体建筑都是由多个不同高度的体块组合而成的，并且在城市空间中这些综合体是一个统一的整体，而不是多个建筑体块。因此，在数据处理时需要对相互粘连在一起的多个建筑体块进行合并处理，使其融合为一个建筑整体（图4.4）。这样可以确保在建筑抽象点集生成的过程中，这些建筑体块以同一个点而存在，防止出现同一个建筑被分为多个建筑点的情况。

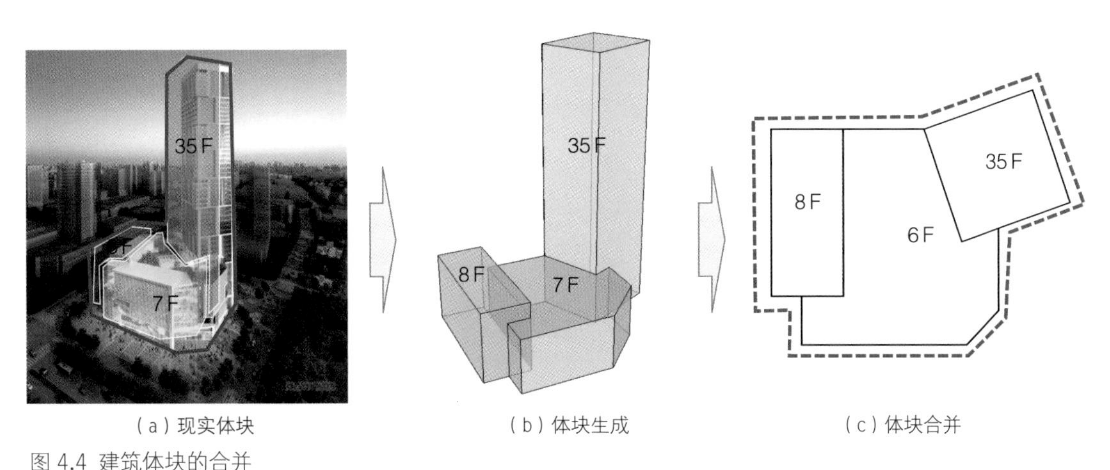

（a）现实体块　（b）体块生成　（c）体块合并

图 4.4 建筑体块的合并

2）复杂性构成的特征计算

在建筑体块处理完成之后，需要在 ArcGIS 中对每个建筑体块增加四个字段的属性，包括建筑体块特征字段、建筑间距特征字段、建筑朝向特征字段以及建筑高度特征字段，具体的测算方法详见表 4.1。首先计算每个建筑的建筑体量特征、建筑间距特征、建筑朝向特征及建筑高度特征，然后输入每个建筑对应的属性表中，建立每个栅格所对应的城市形态数据库（部分数据库如图 4.5、图 4.6 所示）。通过上述字段属性的计算，即可通过建筑与建筑的关系连线计算每个建筑与周边各个建筑之间的四种建筑空间关系，并量化为四阶等价矩阵，为城市形态复杂性的测度提供数据支撑。

表 4.1 复杂性构成的特征计算方法表

建筑形态特征	数据属性	计算方法
建筑体量特征	建筑底面轮廓闭合多段线、建筑层数、建筑体块数	建筑各个构成体块的底面积乘体块高度，所有的体块体积的总和
建筑间距特征	建筑底面轮廓闭合多段面、建筑底面中心点坐标	将建筑底面多段面通过“要素转点”生成中心点，并通过“邻域分析”中的“点距离”计算建筑间距
建筑朝向特征	建筑底面轮廓闭合多段线、建筑底面最小外接矩形、长边的中点连线	通过“最小外接矩形”计算建筑底面的最小外接矩形，通过“添加几何体属性”生成两条长边的中点并相连，计算方向角得出建筑朝向数据
建筑高度特征	建筑底面轮廓闭合多段线、建筑层数、用地属性	将建筑底面与用地数据相关联，所有居住类建筑的高度为建筑层数 ×3m，其余建筑高度为建筑层数 ×4m

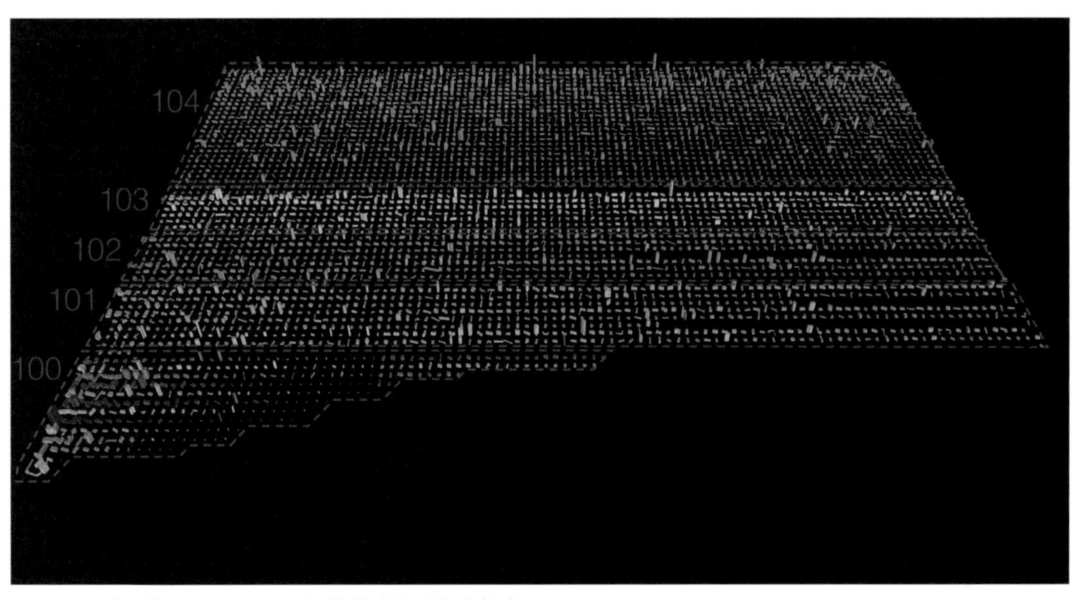

图 4.5 老城内第 101 至 104 号栅格的城市形态数据库

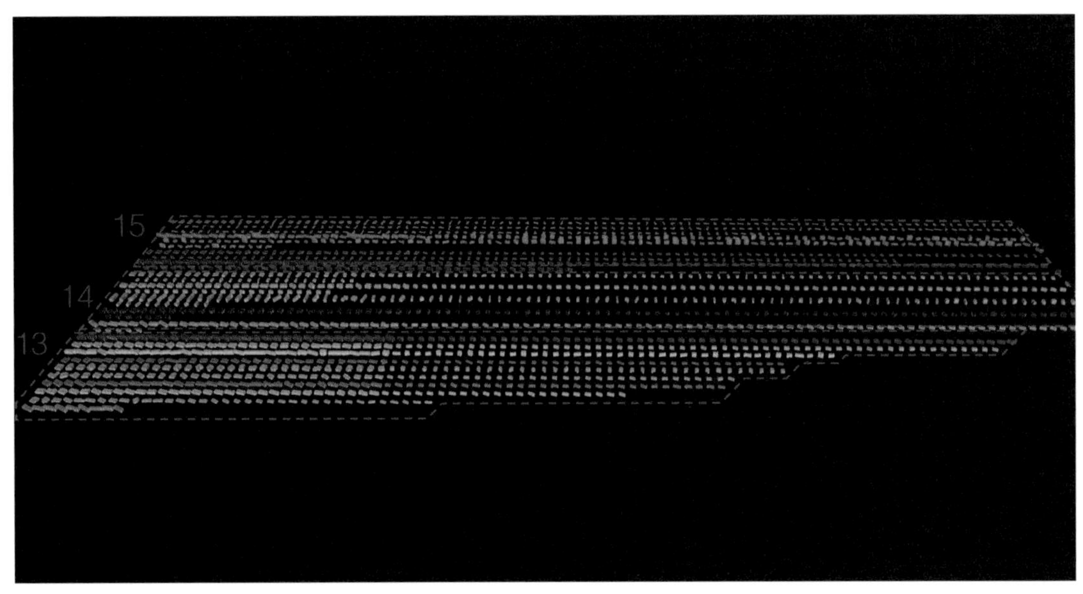

图 4.6 新城内第 13 至 15 号栅格的城市形态数据库

4.3 城市形态的降维、抽象及矩阵量化

4.3.1 城市形态的降维与建筑空间关系抽取

为了将三维复杂的城市形态转变为可以量化计算的指标，需要将城市空间抽象为形态关系网络，以下主要从建筑体量特征降维、建筑空间关系抽取、城市形态网络化三大核心步骤入手，基于 ArcGIS 地理信息系统对数据进行形态降维、抽象及属性提取，并基于 ArcScene 进行网络的可视化操作。

1）建筑体量特征降维

由于建筑个体间存在极大的形态差异，并且建筑与建筑之间存在建筑体量差异、建筑间距差异、建筑朝向差异等多个维度的复杂空间关系，因此需要将复杂的建筑体量和空间关系转化为不具备任何形态特征的抽象数据点集，以此来实现建筑的降维，如图 4.7 所示。

对于由单个体块构成的建筑，其形态构成最为简单，因此只需要根据其底面形态取中心点即可。具体的步骤为：从城市形态数据库中提取每个单体建筑的底面轮廓闭合多断面，并运用 ArcGIS 地理信息系统的“面要素转点”工具，将底面转化为数据点（该建筑底面形态的几何中心点），同时该数据点中同样包含了建筑体量、建筑朝向、建筑点坐标和建筑高度等数据属性（表 4.2）。而对于由多个体块构成的建筑，需要对多个底面轮廓闭合多断面进行“要素合并”操作，将其合并为一个由多个建筑底面组合成的多边形，进而采取与单体建筑同样的方式转化为建筑点。

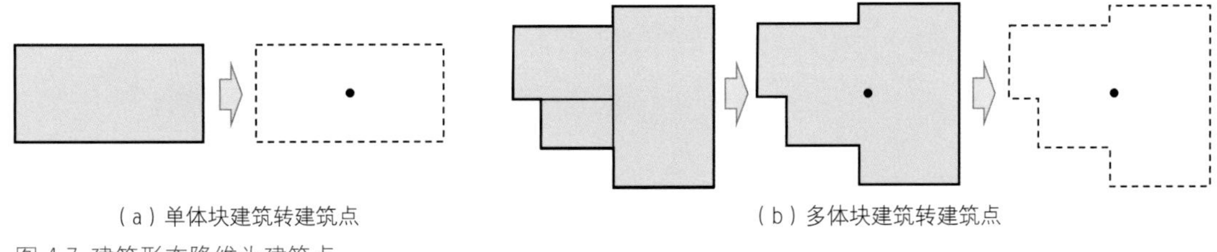

（a）单体块建筑转建筑点　　（b）多体块建筑转建筑点

图 4.7 建筑形态降维为建筑点

表 4.2 降维后建筑点的数据属性表

点属性	点集编号	建筑体量属性	建筑坐标属性	建筑朝向属性	建筑高度属性
示例	12-1	30 000	120.09 251,31.51 191	45	45
单位	—	立方米（m^3）	—	度（°）	米（m）
说明	12 号栅格的 1 号建筑	单个建筑所有体块的总体积	前者为经度坐标，后者为纬度坐标（WGS-84 坐标系）	正北为 0°，数值在 0°—180° 之间	建筑体块的最大高度

2）建筑空间关系抽取

在将建筑降维为建筑点集之后，需要将建筑的个体形态以及建筑之间的空间特征转译为建筑空间关系，以此来表达城市形态的复杂性特征。通过 ArcGIS 地理信息系统，将每个建筑点与周边其余的所有建筑点进行属性关联，关联后提取两个建筑的四种构成特征属性，并生成包含两个建筑各自构成特征的属性表。

然而在真实的城市空间中，建筑与建筑产生空间关系是有前提条件的，即并非同一栅格内的两个建筑都存在空间关系。所谓建筑空间关系，其本质上是两个建筑在空间上邻近并且相互之间存在空间关联，且其组合而成的空间特征对整体的城市形态复杂性产生影响。因此如果两个建筑在空间上并不属于“相邻关系”，那么无法产生空间关系，仅说明这两个建筑存在于同一个空间栅格内，并不存在最直接的空间关联。因而，如何在城市形态数据库的矢量文件中判定两个建筑能否建构空间关系连线，主要有两个判定原则：

原则一，两个建筑点之间不能被其他建筑遮挡。如果两个建筑 A、B 之间存在其他建筑 C，那么这说明建筑 C 阻隔了建筑 A、B 在空间上的相邻关系，因而建筑 A、B 在体量、间距、朝向和高度上都无法产生直接的空间关联，建筑 A、B 都与建筑 C 存在直接的空间关系，而建筑 A、B 之间只是间接的空间关系，如图 4.8 所示。此处需要说明的是，本书的核心思维是将城市形态解构为最小的城市形态单元和空间关系，并以此自下而上解释城市形态复杂性的构成和测度方法。如果存在间接关系，那么复杂性研究将会被进一步复杂化，同时无法将复杂性的构成机理用最底层的逻辑来解释，因此本书将这种间接的空间关系通过多个直接的空间关系来解释，从而满足归一化的要求。

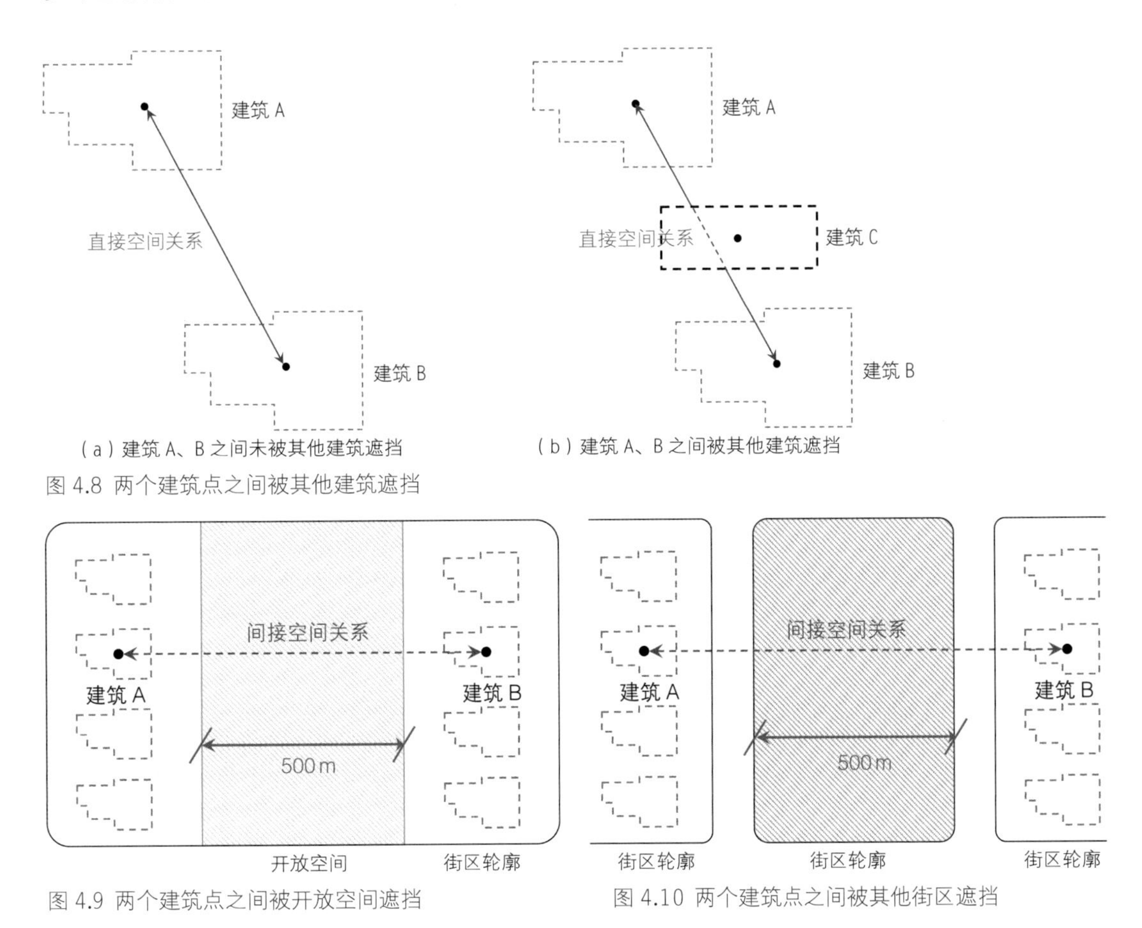

（a）建筑 A、B 之间未被其他建筑遮挡

（b）建筑 A、B 之间被其他建筑遮挡

图 4.8 两个建筑点之间被其他建筑遮挡

图 4.9 两个建筑点之间被开放空间遮挡

图 4.10 两个建筑点之间被其他街区遮挡

原则二，建筑点与建筑点的直线空间距离不能超过 500 m。在城市空间中，绝大多数情况下建筑与建筑之间存在直接的空间关系，其空间位置为紧邻关系，若不存在直接的空间关系，则说明建筑之间存在以下几种情况：其一，建筑与建筑之间被其他建筑阻隔，这种情况已经在原则一中探讨过，此处不再进行赘述。其二，两个建筑被城市中大型的开放空间（例如大型广场、生态廊道、河流湖泊等）所阻隔，即使它们之间并不存在其他建筑的阻隔，空间的过于分散也会导致城市形态的四个构成特征无法形成空间上的连贯，进而失去空间关联，如图 4.9 所示。通常情况下，适宜人步行的时间为 5—10 min，以此推算出目前城市中多数开敞空间的尺度都在 500 m × 500 m 范围内 [2]，因此建筑点与建筑点的直线空间距离不能超过 500 m。其三，建筑与建筑之间被一个街区所阻挡，如图 4.10 所示，

这与上述第二种情况类似，由于建筑个体形态特征无法产生联动效应[3]，因此也会失去直接空间关联。通常情况下，一个街区的宽度在 500 m 左右[4]，因此同样将 500 m 作为判断空间关系能否建立的数值边界。综上所述，建筑点与建筑点的直线空间距离不能超过 500 m。

根据上述原则，在所有的建筑点连线中，删除建筑点之间被阻挡的建筑点连线以及空间直线距离超过 500 m 的建筑点连线，从剩余的建筑点连线中计算表 4.3 中的四种属性，并通过 ArcGIS 地理信息系统录入数据库和属性表中。关系属性的特征计算包含建筑体量关系属性计算、建筑间距关系属性计算、建筑朝向关系属性计算以及建筑高度关系属性计算，并且每一种属性的特征并非两个建筑点对应属性的绝对特征，而是两个建筑点在这一构成特征上的差异（表 4.3）。例如，建筑点 1 与周边的建筑点 2 至 11 在空间上都存在直接的空间关系，建筑点 1 的体积为 20 000 m^3，建筑点 2 的体积为 20 000 m^3，建筑点 6 的体积为 12 000 m^3，建筑点 7 的体积为 36 000 m^3，那么在建筑体量关系属性中，关系 A 为建筑点 1 与建筑点 6 在建筑体积上是 20 000 m^3 与 12 000 m^3 的形态特征关系；建筑点 1 与建筑点 7 在建筑体积上是 20 000 m^3 与 36 000 m^3 的形态特征关系；建筑点 1 与建筑点 2 在建筑体积上是 20 000 m^3 与 20 000 m^3 的形态特征关系。

表 4.3 建筑空间关系的四层属性内涵表

	类型	建筑组合关系	建筑关系抽取	关系属性特征
建筑空间关系四层属性	建筑体量关系	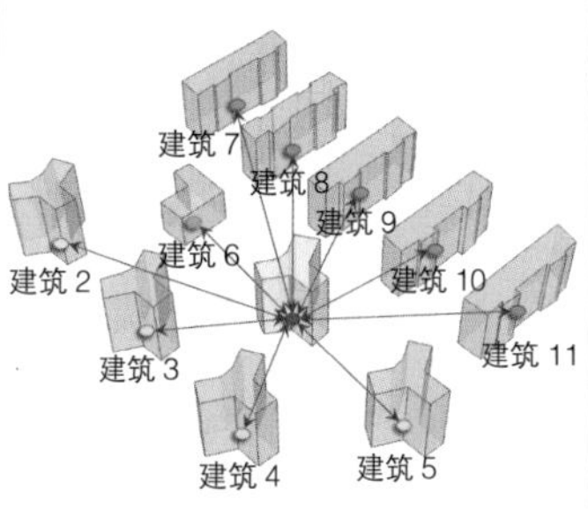 建筑 7 建筑 8 建筑 9 建筑 6 建筑 2 建筑 10 建筑 3 建筑 11 建筑 4 建筑 5	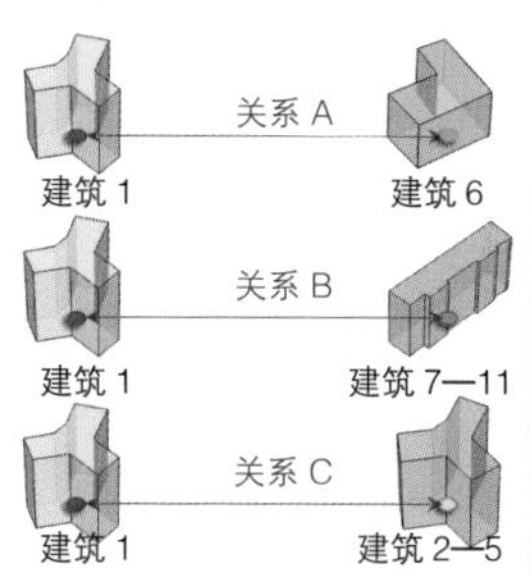 关系 A 建筑 1 建筑 6；关系 B 建筑 1 建筑 7—11；关系 C 建筑 1 建筑 2—5	特征描述：两个建筑在建筑体量上的体量特征 示例：关系 A 涵盖建筑点 1 的体积为 20 000 m^3，建筑点 6 的体积为 12 000 m^3
	建筑间距关系	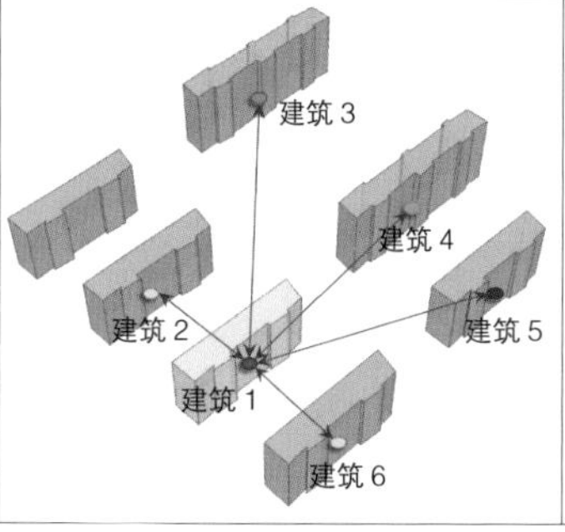 建筑 3 建筑 4 建筑 2 建筑 5 建筑 1 建筑 6	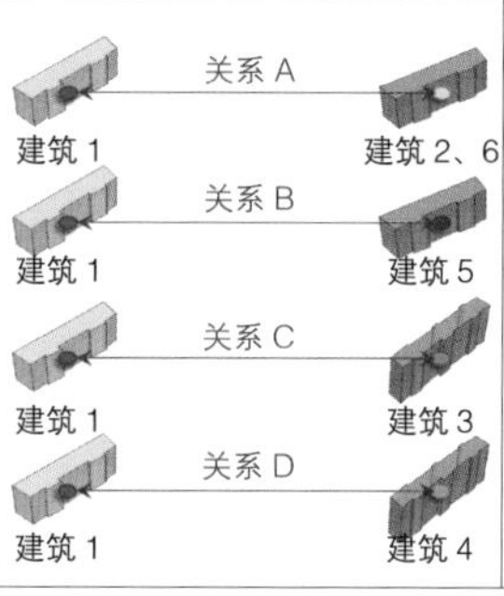 关系 A 建筑 1 建筑 2、6；关系 B 建筑 1 建筑 5；关系 C 建筑 1 建筑 3；关系 D 建筑 1 建筑 4	特征描述：两个建筑的空间间距 示例：关系 A 涵盖建筑点 1 的空间坐标为（120.092 51，31.511 91），建筑点 2 的空间坐标为（120.092 60，31.511 95）

续表

	类型	建筑组合关系	建筑关系抽取	关系属性特征
建筑空间关系四层属性	建筑朝向关系	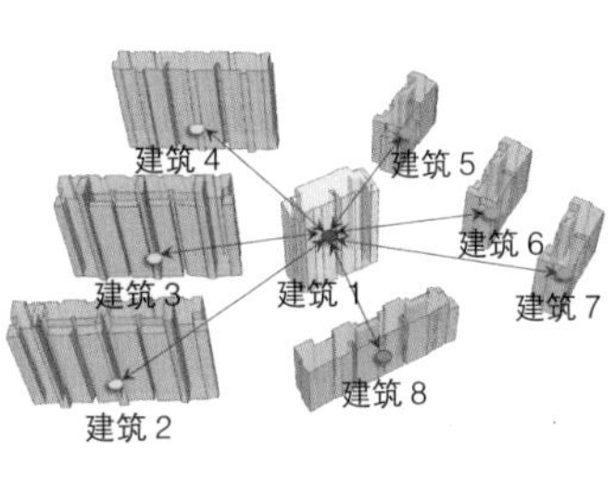	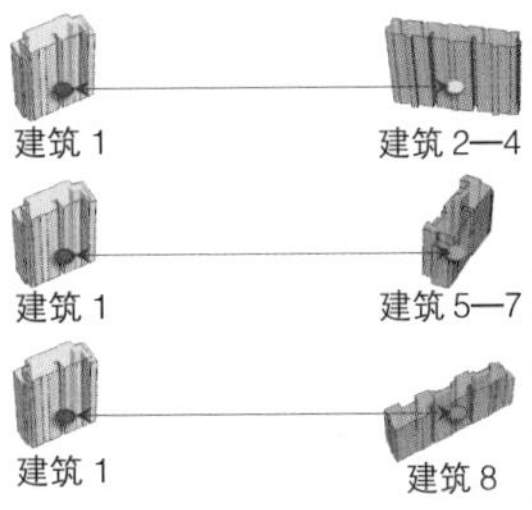	特征描述：两个建筑在建筑朝向角度上的形态特征 示例：关系 A 涵盖建筑点 1 的朝向为 150°，建筑点 2 的朝向为 180°
	建筑高度关系	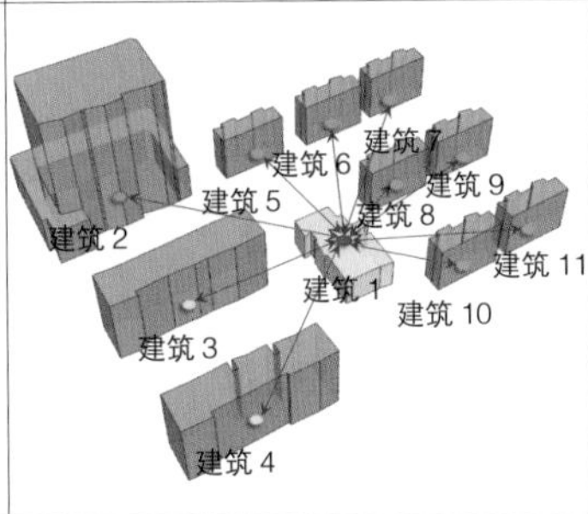	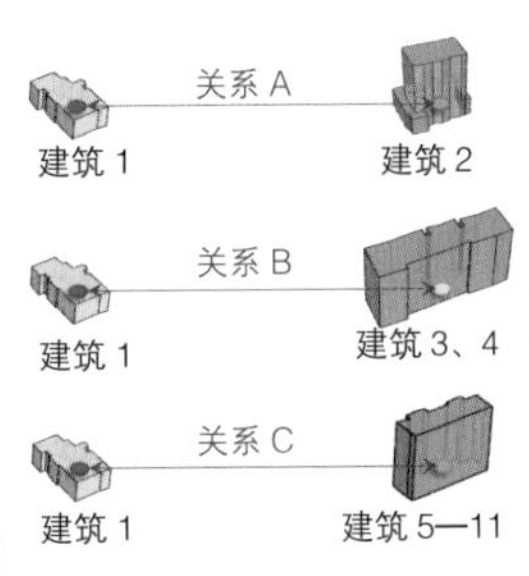	特征描述：两个建筑在建筑高度上的形态特征 示例：关系 A 涵盖建筑点 1 的高度为 20 m，建筑点 2 的高度为 60 m

4.3.2 城市形态抽象网络的生成

针对筛查后的建筑空间关系，在 ArcGIS 地理信息系统中将每个关系对应的两个建筑点进行两两相连生成空间关系连线，并将每条空间关系连线对应的建筑体量关系属性、建筑间距关系属性、建筑朝向关系属性以及建筑高度关系属性与连线进行属性关联，结合建筑点最终生成城市形态抽象网络。

具体的操作流程为：第一步，创建栅格内所有建筑点的点要素数据集，并打开编辑器进行编辑，使数据处于可编辑状态；第二步，使用 ArcToolbox 工具中的“点集转线”指令，设置默认的数据保存路径后进行点要素到线要素的转换；第三步，结合上述提到的“两个建筑点之间不能被其他建筑遮挡”这一原则，通过叠加分析工具中的“擦除”指令将所有生成的建筑点连线与建筑体块进行数据叠合分析，并删除所有与建筑体块发生交叠的空间关系连线；第四步，结合“建筑点与建筑点的直线空间距离不能超过 500 m”这一原则，通过分析工具中的“点距离”指令删除长度超过 500 m 的空间关系连线；第五步，针对所剩下的空间关系连线，将该连线对应的两个建筑点之间的建筑体量关系特征、建筑间距关系特征、建筑朝向关系特征以及建筑高度关系特征关联到该空间关系连线对应的属性表中，最终得到城市形态抽象网络，如图 4.11 所示。

根据上述流程生成的城市形态抽象网络，如图 4.12 所示，其数据特征在于：

① 建筑由原本具有具体轮廓边界和高度的三维形态体块转变为抽象的点要素，每个

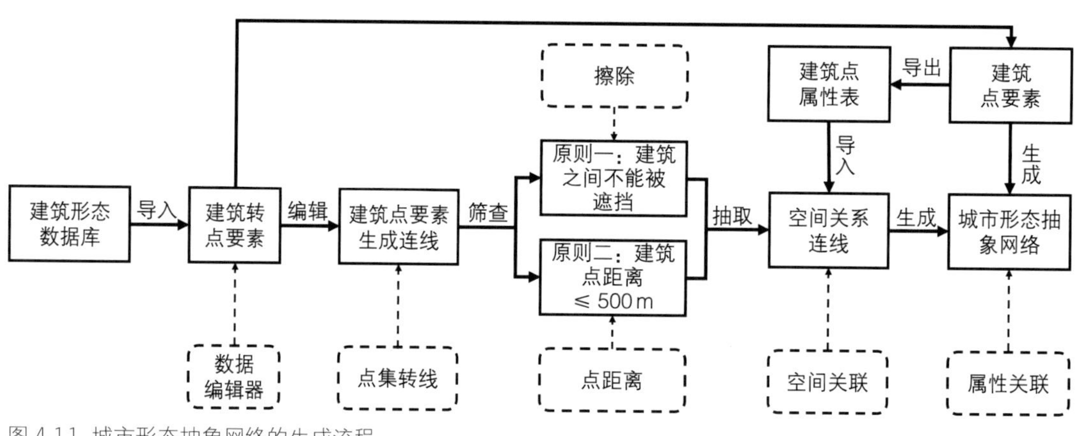

图 4.11 城市形态抽象网络的生成流程

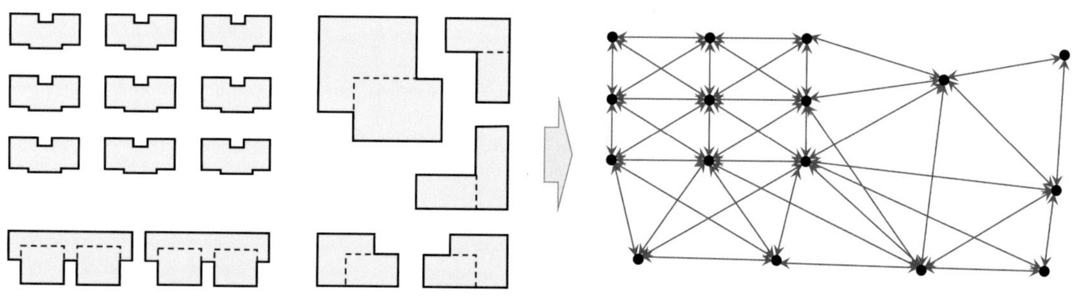
图 4.12 城市形态抽象网络

建筑的 ArcGIS 属性表中原本自带的建筑底面积、建筑层数、建筑高度、建筑朝向等数据和特征描述都被抹去，只留下每个建筑点的空间坐标以及建筑编号。

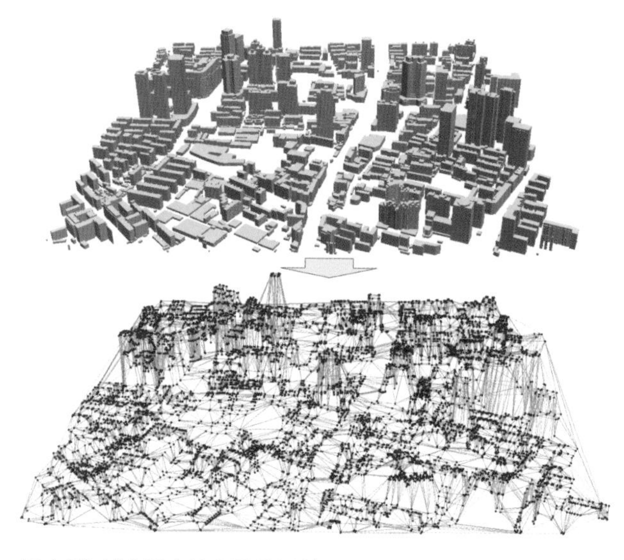
图 4.13 城市形态抽象网络示例

② 在 ArcGIS 中生成原来真实空间中并不存在的空间关系连线，每条空间关系连线连接两个建筑点要素，代表两个建筑在空间上存在直接关联。同时，每条空间关系连线都生成数据属性表，属性表中包含其连接的两个建筑点的四种空间关系特征，包括两个建筑各自的建筑体量数值、建筑间距数值、建筑朝向数值以及建筑高度数值。实际上，每个建筑自身的特征并没有丢失，而是通过空间关系连线把建筑个体特征进行两两组合，

并统一在一个空间连线的属性表中（图 4.13）。

③ 每一条空间关系连线并非相互独立，两条相邻的空间关系连线之间都是以同一个建筑点要素为共享点进行连线的。因此，在生成的城市形态抽象网络中，不管是在 X 轴或是在 Y 轴方向，这些空间关系连线都是存在空间关系的，可以从不同方向解读相邻空间关系连线之间的变化关系（例如变换频率、变换幅度等），为后续复杂性的计算提供标准化的数据。

4.3.3 建筑空间关系的矩阵生成

城市形态抽象网络最终带有城市形态特征的是空间关系连线，因此，要测度城市形态的复杂性，就必须实现空间关系连线的量化。然而，空间关系包含建筑体量关系、建筑间距关系、建筑朝向关系和建筑高度关系这四种空间关系，简单的数学公式无法同时将四个特征表达清晰，也无法满足后续的归一化等量化计算工作。

因此，本书选取矩阵的方式来量化表达四种空间关系连线的内在属性。在数学计量学中，矩阵是一个按照长方阵列排列的复数或实数集合 [5]，矩阵的运算是数值分析领域的重要问题。通常在数值特征的描述以及数据分析中，可以将矩阵分解为简单矩阵的组合从而在理论和实际应用上简化矩阵的运算。例如，由 $m \times n$ 个数的 a_{ij} 排列形成的 m 行 n 列的数表称为 m 行 n 列的矩阵，简称 $m \times n$ 矩阵，记作：

$$A = \begin{bmatrix} a_{11} & a_{12} & a_{13} & \dots & a_{1n} \\ a_{21} & a_{22} & a_{23} & \dots & a_{2n} \\ a_{31} & a_{32} & a_{33} & \dots & a_{3n} \\ a_{m1} & a_{m2} & a_{m3} & \dots & a_{mn} \end{bmatrix} \tag{4-1}$$

其中，这 $m \times n$ 个数称为矩阵 $\boldsymbol{A}$ 的元素，简称为元，数 a_{ij} 位于矩阵 $\boldsymbol{A}$ 的第 i 行第 j 列，称为矩阵 $\boldsymbol{A}$ 的 (i, j) 元，以数 a_{ij} 为 (i, j) 元的矩阵可记为（a_{ij}）或（a_{ij}）$_{m \times n}$，$m \times n$ 矩阵 $\boldsymbol{A}$ 也记作 $\boldsymbol{A}_{mn}$。

目前，矩阵已经在多维度特征的数学表达中得到了广泛运用。例如矩阵可以应用在图像处理领域，在图像处理中图像的仿射变换一般可以表示为一个仿射矩阵和一张原始图像相乘的形式 [6]。矩阵也可以应用在线性变换及对称中，在现代物理学中扮演着重要的角色，例如在量子场论中，基本粒子是由狭义相对论的洛伦兹群所表示的，内含泡利矩阵及更通用的狄拉克矩阵，在费米子的物理描述中，矩阵是一项不可或缺的构成部分，而费米子的表现可以用旋量来表述 [7-8]。在简正模式的物理学研究中，矩阵被用于描述线性耦合调和系统。这类系统的运动方程可以用矩阵的形式来表示，即用一个质量矩阵乘一个广义速度来表示运动项，用力矩阵乘位移向量来刻画相互作用。这种求解方式在研究分子内部动力学模式时十分重要：系统内部由化学键结合的原子的振动可以表示成简正振动模式的叠加[9]。此外，在几何光学里，可以找到很多需要用到矩阵的地方。例如采用近轴近似（paraxial approximation），假设光线与光轴之间的夹角很小，则透镜或反射元件对于光线的作用，可以表示为 2×2 矩阵与向量的乘积。这个矩阵称为光线传输矩阵（ray transfer matrix），矩阵中元素编码了光学元件的性质。由一系列透镜或反射元件组成的光学系统，可以很简单地用对应的矩阵组合来描述其光线传播路径[10]。

综合上述既有对于矩阵方法的运用以及矩阵的多维表达特征，本书建构空间关系连线的四阶等价矩阵，将连线包含的四层空间关系属性以四阶等价矩阵的方式进行建构，如图 4.14 所示。其特征在于，该矩阵是由 4xn 个数的空间关系 a_{ij} 排列形成的 4 行 n 列的数表，其中第一行的 a_{1n} 代表的是该建筑与周边建筑在建筑体量形态上组成的 n 个空间关系，a_{2n} 代表的是该建筑与周边建筑在建筑间距形态上组成的 n 个空间关系，a_{3n} 代表的是该建筑与周边建筑在建筑朝向形态上组成的 n 个空间关系，a_{4n} 代表的是该建筑与周边建筑在建筑高度形态上组成的 n 个空间关系。

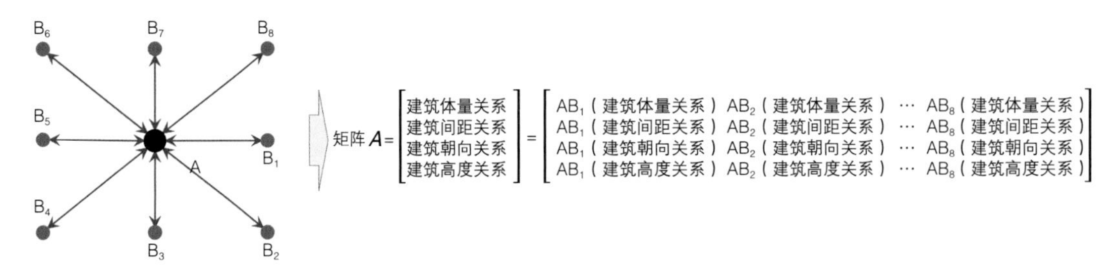

图 4.14 四阶等价矩阵生成

生成四阶等价矩阵，可以实现空间关系连线中包含的四层属性的量化表达，为复杂性测度提供量化基础，同时也可以用于分析城市的空间肌理、建筑的空间关系、建筑形态的组合特征。例如通过测度城市中每一个建筑与周边建筑生成的空间关系并建构四阶等价矩阵，可以分析每个建筑与周边建筑肌理的融合程度。若该建筑的四阶特价矩阵与周边建筑的四阶特价矩阵极为相似，则该建筑的空间关系与周边建筑的空间关系相似，说明该建筑与周边建筑形成了统一形态特征的均质化的空间肌理；相反地，若该建筑的四阶特价矩阵与周边建筑的四阶特价矩阵差异巨大，则说明该建筑与周边建筑存在显著的形态差异（可能为地标建筑或构筑物），且若这一情况在周边大多数建筑中都存在，说明该地区的形态风貌较为无序化，可能是高度形态差异巨大的城市中心区、建筑形态精巧且空间多样化的历史街区，亦可能是建筑布局杂乱无章的棚户区。总之，通过矩阵可以为城市形态研究提供有别于高度、密度等常规量化方式的分析手段，发现城市形态的深层次特征。

4.3.4 四阶等价矩阵的量化测度及归一化

四阶等价矩阵生成之后，需要通过数值的方式对其进行量化计算。因此，首先建构如图 4.15 所示的矩阵，其中矩阵 **A** 由四个行向量构成，每个行向量代表一种空间关系类型，并由 n 个序列数值构成，每个数值代表建筑与其周边某一个建筑的空间关系。

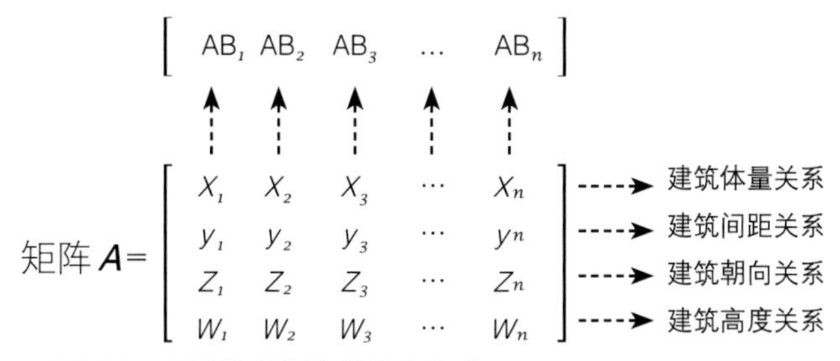

图 4.15 四阶等价矩阵的量化方式

然后对每一行的空间关系进行量化计算。其中，建筑体量关系的计算以建筑体积为依据，若建筑由多个体块组成，则将体块体积总和作为建筑的体积，具体计算公式如下：

$$x_n = \left|\sum_{i=1}^{a} S_{\mathrm{A}_i} H_{\mathrm{A}_i} - \sum_{j=1}^{b} S_{\mathrm{B}_{n_j}} H_{\mathrm{B}_{n_j}}\right| \tag{4-2}$$

其中，x_n 为建筑 A 与建筑 B_n 之间的建筑体量关系，单位：立方米（m^3），建筑 A 由 a 个体块构成，其中第 i 个体块的底面积为 S_{Ai}、高度为 H_{Ai}，建筑 B_n 由 b 个体块构成，其中第 j 个体块的底面积为 $S_{B_{n_j}}$、高度为 $H_{B_{n_j}}$。

建筑间距关系的计算，以建筑中心点连线为依据，计算两个建筑轮廓在中心点连线上的最小距离，具体计算公式如下：

$$y_n = D_{\mathrm{AB}_n} - \frac{1}{2}W_{\mathrm{A}} - \frac{1}{2}W_{\mathrm{B}_n} \tag{4-3}$$

其中，y_n 为建筑 A 与建筑 B_n 之间的建筑间距关系，单位：米（m），D_{AB_n} 为建筑 A 的中心点与建筑 B_n 的中心点之间的直线距离，W_A 为建筑 A 最小外接矩形的短边长度，W_{B_n} 为建筑 B_n 最小外接矩形的短边长度。

建筑朝向关系的计算，首先要确定建筑的朝向，在 4.2.2 中已提出建筑朝向的提取方法，因此针对建筑朝向，以正北为 0° 向东为正角度，最高为正南 180°，例如北偏东 60° 则表示建筑朝向为 60°；以正北为 0° 向西为负角度，最高为正南 −180°，例如北偏西 60° 则表

示建筑朝向为 -60°。综合上述建筑朝向的定义方式，具体计算公式如下：

$$z_n = \left|O_{\mathrm{A}} - O_{\mathrm{B}_n}\right| \text{ 或 } z_n = 360° - \left|O_{\mathrm{A}} - O_{\mathrm{B}_n}\right| \quad (0° \leqslant z_n \leqslant 180°) \tag{4-4}$$

其中，z_n 为建筑 A 与建筑 B_n 之间的建筑朝向关系，单位：度（°），O_A 为建筑 A 的建筑朝向，OB_n 为建筑 B_n 的建筑朝向。当 $0° \leqslant z_n \leqslant 180°$ 时用前一公式，当 $180° < z_n \leqslant 360°$ 时用后一公式。

建筑高度关系的计算，直接取每个建筑的最大高度作为建筑高度，如果建筑为综合体，那么以建筑中包含的最高体块的高度计算，具体计算公式如下：

$$w_n = \left|\max H_{\mathrm{A}} - \max H_{\mathrm{B}_n}\right| \tag{4-5}$$

其中，w_n 为建筑 A 与建筑 B_n 之间的建筑高度关系，单位：米（m），$\max H_A$ 为建筑 A 的最大建筑高度，$\max H_{B_n}$ 为建筑 B_n 的最大建筑高度。

在对四阶等价矩阵量化之后可以发现，由于四阶等价矩阵内各行向量的空间特征、量纲、数量级都各不相同，例如建筑间距关系 y_n 的单位是米，通常空间距离以 10 m 为数量级；而建筑体量 x_n 的单位是立方米，通常以 10 000 m^3 为数量级，两者的单位不同，数值差异也巨大，如果直接进行复杂性计算，小数量级的矩阵特征容易被大数量级的矩阵特征湮灭。因而，需要对不同量纲维度进行统一量纲处理，将各行向量数值统一到同一个数量级（例如 0—1 之间），如图 4.16 所示。目前，常用的量纲化方法有 12 种（表 2.2），其中归一化（MMS）、正向化（MMS）和逆向化（NMMS）符合本书的要求，可以将量纲统一到 [0，1] 的数值区间。其中正向化（MMS）强调使数字保持越大越好的特性且对数据单位压缩，但是前文中已经提到，城市形态复杂性本身是客观研究，不是“城市形态有序性”或“城市形态混乱度”等带有价值判断的研究，数值并不是越大或越小越好，因此不符合本书要求；逆向化（NMMS）也是同理，具有价值导向性，因此也不适用于本书；而归一化（MMS）仅强调将数字压缩到 [0，1] 之间，是标准的量纲化手段，且不具价值判断。综上，本书选取归一化（MMS）作为矩阵量化的方法。

$$\left[\text{矩阵 } \boldsymbol{A} = \begin{bmatrix} 0.15 & 0.77 & 0.34 \\ 0.76 & 0.91 & 0.09 \\ 0.82 & 0.59 & 0.33 \\ 0.22 & 0.19 & 0.46 \end{bmatrix} \quad \text{矩阵 } \boldsymbol{B} = \begin{bmatrix} 0.35 & 0.67 & 0.28 & 0.97 & 0.44 \\ 0.18 & 0.82 & 0.44 & 0.27 & 0.84 \\ 0.37 & 0.55 & 0.59 & 0.82 & 0.50 \\ 0.91 & 0.26 & 0.46 & 0.72 & 0.05 \end{bmatrix}\right]$$

图 4.16 归一化后的四阶等价矩阵示例

4.4 城市形态复杂性测度模型建构

4.4.1 矩阵种类与矩阵变换差异的数理关系

四阶等价矩阵是对建筑空间关系的一种归一化的量化测度方式，即将不同量纲、特征维度的建筑空间关系以一种统一的形式进行量化表达。虽然四阶等价矩阵是通过多阶、多数值的方式对空间关系进行量化，但其本质上仍然是一种量化的表达方式，所以从数理逻辑的角度可以将其抽象地理解为一个数值。这个数值本身不具有任何含义，但不同的数值其实代表的是不同的矩阵。这类似于信息熵理论中的字母表，每个字母本身不具有任何含义，但不同字母代表的是不同的事件[11]。以这个逻辑来认知矩阵量化后的城市形态抽象网络，即可将城市形态抽象理解为一种上下波动的网络，如图 4.17 所示，网络中的每条红线代表的是一个建筑与周边建筑空间关系的四阶等价矩阵，而不同的矩阵则体现为一个抽象的数值，不同矩阵间的差异度越大，抽象后的数值差异越大，反映到抽象网络上的上下波动特征也越明显。

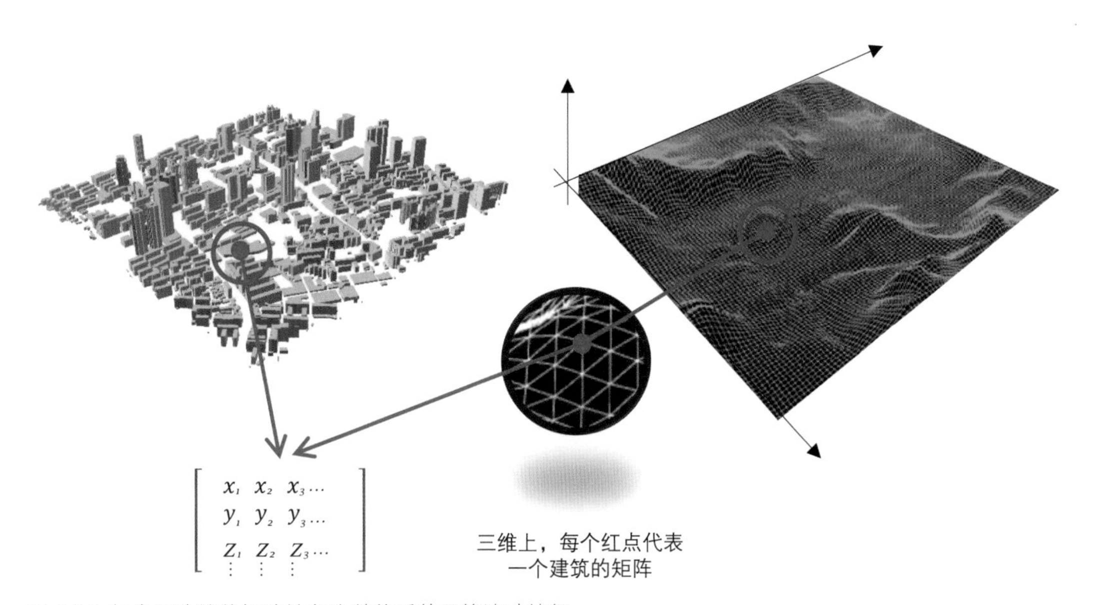

图 4.17 每个四阶等价矩阵抽象为数值后的网络波动特征

具有波动特征的城市形态抽象网络，可以为矩阵种类与矩阵差异性的数理关系分析提供模型依据。具体地，从 *X* 轴、*Y* 轴或任意方向截取栅格立面，都可以从二维角度来剖析某一条轴线上的四阶量化矩阵的分布特征。可以发现，矩阵抽象数值在这一轴线上的分布特征反映了这一轴线上城市形态的复杂性，如图 4.18 所示。如果矩阵数列分布越有规律，那么反映到空间上体现为这一空间的复杂性越低；反之，如果矩阵数列分布越没有规律，那么空间的复杂性越高。

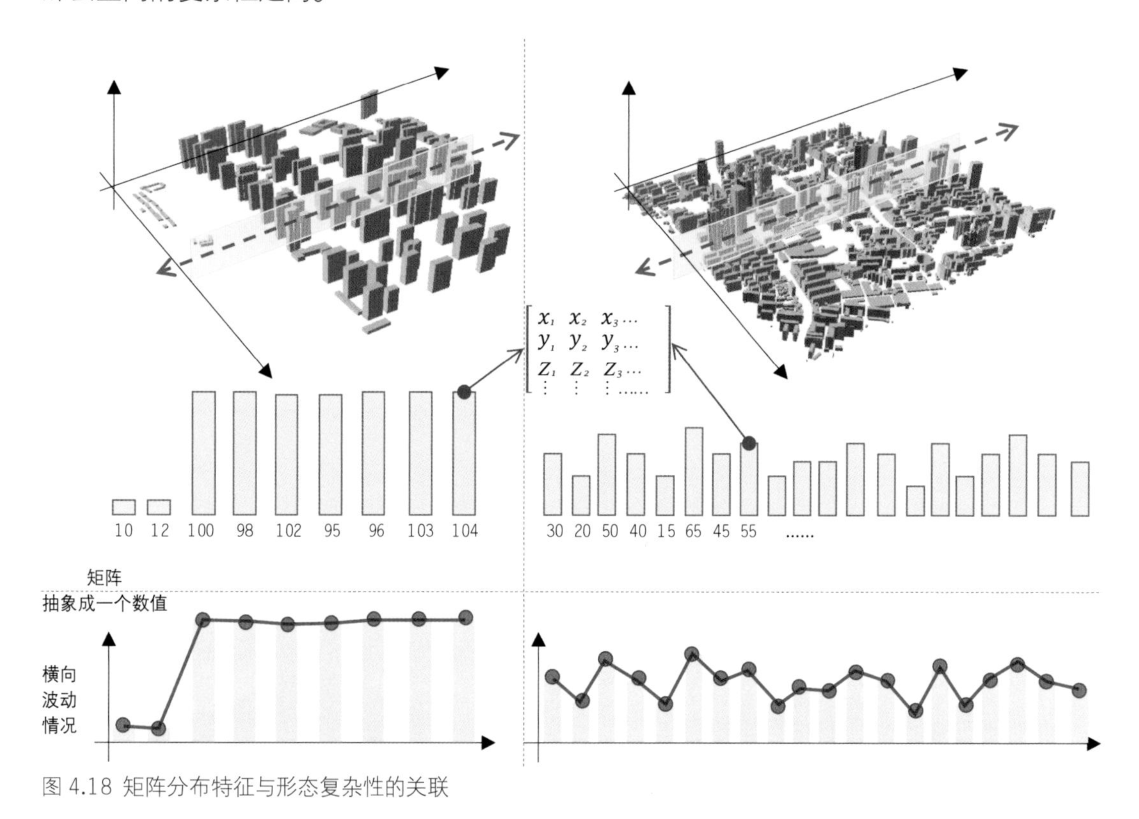

图 4.18 矩阵分布特征与形态复杂性的关联

针对上述矩阵波动在城市形态复杂性中的影响特征，结合真实空间的三维形态模型进行进一步的内在机理分析。选取四种不同城市形态复杂性的栅格，如表 4.4 所示，其中栅格 1 在城市形态上的直观特征表现为建筑数量多、建筑形态特征差异大且空间关系杂乱无章；栅格 2 与栅格 1 相似，只是建筑数量较少，且复杂性相比于栅格 1 要低一些；栅格 3 则表现为建筑数量多、建筑形态特征差异小且空间关系规律性强，因此其复杂性要低于栅格 2；栅格 4 与栅格 3 相似，只是建筑数量较少，因此其复杂性要低于栅格 3。将以上四个栅格的形态特征按照上文提到的方法进行城市形态抽象网络的波动特征分析，可以发现栅格 1 的建筑数量多本质上是矩阵种类多，建筑形态特征差异大反映的是相邻矩阵的数值差异大，而空间关系杂乱无章则反映的是矩阵在各个方向上的变化规律无迹可寻。同理，栅格 2 反映的是矩阵种类少、相邻矩阵差异大且矩阵变化无规律；栅格 3 反映的是矩阵种类多、相邻矩阵差异小且矩阵变化有规律；栅格 4 反映的是矩阵种类少、相邻矩阵差异小且矩阵变化有规律。由此可以得出结论，城市形态的复杂性，可以在复杂抽象网络建构、矩阵量化的基础上，从矩阵类型数量、相邻矩阵差异和矩阵变化规律三个方面进行综合测度。

表 4.4 矩阵波动在城市形态复杂性中的影响特征

	栅格 1	栅格 2	栅格 3	栅格 4
城市形态复杂性特征	1. 建筑数量多 2. 建筑形态特征差异大 3. 空间关系杂乱无章	1. 建筑数量少 2. 建筑形态特征差异大 3. 空间关系杂乱无章	1. 建筑数量多 2. 建筑形态特征差异小 3. 空间关系规律性强	1. 建筑数量少 2. 建筑形态特征差异小 3. 空间关系规律性强
四阶等价矩阵的波动特征	1. 矩阵种类多 2. 相邻矩阵差异大	1. 矩阵种类少 2. 相邻矩阵差异大	1. 矩阵种类多 2. 相邻矩阵差异小	1. 矩阵种类少 2. 相邻矩阵差异小

为了进一步解释上述结论的合理性，本书结合折线图的特征进一步分析矩阵波动与复杂性的关联。关于折线图波动具有复杂性，已经在噪声源、地震、心率变化等领域开展了广泛的研究，例如吕盛泽针对心率变化的频率和频幅大小，综合加权排列熵（weighted permutation entropy）与变分模态分解（variational mode decomposition）的测算方法，来测算心率波动图变化的复杂性和规律性[12]；程蒙将超宽带噪声信号源波动特征总结为一种感知矩阵，并通过雷达变换频率的规律性进行雷达的感知度评价，以提高采样速率[13]；张喆将地震震源的复杂性概括为断层几何形态的复杂性、断层面上滑动分布的复杂性、地震能量随时间变化的复杂性以及断层错动方式的复杂性，其中针对断层面上滑动分布的复杂性，通过测度地震震源波动的上下变换频率以及高频源的波动轨迹，来推算震源波动的复杂性，进而提出了一种大地震震源变机制反演分析的新方法[14]。综合上述对于折线图波动的复杂性研究可以发现，折线图波动的复杂性主要通过波动变化的频率以及波动变化的振幅这两个维度进行测量。

同样地，在本书建构的城市形态抽象网络中，通过对网络的矩阵量化，也可以参考折线图波动的方式来测度其复杂性。一方面，波动变化的频率在本书中体现为四阶等价矩阵的种类数量，数量越多，则波动的折点越多，波动频率就越高。这里需要说明的是，在本书中波动变化的频率指的是矩阵的种类数量，而非矩阵的绝对数量（即栅格内的建筑数量）。若空间相邻的两个矩阵为同一种类型，则不会引起频率变化，只有当矩阵种类发生变化时频率才能提高。且在真实的城市空间中，除了相邻矩阵存在相同类型外，不存在两个类型完全一致的矩阵，因此不存在两个类型完全相同而不相邻的矩阵导致频率变化的情况，故矩阵波动频率指的是四阶等价矩阵的种类数量而非建筑数量（图 4.19）。

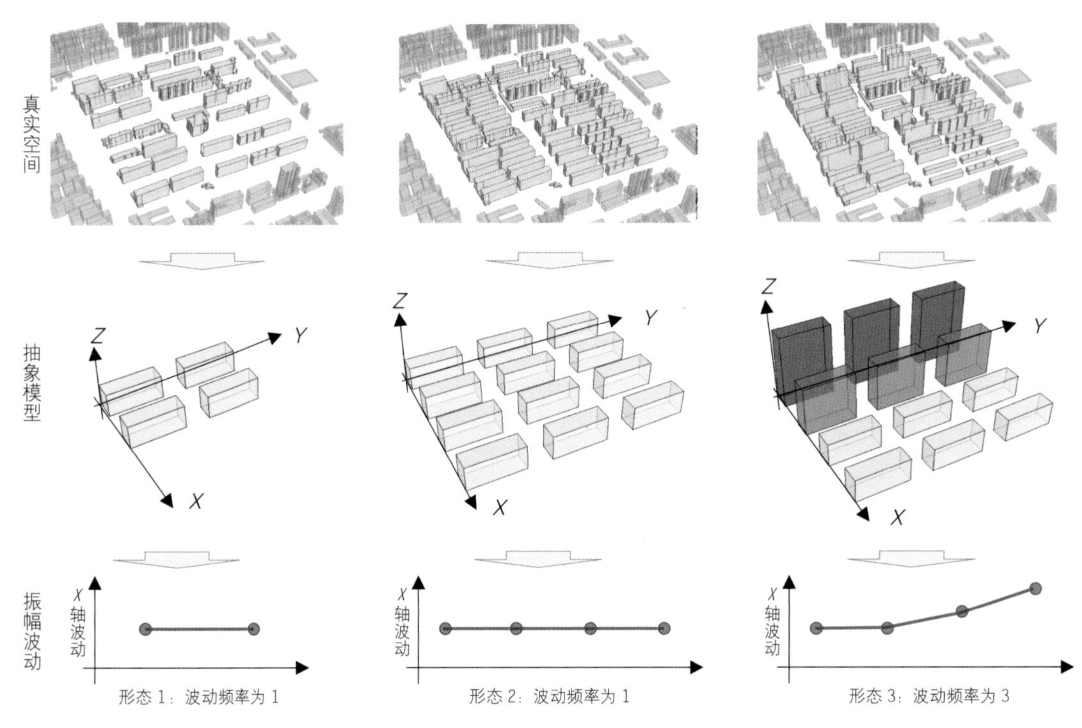

图 4.19 矩阵类型变化对波动变化频率的影响

另一方面，波动变化的振幅在本书中则体现为相邻两个四阶等价矩阵的差异性，即空间关系的规律性。差异越小则说明相邻的两个建筑与它们周边建筑的空间关系组合（即两个建筑的四阶等价矩阵）越相似，空间关系在空间上分布越有规律，空间的复杂性越低。具体地说，在城市形态复杂性研究中，由于波动由代表建筑空间关系的四阶等价矩阵构成而非具体的城市形态，因此波动的上下起伏反映的是两个相邻建筑与周边建筑关系发生了变化，因此只有当波动变化的振幅越小时才能体现空间关系规律性，如图 4.20 所示。其中的形态 1 在 *X* 轴方向上是完全一致的形态，因此其矩阵也是完全一致的，其矩阵振幅的差异为 0；形态 2 虽然在 *X* 轴方向并不一致，但是其高度是均值变化的，城市形态也呈现明显的规律性，因此相邻两个建筑的空间关系矩阵仍然是一致的关系，所以其矩阵振幅的差异同样为 0；形态 3 虽然在 *X* 轴方向的矩阵呈逐渐递减的规律波动，但其反映的是相邻建筑空间关系的逐渐变化，这种变化是不可测、不规律的，因此波动振幅的“规律”变化不能说明空间关系是规律分布的，即无法反映形态的规律程度；形态 4 在 X 轴方向则呈现出无规律的波动变化，其形态也是无规律的。综上所述，在本书中，波动变化振幅体现为相邻两个四阶等价矩阵差异大小的平均值，平均值越小，说明振幅越小，形态的复杂性越低；平均值越大，说明振幅越大，形态的复杂性越高。

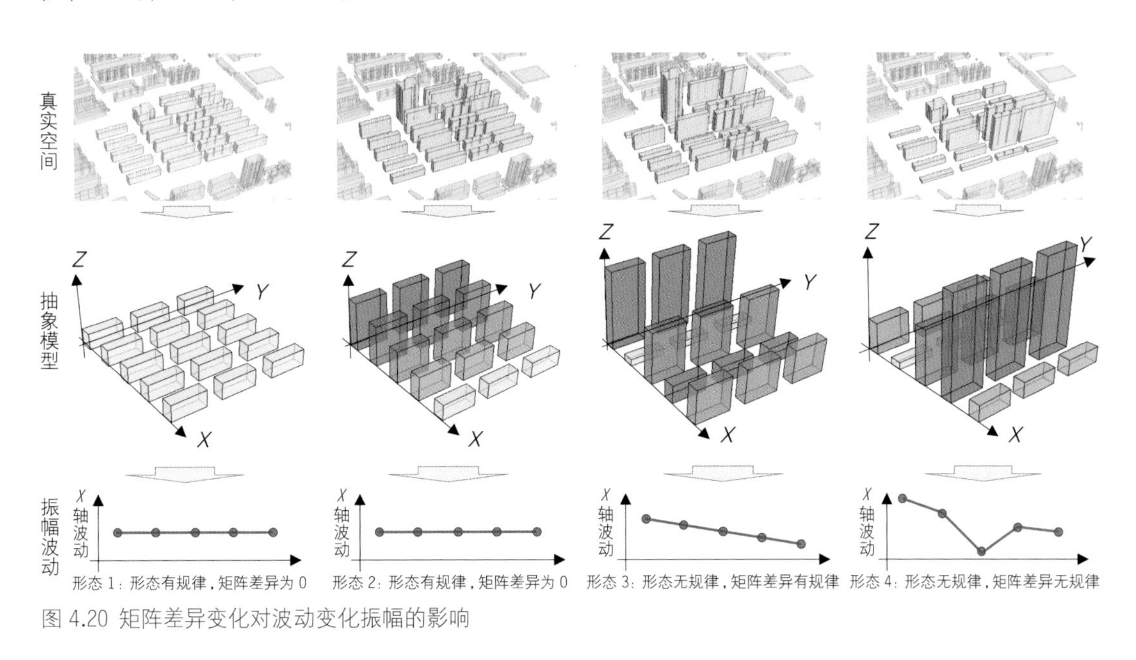

图 4.20 矩阵差异变化对波动变化振幅的影响

此外，虽然上述对于城市形态抽象网络的矩阵波动特征是从某一方向的二维视角进行分析的，但是三维波动特征是无数个二维波动特征的总和，因此整个抽象网络的三维波动特征与上述二维视角的分析在逻辑上是一致的，两者之间没有本质区别。由此可以推理出：通过矩阵量化可以将城市形态抽象网络转译为一个呈现上下波动的三维曲面，而城市形态的复杂性则可以根据这一曲面的波动特征进行测度，即城市形态复杂性 = 矩阵波动频率 x 矩阵波动振幅。其中，矩阵波动频率指的是四阶等价矩阵的种类数量，矩阵波动振幅指的是相邻两个四阶等价矩阵的差异性，矩阵差异越大，空间关系的规律程度越弱，复杂性越高。并且这一结论也与第 3 章的发现⑤相互印证，即建筑空间关系的类型数量和规律程度是影响复杂性的关键因素。

4.4.2 城市形态复杂性测度模型及算法

通过城市形态抽象网络的矩阵波动特征，论证了矩阵种类与矩阵变化规律程度的逻辑关系，并提出了城市形态复杂性 = 矩阵波动频率 x 矩阵波动振幅的测度方法。因此城市形态复杂性模型建构的关键在于计算出四阶等价矩阵的种类数量及相邻两个四阶等价矩阵的差异性。

计算四阶等价矩阵的种类数量，其核心在于将相同的矩阵进行归类。所谓相同种类矩阵，即矩阵每一阶的构成特征都是一致的，包括数值的一致以及序列个数的一致。故将四阶等价矩阵 A 拆分为 X、Y、Z、W 四个行向量：

$$\text{矩阵 } A=\begin{bmatrix} x_1 & x_2 & x_3 & \dots & x_n \\ y_1 & y_2 & y_3 & \dots & y_n \\ z_1 & z_2 & z_3 & \dots & z_n \\ w_1 & w_2 & w_3 & \dots & w_n \end{bmatrix}=\begin{bmatrix} X_A \\ Y_A \\ Z_A \\ W_A \end{bmatrix}^n \tag{4-6}$$

其中，行向量 X_A 表示矩阵 A 在建筑体量关系上的数值特征，行向量 Y_A 表示矩阵 A 在建筑间距关系上的数值特征，行向量 Z_A 表示矩阵 A 在建筑朝向关系上的数值特征，行向量 W_A 表示矩阵 A 在建筑高度关系上的数值特征，n 表示建筑 A 与 n 个周边建筑存在空间关系。

采用分阶对比方法判断矩阵 A 与矩阵 B 是否为同一类型。具体方法为：

$$\text{设矩阵}\quad A=\begin{bmatrix} X_A \\ Y_A \\ Z_A \\ W_A \end{bmatrix}^n，\text{矩阵}\quad B=\begin{bmatrix} X_B \\ Y_B \\ Z_B \\ W_B \end{bmatrix}^m，$$

若 $n \neq m$，则直接判定两个矩阵不是同一类型，若 $n=m$，则对行向量 X_A 与行向量 X_B 进行相似性比较。若 $C \neq 1$，则判定两个矩阵不是同一类型；若 $C=1$，则对行向量 Y_A 与行向量 Y_B 进行相似性比较，以此类推，最终确定矩阵的类型数量，如图 4.21 所示。向量 X_A 与行向量 X_B 相似性比较的计算公式如下：

$$C_{X_A,X_B}=\frac{t_r(X_AX_B^{\mathrm{T}}+X_AX_B^{\mathrm{T}})}{t_r(X_AX_B^{\mathrm{T}}+X_AX_B^{\mathrm{T}})} \tag{4-7}$$

其中，分别提取行向量 X_A 与行向量 X_B 中 n 个特征序列数值，C_{X_A,X_B} 为行向量 X_A 与行向量 X_B 的相似性，T 表示行向量的转置。

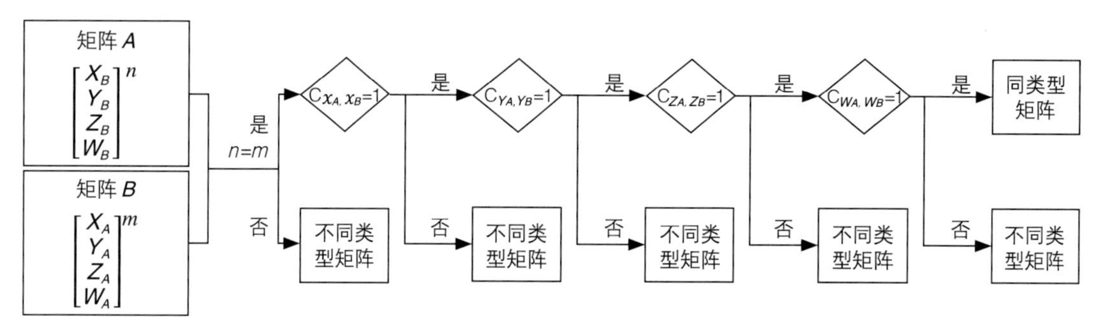

图 4.21 分阶对比的流程

在完成城市形态抽象网络的矩阵波动频率的测算后，需要计算其矩阵波动振幅，这里的振幅指的是所有矩阵序列中相邻两个四阶等价矩阵的整体差异性，即随机抽取一组相邻矩阵的差异性的平均值，故首先需要测算出两个相邻矩阵之间的差异度。具体方法为：由于每个四阶等价矩阵包含 ***X***、***Y***、***Z***、***W*** 四种空间关系，因此可以看作四个代表不同建筑空间关系的行向量，且每个向量都是 n 维向量，而两个四阶等价矩阵的差异度则可以通过四个行向量的差异度总和来表达。目前，欧氏距离[①]是测算矩阵向量差异度的最常见方法。欧氏距离算法的特征在于计算两个点之间的距离，距离越远则差值越大，并且欧氏距离算法不仅适用于二维和三维空间中的距离测量，同时还适用于复杂的多维空间的距离测量。因为每个行向量都是 n 维的，所以矩阵 ***A*** 的行向量 $\boldsymbol{X_A}$ 与矩阵 ***B*** 的行向量 $\boldsymbol{X_B}$ 的差异度，可以看作 $[x_{A_1},x_{A_2},x_{A_3},\cdots,x_{A_n}]$ 与 $[x_{B_1},x_{B_2},x_{B_3},\cdots,x_{B_n}]$ 在 n 维空间中的空间距离。因此，当两个行向量的序列个数都为 n 时，两个向量的差异度计算公式如下：

$$\text{dist}\ (X,Y)=\sqrt{\sum_{i=1}^{n}(x_i-y_i)^2}\quad (i=1,2,3,\cdots,n) \tag{4-8}$$

其中，***X*** 为行向量 $[x_1,x_2,x_3,\cdots,x_n]$，***Y*** 为行向量 $[y_1,y_2,y_3,\cdots,y_n]$，dist(***X***，***Y***) 为行向量 ***X*** 与行向量 ***Y*** 之间的欧氏距离，x_i 为行向量 ***X*** 中的第 i 个空间关系特征数值，y_i 为行向量 ***Y*** 中的第 i 个空间关系特征数值。

然而，由于每个建筑与周边建筑存在空间关系的数量是不固定的，且在大多数情况下每个建筑的空间关系数量都不相同，这导致不同建筑的四阶等价矩阵的序列个数都不一样，因此当两个行向量的序列个数不同时需要采用滑动窗口的方法[15]。例如，行向量 ***X*** 为 $[x_1,x_2,x_3]$，行向量 ***Y*** 为 $[y_1,y_2,y_3,y_4,y_5,y_6]$，则先计算 $[x_1,x_2,x_3]$ 与 $[y_1,y_2,y_3]$ 的差异度，再计算 $[x_1,x_2,x_3]$ 与 $[y_2,y_3,y_4]$ 的差异度，以此类推，最后取平均值得到该两个行向量的差异度。具体方法为：假定存在两个不等长序列的行向量 $\boldsymbol{X}=[x_1,x_2,x_3,\cdots,x_n]$ 与行向量 $\boldsymbol{Y}=[y_1,y_2,y_3,\cdots,y_m]$，且行向量 ***X*** 的长度 $|\boldsymbol{X}|$ 小于行向量 ***Y*** 的长度 $|\boldsymbol{Y}|$，即 $m>n$。基于滑动窗口的思想，将长度较小的行向量 ***X*** 作为滑动窗口，沿长度较大的行向量 ***Y*** 依次滑动一个窗口单位，直至遍历行向量 ***Y*** 的所有点，如图 4.22 所示。

① 欧氏距离：又称欧几里得距离，是一个通常采用的距离定义，指在 m 维空间中两个点之间的真实距离，或者向量的自然长度（即该点到原点的距离）。在二维和三维空间中的欧氏距离就是两点之间的实际距离。

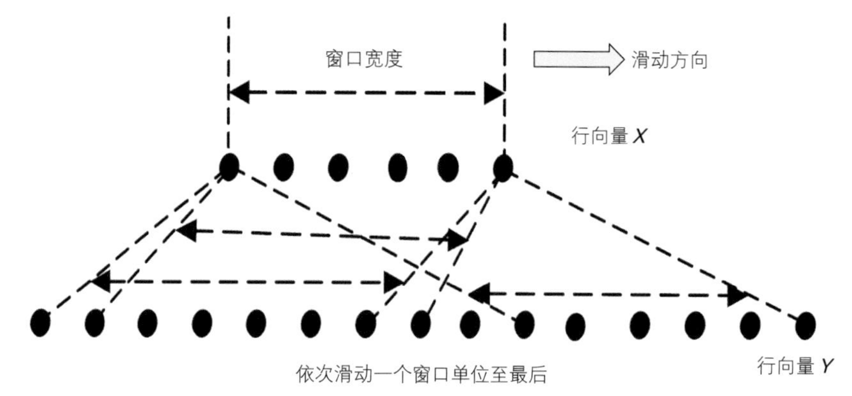

图 4.22 滑动窗口的计算原理

资料来源：关欣，孙贵东，衣晓，等．基于不等长序列相似度挖掘的数据关联算法 [J]. 控制与决策，2015,30(6).

则行向量 Y 在行向量 X 窗口内对应的子向量为：

$$W(Y) = (Y_1,Y_2,Y_3,\cdots,Y_k) \quad (k = 1,2,3,\cdots,|Y| - |X| + 1) \tag{4-9}$$

其中，$W(Y)$ 包含向量中的所有子向量，Y_k 为窗口内的第 k 个子向量，窗口长度为 $|X|$，共有 $|Y|-|X|+1$ 个子向量。

在窗口滑动的过程中，即时计算每一次窗口滑动时子向量 Y_k 与行向量 X 的差异度：

$$\text{dist}\ (X,Y_k) = \sqrt{\sum_{i=1}^{n}(x_i - y_{ki})^2} \quad (i = 1,2,3,\cdots,n;\ k = 1,2,3,\cdots,|Y| - |X| + 1) \tag{4-10}$$

其中，X 为行向量 $[x_1,x_2,x_3,\cdots,x_n]$，Y_k 为第 k 次窗口滑动时子向量 $[y_{k_1},y_{k_2},y_{k_3},\cdots,y_{kn}]$，dist（$X,Y_k$）为行向量 X 与子向量 Y_k 之间的欧氏距离，x_i 为行向量 X 中的第 i 个空间关系特征数值，y_{ki} 为子向量 Y_k 中的第 i 个空间关系特征数值。

因此，当行向量 X 与向量 Y 的序列长度不相同时，两者差异度计算公式如下：

$$\text{dist}\ (X,Y) = \overline{\text{dist}\ (X,Y_k)} \quad (k = 1,2,3,\cdots,|Y| - |X| + 1) \tag{4-11}$$

其中，X 为行向量 $[x_1,x_2,x_3,\cdots,x_n]$，Y 为行向量 $[y_1,y_2,y_3,\cdots,y_m]$，Y_k 为第 k 次窗口滑动时行向量 Y 的子向量 $[y_{k_1},y_{k_2},y_{k_3},\cdots,y_{kn}]$，dist（$X,Y_k$）为行向量 X 与子向量 Y_k 之间

的欧氏距离，dist（X,Y）为窗口滑动过程中所有子向量 Y_k 与行向量 X 的差异度的平均值。

通过上述方法可以测算出每个矩阵内每一个行向量的差异度，综合发现③中提到的四阶等价矩阵内每个行向量之间的等价性，将四个行向量的差异度叠加即可得到两个矩阵之间的差异度。两个矩阵差异度的计算公式如下：

$$D_{A,B}=\frac{1}{4}\sum \mathrm{dist}\,(A,B)$$
$$A=\begin{bmatrix} X_A \\ Y_A \\ Z_A \\ W_A \end{bmatrix}^n \tag{4-12}$$
$$B=\begin{bmatrix} X_B \\ Y_B \\ Z_B \\ W_B \end{bmatrix}^m$$

其中，$D_{A,B}$ 为矩阵 A 和矩阵 B 的差异度，dist 为两个矩阵中每一组行向量之间的差异度，矩阵 A 包含 X_A、Y_A、Z_A、W_A 四个行向量且每个行向量包含 n 个序列（即建筑 A 与周边 n 个建筑存在空间关系），矩阵 B 包含 X_B、Y_B、Z_B、W_B 四个行向量且每个行向量包含 m 个序列（即建筑 B 与周边 m 个建筑存在空间关系）。

矩阵波动振幅反映为相邻两个四阶等价矩阵的整体差异性，也就是随机抽取一组相邻矩阵的差异性的平均值。因此，需要在两个矩阵差异度计算的基础上进行随机抽取和取平均，以此得到矩阵波动振幅。矩阵波动振幅的计算公式如下：

$$S_{A,B}=\frac{1}{Q}\sum_{k=1}^{Q} D_{A_i,A_j}$$
$$Ai=\begin{bmatrix} X_{Ai} \\ Y_{Ai} \\ Z_{Ai} \\ W_{Ai} \end{bmatrix}^n \tag{4-13}$$
$$Bi=\begin{bmatrix} X_{Bj} \\ Y_{Bj} \\ Z_{Bj} \\ W_{Bj} \end{bmatrix}^m$$

其中，$S_{A,B}$ 为矩阵波动振幅（即随机抽取一组相邻矩阵的差异性的平均值），A_i 为随机抽取的矩阵，A_j 为与矩阵 A_i 相邻的所有矩阵中的其中一个矩阵，$D_{Ai,Aj}$ 为矩阵 A_j 和矩阵 A_j 的差异度，Q 为城市形态抽象网络中所有相邻矩阵组合的总数。

在前文中已经论证了城市形态复杂性 = 矩阵波动频率 x 矩阵波动振幅，因此，结合矩阵种类数量和矩阵差异性计算公式，推导出城市形态复杂性的测度算法：

$$C_{\mathrm{g}}=T_{\mathrm{g}}\cdot S_{A,B}=\frac{T_{\mathrm{g}}}{Q}\sum_{k=1}^{Q}D_{i,j}=\frac{T_{\mathrm{g}}}{Q}\sum_{k=1}^{Q}\left[\frac{1}{4}\sum \mathrm{dist}\ (A_i,A_j)\right]$$
$$Ai=\begin{bmatrix}X_{Ai}\\Y_{Ai}\\Z_{Ai}\\W_{Ai}\end{bmatrix}^{n} \tag{4-14}$$
$$Bi=\begin{bmatrix}X_{Bj}\\Y_{Bj}\\Z_{Bj}\\W_{Bj}\end{bmatrix}^{m}$$

其中，C_{g} 为栅格 g 的城市形态复杂性，T_{g} 为栅格 g 中所有矩阵的波动频率（即所有矩阵的种类总数），$S_{A,B}$ 为矩阵波动振幅（即随机抽取一组相邻矩阵的差异性的平均值），Q 为栅格 g 生成的抽象网络中所有相邻矩阵组合的总数，$D_{i,j}$ 为栅格 g 中随机抽取的矩阵 $\boldsymbol{A}_i$ 和与之相邻的矩阵 $\boldsymbol{A}_j$ 之间的差异度，dist（$\boldsymbol{A}_i,\boldsymbol{A}_j$）为矩阵 $\boldsymbol{A}_i$ 和矩阵 $\boldsymbol{A}_j$ 的差异度，n 为矩阵 $\boldsymbol{A}_i$ 中每个行向量的序列个数，m 为矩阵 $\boldsymbol{A}_j$ 中每个行向量的序列个数。

4.4.3 城市形态复杂性测度流程示例

根据城市形态复杂性的测度方法，在生成城市形态的三维矢量模型后，首先对各个栅格中的每个建筑体量计算其建筑体量、建筑间距、建筑朝向及建筑高度等特征并挂接到各个建筑的属性表中。进而通过 ArcGIS 中的“构造视线”将建筑点与建筑点之间形成连线，生成空间关系连线，计算建筑两两之间的建筑体量空间关系、建筑间距空间关系、建筑朝向空间关系和建筑高度空间关系，并将数值挂接到空间关系连线中，生成城市形态复杂性的抽象网络。最后通过归一化的方法生成每个建筑的四阶等价矩阵，并计算每个栅格内四阶等价矩阵的种类数量以及相邻两个四阶等价矩阵的差异性的平均值，进而得到每个栅格的城市形态复杂性。下面以 73 号栅格为例（图 4.23），具体阐述城市形态复杂性的测度流程。

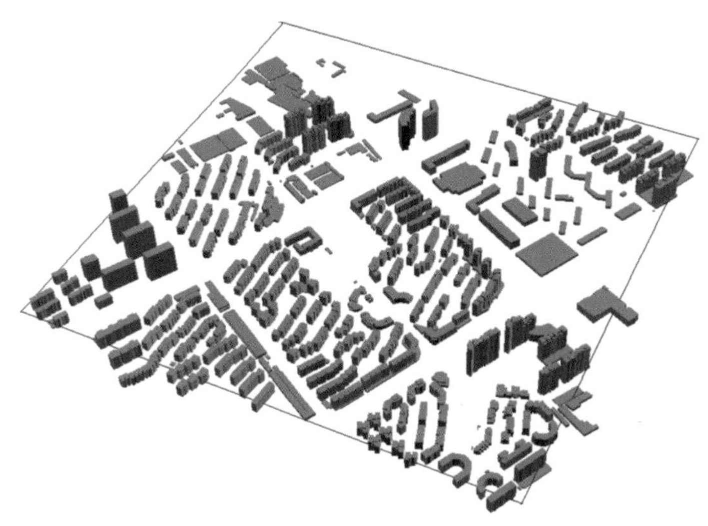

图 4.23 73 号栅格的三维城市形态矢量模型

第一步，从每个栅格中提取所有建筑单体体块，并建立每个栅格所对应的城市形态数据库。根据表 4.1 中的计算方法，计算每个建筑的建筑体量特征、建筑间距特征、建筑朝向特征及建筑高度特征，然后输入每个建筑对应的属性表中。

第二步，将所有的建筑底面进行“要素转点”（feature to point）操作，得到每个建筑底面的中心点，进而进行“构造视线”（construct sight line）操作将栅格中所有的建筑点以两两连接的方式连成线。然后需要通过筛查的方式将其中被建筑遮挡的连线删除，具体地，即将连线与建筑体量进行“相交”（intersect）操作，得到所有连线与建筑的交集，若同一条连线被切成了 3 段及以上数量，则说明除了连线的两个端点外，还存在至少一个地方与其他建筑相交，进而根据初始的连线编号删除这些被切断连线所对应的初始连线，剩下的连线为未被其他建筑所遮挡的连线，即建筑之间的空间关系连线。进而参照 4.3.4 节提到的建筑体量空间关系、建筑间距空间关系、建筑朝向空间关系和建筑高度空间关系四种算法公式，计算每条空间关系连线对应的两个建筑之间的四种空间关系数值，并将数值挂接到空间关系连线的属性表中，从而生成每个栅格的抽象网络，如图 4.24 所示。

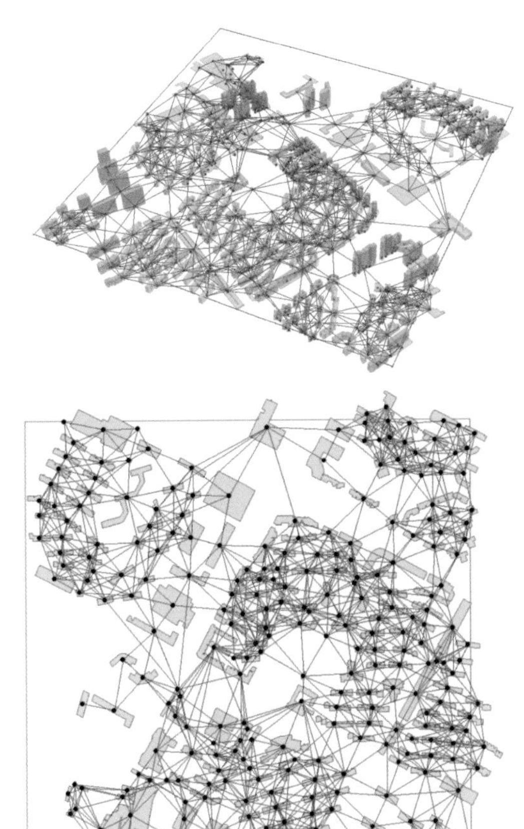

图 4.24 73 号栅格的空间关系及抽象网络生成

第三步，通过归一化的方式生成每个建筑的四阶等价矩阵。以建筑 A 为例，通过“空间关联”（spatial join）的方式找到建筑 A 及与之相连的 B_1，B_2，B_3，…，B_9，以及对应的九条空间关系连线 A—B_1，A—B_2，A—B_3，…，A—B_9，如图 4.25 所示。从属性表中提取每条连线的四个空间关系数值，并基于归一化算法（MMS）通过“（X-Min）/(Max-Min)”的计算公式使所有的数据均压缩在 [0，1] 范围内（表 2.2），使数据之间的数值单位保持

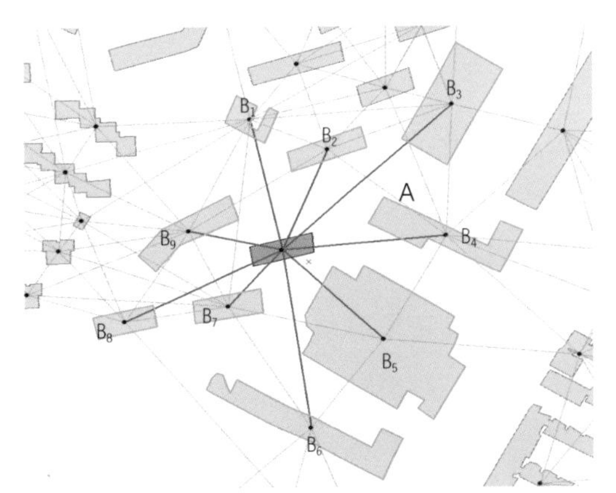

图 4.25 建筑 A 与周边建筑的矩阵量化

一致，得到建筑 A 与周边建筑的空间关系的归一化数值，如表 4.5 所示。进而建构如下所示的建筑 A 的四阶等价矩阵，并保存到空间关系连线的属性表中。

$$\text{矩阵}\,\boldsymbol{A}=\begin{bmatrix}0.403 & 0.026 & 0.396 & 0.193 & 0.584 & 0.502 & 0.027 & 0.019 & 0.202\\ 0.394 & 0.320 & 0.634 & 0.451 & 0.385 & 0.531 & 0.225 & 0.484 & 0.263\\ 0.315 & 0.056 & 0.786 & 0.910 & 0.663 & 0.506 & 0.090 & 0.034 & 0.135\\ 0.964 & 0.036 & 0.155 & 0.107 & 0.071 & 0.250 & 0.036 & 0.036 & 0.202\end{bmatrix}$$

表 4.5 建筑 A 的空间关系计算及归一化

建筑空间关系	空间关系数值	建筑体量关系	建筑间距关系	建筑朝向关系	建筑高度关系	建筑空间关系	空间关系数值	建筑体量关系	建筑间距关系	建筑朝向关系	建筑高度关系
A—B_1	数值	34 104	84	28	81	A—B_6	数值	42 432	113	45	21
	归一化	0.403	0.394	0.315	0.964		归一化	0.502	0.531	0.506	0.250
A—B_2	数值	2 214	68	5	3	A—B_7	数值	2 250	48	8	3
	归一化	0.026	0.320	0.056	0.036		归一化	0.027	0.225	0.090	0.036
A—B_3	数值	33 536	135	70	13	A—B_8	数值	1 566	103	3	3
	归一化	0.396	0.634	0.786	0.155		归一化	0.019	0.484	0.034	0.036
A—B_4	数值	16 356	96	81	9	A—B_9	数值	17 056	56	12	17
	归一化	0.193	0.451	0.910	0.107		归一化	0.202	0.263	0.135	0.202
A—B_5	数值	49 389	82	59	6						
	归一化	0.584	0.385	0.663	0.071						

第四步，在 GIS 的属性表中新建“复杂性”列表，并结合复杂性的公式（4-14）计算每一个矩阵的四个行向量之间的欧氏距离的平均值，并统计 73 号栅格中的矩阵数量，最终得到该栅格的城市形态复杂性为 435.378 45。

通过城市形态复杂性的测度算法建构，可以发现矩阵的差异性以及矩阵的种类数量是影响复杂性的关键因素，这与上一章中的发现相吻合。进而在下面的研究中，将以南京中心城区为研究案例，通过城市形态复杂性的测度，进一步分析南京中心城区内城市形态复杂性的分布特征，并结合城市用地、道路等结构性特征探讨其与形态复杂性的空间关联，并以此探讨城市形态复杂性的构成机理，并提出城市形态复杂性的原型模式。

参考文献

[1] 刘宏洁，宋文龙，刘昌军，等．基于归一化水体指数及其阈值自适应算法的水体遥感反演效果分析 [J]. 中国水利水电科学研究院学报（中英文），2022,20(3)：251-261.

[2] 王晓，闫春林．现代商业建筑设计 [M]. 北京：中国建筑工业出版社，2005.

[3] 陈石，袁敬诚，张伶伶．城市设计视角下空间肌理形态控制的方法探索 [J]. 华中建筑 ,2022，40(2)：113-117.

[4] 田凯强，贾娅娅，刘庆宽，等．城市街道宽度对街区通风影响的试验研究 [J]. 石家庄铁道大学学报（自然科学版），2019，32(4)：16-21.

[5] 张贤达．矩阵分析与应用 [M]. 2 版．北京：清华大学出版社，2013.

[6] SZELISKI R. Computer vision:algorithms and applications[M]. London: Springer-Verlag，2011.

[7] 王宁．群 SU（2）×U（1）和 SU（3）二维对称保护拓扑关系的研究 [D]. 济南：山东建筑大学，2021.

[8] 程守华．量子场论的实在论研究 [D]. 太原：山西大学，2019.

[9] WHERRETT B S. Group theory for atoms, molecules and solids[M]. Prentice Hall，1986.

[10] GUENTHER R D. Modern optics[M]. Hoboken: Wiley，1990.

[11] 万琳，夏树进，朱毅，等．一种改进的基于信息熵的半监督特征选择算法 [J]. 统计与决策，2021，37(17)：66-70.

[12] 吕盛泽．复杂性测度在脉搏信号分析中的应用研究 [D]. 西安：西安科技大学，2021.

[13] 程蒙．基于压缩感知超宽带噪声 SAR 成像 [D]. 太原：太原理工大学，2021.

[14] 张喆．高频源约束的大地震震源机制复杂性研究 [D]. 北京：中国地震局地球物理研究所，2020.

[15] 关欣，孙贵东，衣晓，等．基于不等长序列相似度挖掘的数据关联算法 [J]. 控制与决策，2015，30(6)：1033-1038.

5 南京中心城区城市形态复杂性的测度

·5·

5.1 案例范围与复杂性测度

5.1.1 南京中心城区案例选取背景

南京是著名的六朝古都，是我国第一批历史文化名城，是有着近 2500 年建成史和累计约 450 年建都史的著名古城。与其他城市相比，南京的城市形态更为多元化，建筑的组合方式也更为多变：南京老城的整体形态顺应自然，充分利用了自然地势地貌（紫金山）和水文（秦淮河、玄武湖等）；南京历史城区则在六朝文化的浸润下形成了肌理多样、布局各异的历史文化街区；南京的河西、江宁等新城区则经历了快速城镇化的完整发展阶段，在多轮城市建设和更新背景下，产生了诸多凸显城市形态特色的现代建筑与建筑群落。综上所述，南京的城市形态并不能用简单的传统或现代来描述，而是在求同存异的过程中不断更迭，形成了丰富多样且复杂的城市形态风貌，具备了我国大多数城市的形态特色。因此，本书选取南京作为研究城市。

在 2021 年南京市政府印发的《南京市“十四五”国土空间和自然资源保护利用规划》中，将南京划分为位于中心的南京中心城区及周边的六合、禄口等新城，并且对南京中心城区做出了明确的边界划定，如图 5.1 所示。该城区由位于明城墙、秦淮河和玄武湖以内的“老城区”、长江以南的“江南主城区”以及长江以北的“江北新主城区”三部分构成，横跨了玄武区、秦淮区、鼓楼区、建邺区、雨花台区、浦口区、栖霞区、江宁区、六合区等 9 个行政区。南京中心城区是南京市域内建筑密度最高、建设最为完整、设施最为齐全的城市空间，因此本书将南京中心城区作为初步研究范围。其原因在于，一方面，南京中心城区分布在南京的中心区域，是建筑分布最为连绵密集的地区，并且其内部大多由城市建成区构成。由于本书是以建筑体量为构成要素的城市形态复杂性研究，因此这一区域内的城市形态、建筑数量、建筑密度都满足本书的数据需求，能够提供足够的研究样本和数据支撑。另一方面，南京中心城区城市形态包含了历史街区、居住片区、生态文化区、现代风貌区、工业园区等南京最常见的城市功能类型，在城市形态上也综合了诸如新街口等高强度、高密度、高复杂性的城市地段；湖南路、夫子庙、老城南等低强度、高密度、高复杂性的城市地段；鼓楼、安德门、玄武门等中低强度、高低复杂形态融合的大规模连绵生活片区地段；奥体、清凉门大街等高强度、低密度、低复杂性的现代都市风貌地段等。综上所述，由老城区、江南主城区、江北新主城区构成的南京中心城区，其建成区密度和连绵程度高，符合本书所需要的样本数量需求，同时其城市形态多元化，兼具不同历史时期、不同功能类型、不同风貌特色的城市形态类型，因此将其选为本书的初步研究范围。

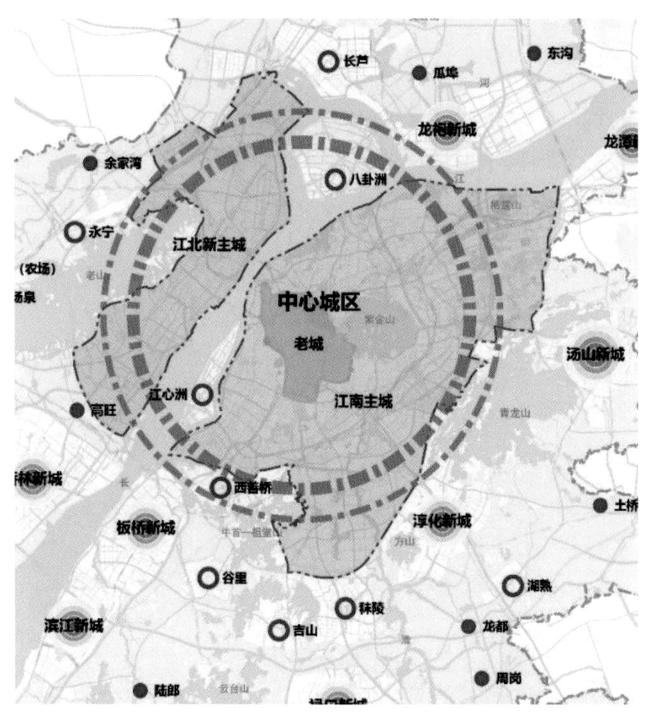

图 5.1 南京市中心城区边界

资料来源：《南京市“十四五”国土空间和自然资源保护利用规划》。

5.1.2 南京中心城区研究范围及边界划定

在框定南京中心城区的基础上精确划定本书的研究范围及边界。划定的目标在于保证研究范围内建筑体量在空间上的连绵分布，不被大型的自然生态或人工建设要素所阻隔，同时保证不同形态特色的街区都能在研究范围内。因此，本书在划定研究范围及边界时遵循如下几条核心原则：

其一，与行政边界保持基本一致。这里的行政边界指的是南京中心城区的玄武区、秦淮区、鼓楼区、建邺区、雨花台区等多个行政区，所划定的研究范围需要与行政边界基本保持一致，但可以根据建成区连绵情况、边界要素分割等实际情况进行调整，整体边界误差不应大于 10%，且轮廓形态整体保持一致，这是划定研究范围与边界的主要参考依据。

其二，新老城区相结合。在上文中提到，选取的研究案例应包含不同历史时期、不同功能类型、不同风貌特色的城市形态类型，以便为研究提供不同复杂程度的城市形态样本，因此，划定研究范围时需要将历史街区、居住片区、生态文化区、现代风貌区、工业园区等南京最常见的城市功能类型涵盖在内，以此保证研究对象形态特征的完整性，避免出现显著特征的遗漏情况。

其三，以城市边界要素为切分边界。城市中存在各类边界要素，其是划分城市各个形态板块的重要物质空间因素。在本书中主要提取自然边界要素和城市边界要素两类。其中的自然边界要素是在城市发展过程中被保留下来的自然环境要素，包括大型山地、丘陵、长江、河流、农田等，这些要素与城市的建设发展是相互制约、相互影响的关系；另一类城市边界要素是在城市建设过程中逐渐被人工建设出来的，已起到切分空间、划分功能或是承担城市中的重要交通职能的作用，包括铁路、快速路、主干路、机场线、高架立交等。在研究范围划定过程中，需要以上述边界要素为线性参照并尽量与之重合，这也是我们通常划定研究范围或规划范围的重要依据。

其四，建筑空间连绵成片。由于本书以建筑体量为构成要素，在后续的研究中以切分的 1 000 m×1 000 m 栅格为研究单元，并且需要对相邻栅格之间的复杂性进行对比分析，因此为了保证栅格的连续性，需要确保每个栅格内都存在一定规模的建筑群落，这就要求在划定研究范围时划定出空间连绵成片的区域。

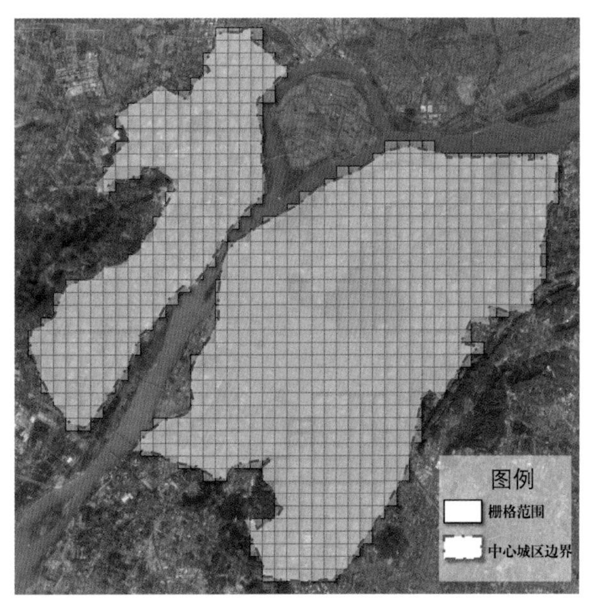

图 5.2 南京市中心城区栅格划分

在明确上述原则的基础上，本书选取 1 000 m×1 000 m 的栅格作为本书对象，对中心城区进行栅划分，如图 5.2 所示。其原因在于：由于街区本身大小存在差异性，大尺度街区包含的建筑体块数量较多、形态类型更为多元，其复杂性更有可能高于小尺度街区，因此为了避免街区大小对形态复杂性研究结果造成干扰，选择相同尺度的栅格作为研究单元。此外，1000 m 是两个公交站点之间的常规距离，也是人行 15 min 的步行距离，可以有效容纳下城市中大部分类型的街区，并符合上文中对于“街区尺度”的相关认知，因此本书选择 1000 m 作为栅格大小。

在进行栅格划分之后，需要结合上述原则进一步筛选栅格，以得到符合本书要求的研究范围。具体包含如下四个步骤：

步骤一：筛除无效空间。由于中心城区包含诸如城市在建用地、大型公园绿地、保护林地、大型河流水系等大量非建筑构成的栅格空间，而该类空间由于建筑数量过于稀少，在城市形态、建筑数量、建筑密度等方面数据量过小，无法为以建筑体量为构成要素的城市形态复杂性研究提供足够的研究样本和数据支撑，因此需要将该类无效空间进行筛除，如图 5.3 所示。具体筛除方法以建筑密度为依据，当建筑密度低于 0.1 时，说明该栅格空间中建筑占比极小，因此将其划定为无效空间。可以发现，在南京中心城区中，该类无效空间主要包含三种类型，其一是中心城区外围的在建或待建用地及农田，呈带状环绕；其二是以紫金山、玄武湖为主体的大型湖泊水系及山体林地；其三是从长江、秦淮河嵌入城市的多条生态走廊，由于大多为非建设用地，因此也被列为无效空间。

步骤二：划定连绵成片区域。由于不同地段、区位的栅格本身存在极大差异，且研究时需要对相邻空间进行整体分析，因此为了保证栅格的连续性，需要确保每个栅格内都存在一定规模的建筑群落，筛选出其中连绵成片的区域，如图 5.4 所示。具体筛除方法为，首先剔除单个或多个栅格孤立于整体之外的空间，进而在栅格连绵带中筛除掉其中存在大量孔洞、栅格组合成的破碎化空间。可以发现，在南京中心城区中无法连绵的空间主要是江北新主城区的北侧空间以及江南主城区的外围区域，这些空间中存在大量绿地、农田或待建用地，因此其形态极为破碎，无法连绵成片。

步骤三：删除被大型边界要素阻隔的空间。城市中存在各类边界要素，其是划分城市各个形态板块的重要物质空间因素，而板块与板块之间形态割裂，导致在后续的研究中无法将其统一为一个完整的整体进行分析，因此需要删除被大型边界要素阻隔的空间，如图 5.5 所示。在中心城区存在长江、外秦淮等大型水系边界、幕府山至紫金山的生态绿楔以及多条铁路干道，因此在研究范围划定过程中，需要以上述边界要素为线性参照，将被切割的外部空间组团删除，保留内部范围最大的空间，并且保留的空间同时满足上述所提到的“新老城区相结合”的原则要求。

步骤四：研究边界修正。最后，对保留下来的栅格边界进行微调。一方面，以分区行政边界为依据，使得研究范围尽量与分区行政边界保持一致；另一方面，筛除边界处的零碎栅格，使得研究范围尽量规整化，以便于后续核密度、克里金等数据的量化测度及对比

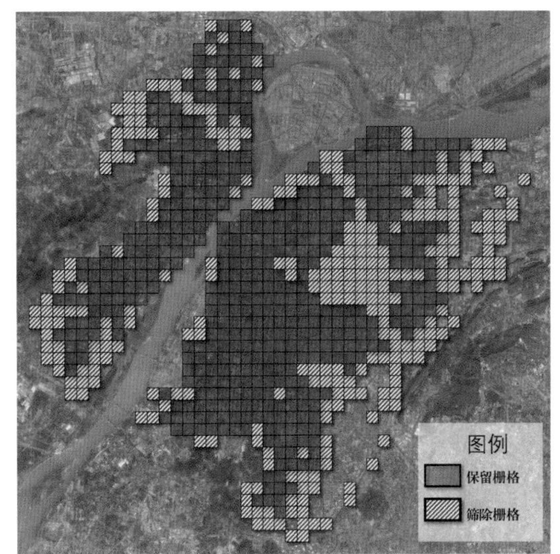

图 5.3 步骤一：筛除无效空间

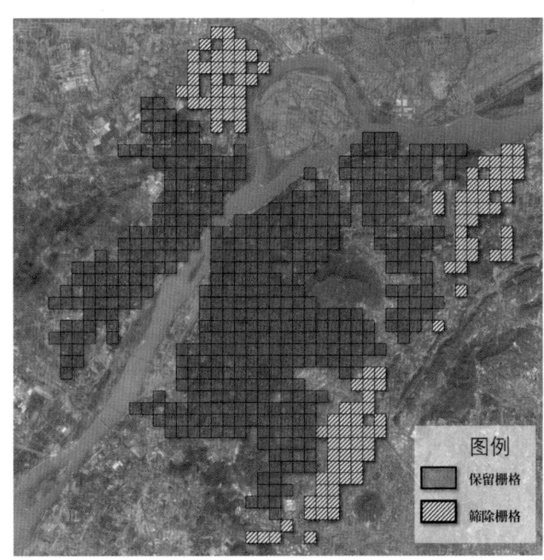

图 5.4 步骤二：划定连绵成片区域

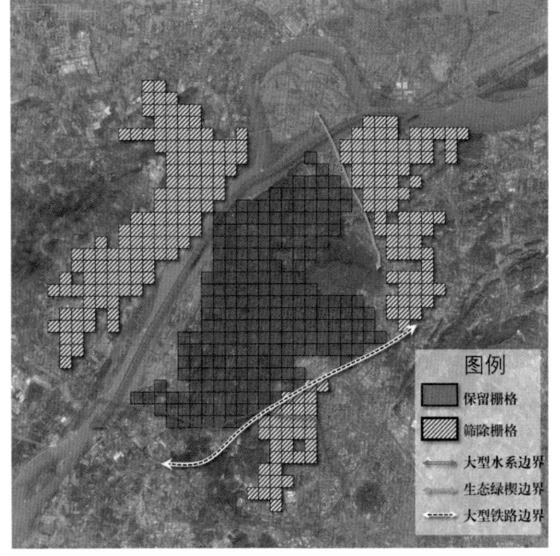

图 5.5 步骤三：删除被大型边界要素阻隔的空间

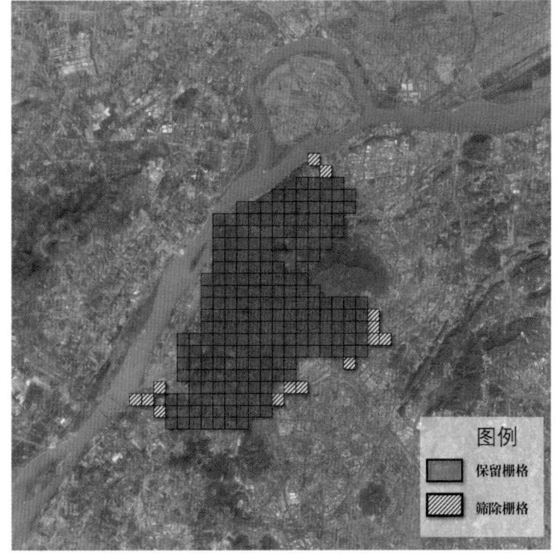

图 5.6 步骤四：研究边界修正

分析，如图 5.6 所示。

最终将连绵成片的 212 个栅格相连接，自下而上按顺序对其进行编号，如图 5.7 所示，并将城市形态数据中的建筑体块模型以及每个建筑对应的建筑高度、底面积、朝向、中心点等数据属性导入每个栅格中，生成 212 个栅格的城市形态数据库。将每个栅格的城市形态数据库导入 ArcScene 地理信息系统中，并基于建筑层数生成建筑体量。这里需要说明的是，不同职能建筑的层高不一样，因此本书中居住类建筑的高度为建筑层数 ×3 m，其余建筑高度为建筑层数 ×4 m。最后生成每个栅格的三维矢量模型，并拼合成南京中心城区的城市形态三维矢量模型，如图 5.8 所示。所有栅格的三维矢量模型详见附录 A：南京中心城区 212 个空间栅格及编号。

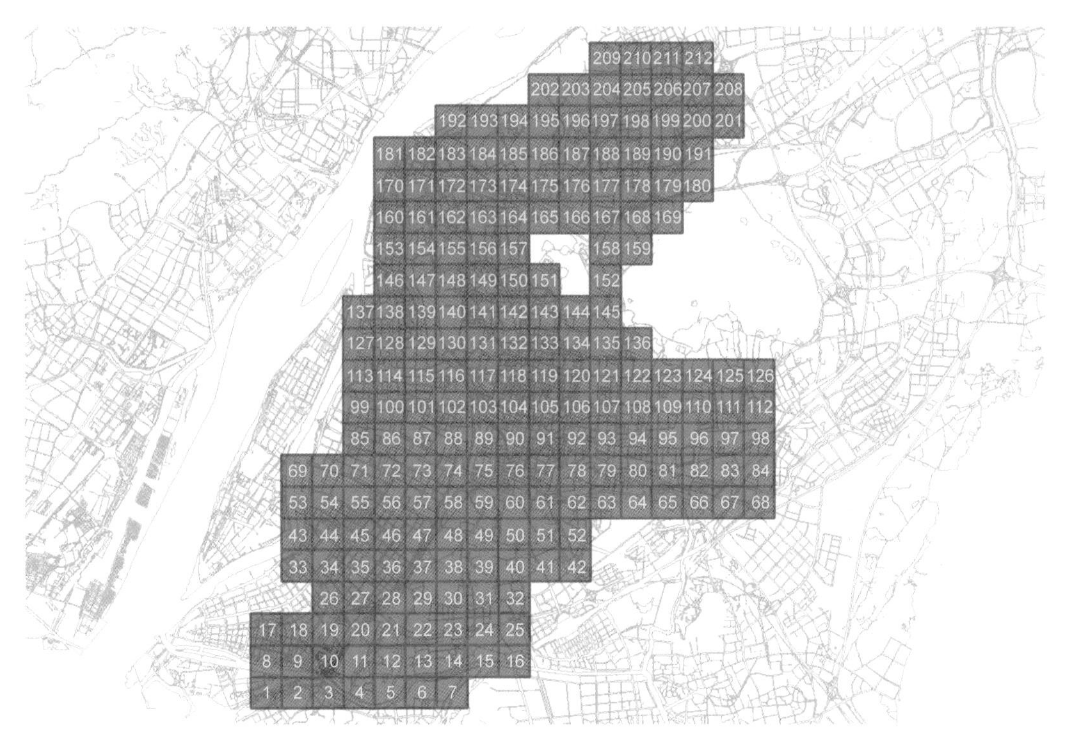

图 5.7 研究范围的栅格化及对应编号

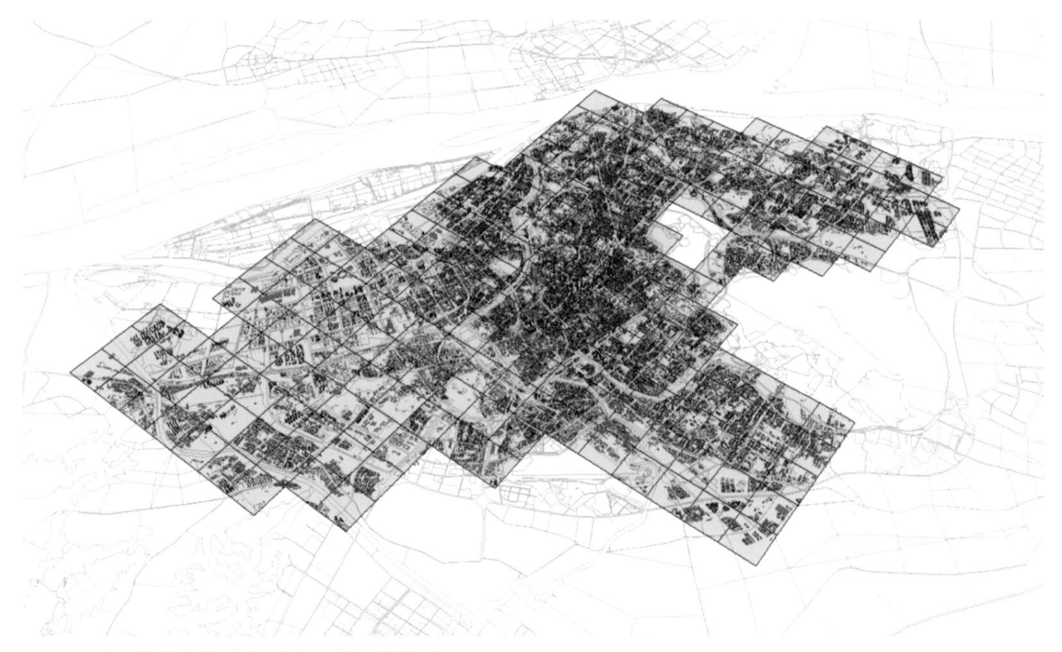

图 5.8 研究范围内的城市形态三维矢量模型

5.1.3 南京中心城区城市形态复杂性测度结果

通过对南京中心城区的城市形态抽象网络生成、矩阵量化及归一化处理，并结合复杂性计算公式得到如表 5.1 所示的南京中心城区 212 个栅格的城市形态复杂性测度结果（每个行向量的平均差异度、所有矩阵的波动频率，矩阵波动振幅等详细数值详见附录 B：南京中心城区城市形态复杂性测度结果）。

表 5.1 212 个栅格的城市形态复杂性测度结果

编号	复杂性	编号	复杂性	编号	复杂性	编号	复杂性
1	136.05	54	289.82	107	583.08	160	439.60
2	244.64	55	124.73	108	428.58	161	570.79
3	289.42	56	474.81	109	414.39	162	684.28
4	327.13	57	181.88	110	273.75	163	660.73
5	89.32	58	251.58	111	230.10	164	737.31
6	206.05	59	485.39	112	354.36	165	195.76
7	189.93	60	342.95	113	291.35	166	211.47
8	67.17	61	390.70	114	614.27	167	171.64
9	31.17	62	647.21	115	617.29	168	267.37
10	138.62	63	382.73	116	649.21	169	137.03
11	178.75	64	193.31	117	646.70	170	270.25
12	54.82	65	74.56	118	662.41	171	510.72
13	277.01	66	96.12	119	745.29	172	569.93
14	270.13	67	144.66	120	728.85	173	282.62
15	206.40	68	53.54	121	504.06	174	296.02
16	157.29	69	45.29	122	431.29	175	300.56
17	104.14	70	318.07	123	304.13	176	243.19
18	40.72	71	336.89	124	359.56	177	210.42
19	102.61	72	388.94	125	217.86	178	198.79
20	164.11	73	433.73	126	260.67	179	136.21
21	161.50	74	485.84	127	404.62	180	62.06
22	143.60	75	351.68	128	567.66	181	21.47
23	366.76	76	867.25	129	676.02	182	275.65
24	80.46	77	899.47	130	515.50	183	331.95
25	117.04	78	579.97	131	684.17	184	249.19
26	71.20	79	709.34	132	849.39	185	257.46
27	139.81	80	300.62	133	1 097.04	186	234.16
28	145.53	81	219.41	134	714.80	187	269.68

续表

编号	复杂性	编号	复杂性	编号	复杂性	编号	复杂性
29	237.28	82	153.74	135	461.62	188	290.81
30	92.57	83	178.30	136	655.17	189	238.01
31	57.84	84	168.87	137	281.86	190	267.93
32	124.49	85	449.61	138	554.42	191	99.53
33	45.11	86	665.98	139	474.07	192	157.07
34	117.09	87	494.81	140	665.09	193	149.27
35	123.57	88	745.98	141	1 121.39	194	228.93
36	207.07	89	755.75	142	532.18	195	213.64
37	248.53	90	723.10	143	809.36	196	187.83
38	358.31	91	792.70	144	625.90	197	264.16
39	269.24	92	884.44	145	398.72	198	173.45
40	742.84	93	913.75	146	541.12	199	230.76
41	849.04	94	712.59	147	431.75	200	176.03
42	294.61	95	364.36	148	630.57	201	77.44
43	31.64	96	293.32	149	858.14	202	127.74
44	46.32	97	248.82	150	1 010.72	203	166.19
45	301.52	98	153.10	151	298.58	204	285.43
46	284.67	99	74.81	152	274.82	205	126.71
47	164.85	100	230.94	153	588.57	206	163.01
48	514.55	101	692.68	154	660.86	207	177.02
49	480.19	102	509.08	155	832.92	208	50.48
50	185.72	103	701.83	156	638.47	209	87.45
51	327.19	104	906.33	157	564.47	210	93.05
52	726.67	105	953.22	158	271.56	211	104.81
53	116.75	106	857.03	159	296.89	212	119.96

可以发现，不同栅格的城市形态复杂性差异较为明显，例如城市形态复杂性最高的 133 号、141 号、150 号栅格，其复杂性达到了 1 000 以上，分别为 1 097.04、1 121.39、1 010.72，如图 5.9 所示；城市形态复杂性中等（例如 87 号、102 号、121 号）的栅格，其复杂性大约为 500，分别为 494.81、509.08、504.06，如图 5.10 所示；而城市形态复杂性最低的 9 号、43 号、181 号栅格，其复杂性只有 30 左右，分别为 31.17、31.64、21.47，如图 5.11 所示。由此可以发现，在南京中心城区，不同地段的城市形态复杂性存在极大差异，并且复杂性结果也基本符合人对于城市形态复杂程度的认知规律，形态越复杂、越不规律、越没有空间秩序的栅格，其复杂性越高。

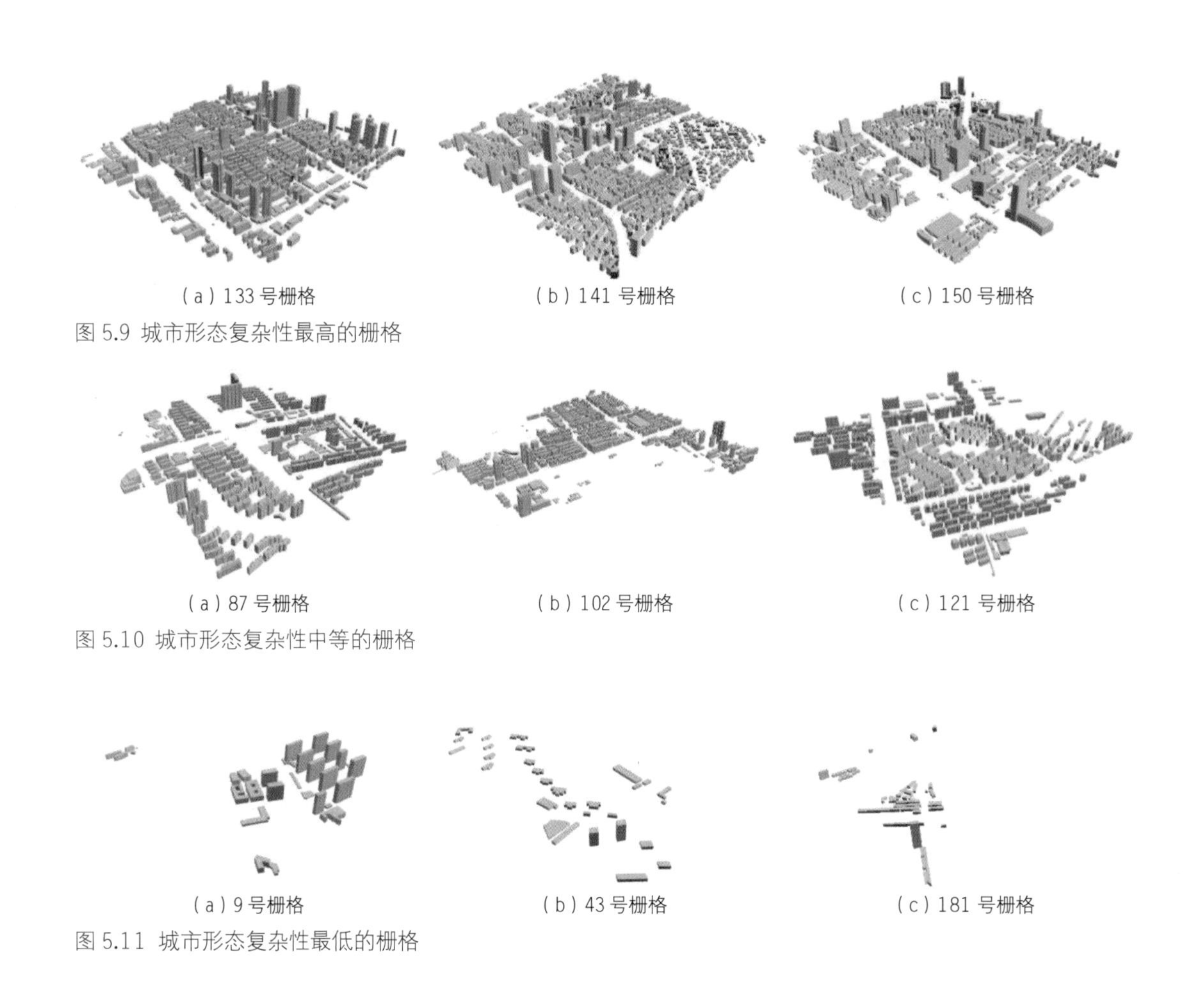

（a）133 号栅格　（b）141 号栅格　（c）150 号栅格

图 5.9 城市形态复杂性最高的栅格

（a）87 号栅格　（b）102 号栅格　（c）121 号栅格

图 5.10 城市形态复杂性中等的栅格

（a）9 号栅格　（b）43 号栅格　（c）181 号栅格

图 5.11 城市形态复杂性最低的栅格

进而结合表 5.1 的数据结果分析城市形态复杂性的数值分布规律，如图 5.12 所示。可以发现南京中心城区的城市形态复杂性主要分布于 0—400 的数值区间，并且随着复杂性数值的提高，栅格的数量减少，整体呈现出显著的递减规律，尤其是当复杂性超过 800 时，每个数值区间的栅格数量不足 10 个。由此可以说明，南京中心城区的城市形态复杂性虽然存在极大差异，但其整体的复杂性数值分布相对集中，只有相对较少一部分栅格的复杂性要显著高于或低于整体水平，这反映了南京中心城区城市形态整体复杂性相似但局部差异较大的特征。

在 4.4 节中已经提到，城市形态复杂性的测度公式为 $C_g = T_g \cdot S_{A,B}$，即复杂性 C_g 由栅格 g 中所有矩阵的波动频率（即所有矩阵的类型总数）和栅格中所有矩阵的波动振幅 $S_{A,B}$（即随机抽取一组相邻矩阵的差异性的平均值）共同构成。因此，进一步分析不同数值区间内的波动频率 T_g 和波动振幅 $S_{A,B}$ 的变化情况图（5.13 和图 5.14）。通过不同复杂性区间的 T_g 和 $S_{A,B}$ 对比可以发现，随着城市形态复杂性数值的提高，其对应的波动频率 T_g 呈现出明显的递增规律，即城市形态的复杂性越高，其栅格内的矩阵类型数量也越多；相反地，随着城市形态复杂性数值的提高，其对应的波动振幅$S_{A,B}$呈现出整体的递减规律，即城市形态的复杂性越高，其栅格内随机抽取一组相邻矩阵的差异性越小。这一特征说明，城市形态复杂性高的栅格，并非所有的矩阵差异都巨大，只有部分矩阵的差异性较大，其他地区的低差异性降低了其波动的整体振幅$S_{A,B}$（即矩阵的平均差异），但是其波动频率T_g（即矩阵类型数量）高，最终导致了其复杂性高。此外，也说明在南京中心城区，矩阵类型数量对于城市形态复杂性的影响要高于矩阵差异性的影响，在同等情况下，矩阵类型数量的增多更容易提高城市形态的复杂性。

最后，将南京中心城区城市形态复杂性的测度结果投影到城市空间中，以进一步分析其在空间上的分布规律。通过图5.15的栅格分布可以发现，高复杂性的栅格主要分布于新街口、夫子庙、湖南路等城市老城区的中心地带，这些地区的人流密度高、空间强度大，并且建筑建成年限的差异较大，导致路网的形态布局以及建筑的体量、朝向等都存在较大的不同，且规律性较弱，因此复杂性较高；相反地，低复杂性栅格主要分布于河西奥体等新城地带。进而，本书采用克里金插值法[①]描述城市

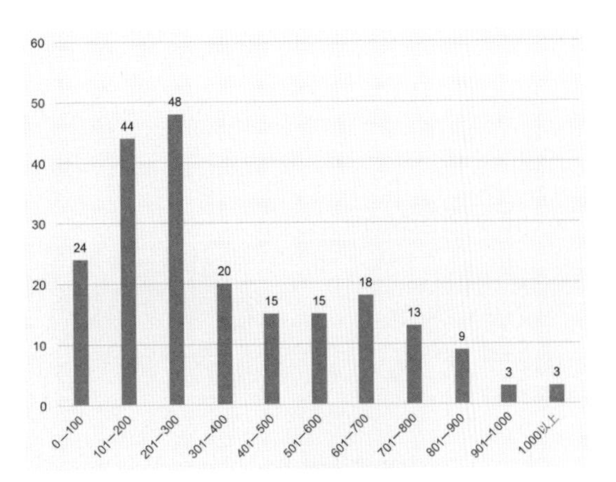

图 5.12 不同复杂性对应的栅格数量

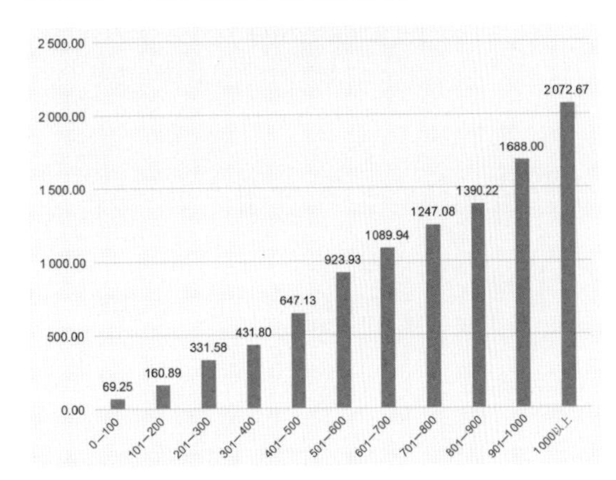

图 5.13 不同复杂性对应的矩阵的波动频率 T_g

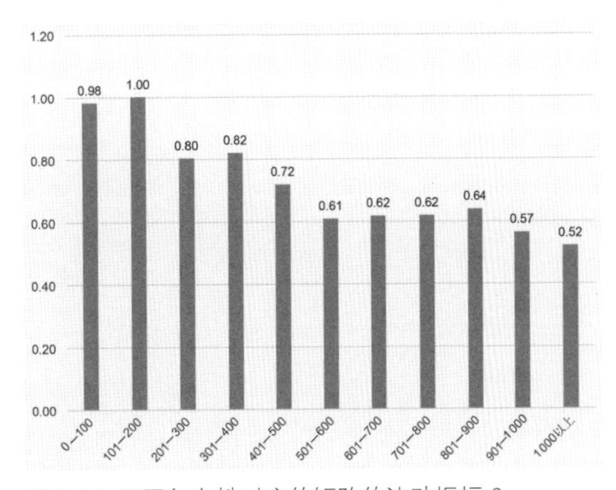

图 5.14 不同复杂性对应的矩阵的波动振幅 $S_{A,B}$

① 克里金插值法：依据协方差函数对随机场和随机过程进行空间建模和预测（插值）的方法，它是对已知样本加权平均以估计平面上的未知点，并使得估计值与真实值的数学期望相同且方差最小的统计学过程。在特定的随机过程中，克里金插值法能够给出最优线性无偏估计。

形态复杂性的空间分布和离散特征，以消除局部栅格对整体复杂性带来的负面影响，如图5.16、图5.17所示。可以发现，南京中心城区的城市形态复杂性分布在空间上呈现出中间高、四周低的特征，并且高复杂性地区在空间上形成一定的连绵分布和指状延伸，同时存在“飞地”特征的高复杂性区域。

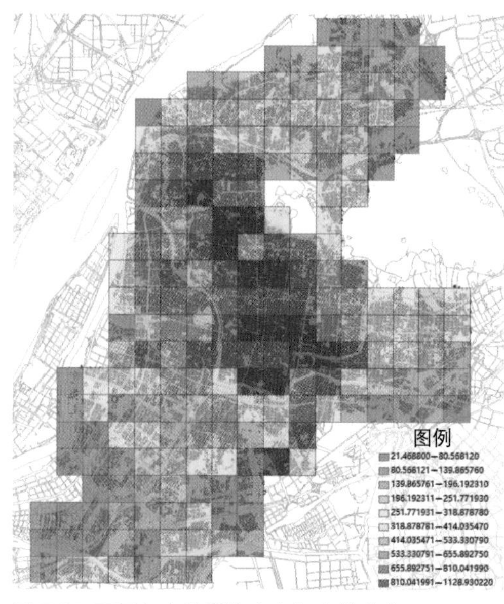

图 5.15 不同复杂性栅格在空间上的分布

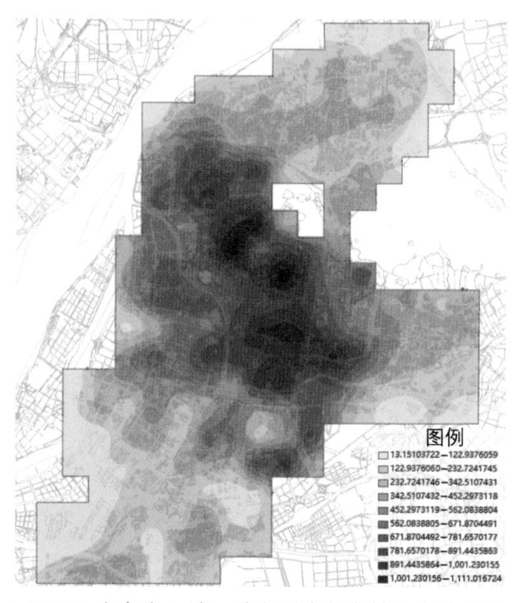

图 5.16 南京中心城区城市形态复杂性分布的集聚特征

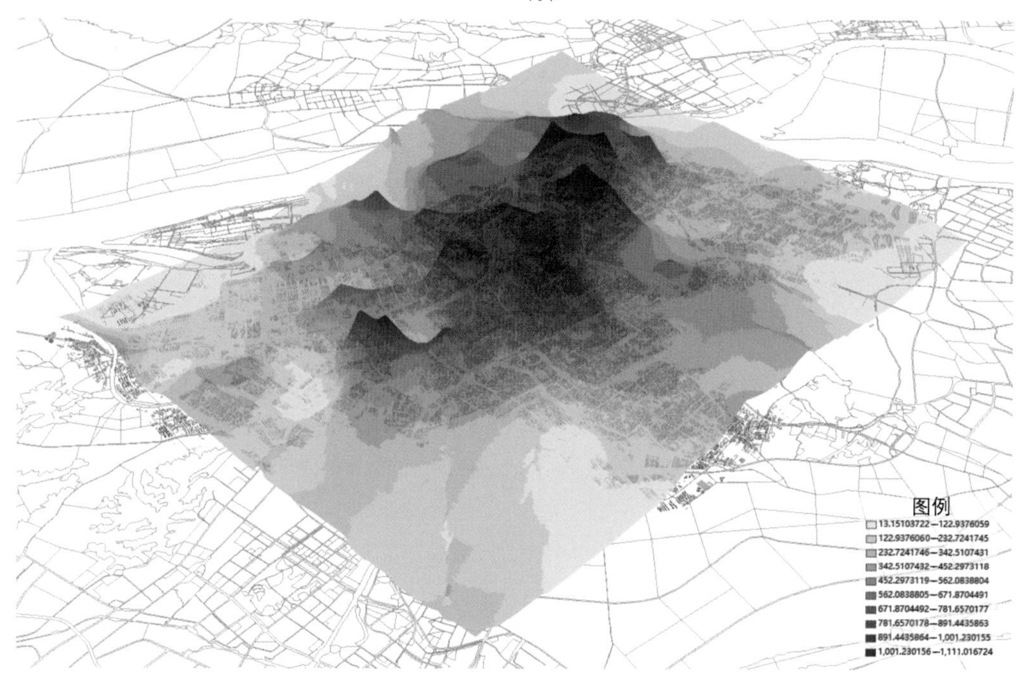

图 5.17 南京中心城区城市形态复杂性分布的三维集聚特征

5.2 测度结果的准确性验证及误差分析

5.2.1 基于主观认知的城市形态复杂性统计

1）问卷设计

在第 2 章中已经论述了城市形态的复杂性研究包含了主观和客观两种途径，其中的主观复杂性指的是主体认识能力因素影响，每个个体对于城市形态的描述过程受到诸多因素的干扰从而导致认知困难，进而产生的复杂性；而客观复杂性指的是无论城市形态的认知主体和方式如何变化，城市形态本身都是客观存在的，其形态的特征和复杂性都不会随着外界变化而改变，是城市空间的真实产物。本书通过城市形态复杂性测度模型是一种基于客观分析的结果，而这一算法的合理性、是否符合当下大部分人对于城市形态复杂性的认知特点，需要通过主观复杂性方法进行验证。因此，本书采用问卷采集、统计、计分的方式得到主观认知的结果，通过涵盖各类人群和年龄段的问卷数据统计，可以得到一个人主观判定 212 个栅格的城市形态复杂性的相对准确结果，进而将其与本书的测度结果进行对比，从而验证其结果的准确性。

为了准确获得城市形态复杂性的主观认知结果，问卷的设计过程尤为关键。一方面，不同年龄段、性别的人群，对于城市形态复杂性存在认知差异，因此需要在发放问卷时涵盖不同类型的人群。另一方面，由于不同人在填写时的认真程度、思考程度各不相同，导致问卷质量差异巨大，因此需要对问卷进行筛选，从大量问卷中提取出有效问卷，以保证结果的准确性。同时，由于栅格数量较多，需要增加问卷的发放数量，以确保每一个栅格与其他栅格对比次数较多，否则会存在对比次数过少而导致的结果偶然性现象。

基于上述考虑，本次研究采用栅格两两对比的方式得到每个栅格的复杂性数值，并将问卷划分为“基本信息采集题”“陷阱题”“随机栅格对比题”“选择依据题”四个部分，每份问卷共计 14 题，如表 5.2 所示。

第一部分，基本信息采集题。基本信息采集题是问卷开头的初始题目，用于采集人群的年龄、性别以及是否为建筑或规划行业的专业人士，在问卷统计时便于统计不同类型人群的分布情况，确保问卷能够涵盖不同类型的人群。其中的年龄分类是依据联合国世界卫生组织的最新年龄划分标准，将人的一生分为 5 个年龄段：44 岁及以下青年人、45 岁至 59 岁中年人、60 岁至 74 岁中老年人、75 岁至 89 岁老年人、90 岁以上长寿老年人。由于 44 岁及以下人群在实际发放时占比较大，因此将其进一步拆分为 17 岁及以下少年、18 岁至 30 岁青年、31 岁至 44 岁中青年三类，同时将 75 岁以上合并为老年人和长寿老年人。

表 5.2 问卷设计及题目分布表

题型	基本信息采集题	陷阱题	随机栅格对比题	选择依据题
位置	第 0 题	第 1、8、12 题	第 2—7、9—11 题	第 13 题
意图说明	涵盖不同年龄、性别以及专业的人群	有效确保受访者是否在认真作答，筛除无效问卷	通过栅格两两对比的方式得到每个栅格的复杂性数值	明确受访者在判断栅格复杂程度强弱时的判定依据
题型示例	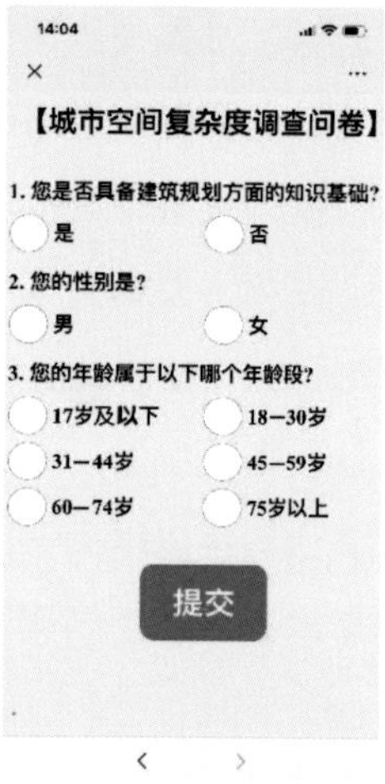 14:04 【城市空间复杂度调查问卷】 1. 您是否具备建筑规划方面的知识基础? 是 否 2. 您的性别是? 男 女 3. 您的年龄属于以下哪个年龄段? 17岁及以下 18—30岁 31—44岁 45—59岁 60—74岁 75岁以上 提交	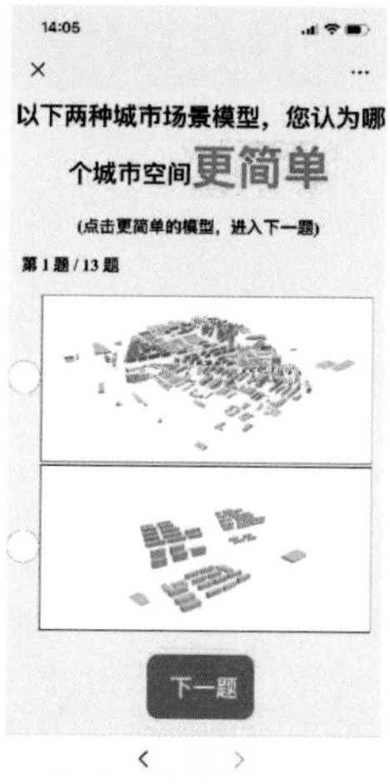 14:05 以下两种城市场景模型，您认为哪个城市空间更简单 (点击更简单的模型，进入下一题) 第 1 题 / 13 题 下一题	 14:05 以下两种城市场景模型，您认为哪个城市空间更简单 (点击更简单的模型，进入下一题) 第 5 题 / 13 题 下一题	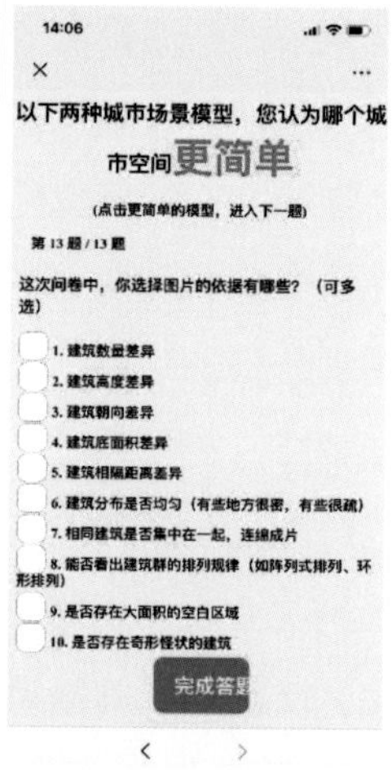 14:06 以下两种城市场景模型，您认为哪个城市空间更简单 (点击更简单的模型，进入下一题) 第 13 题 / 13 题 这次问卷中，你选择图片的依据有哪些？（可多选） 1. 建筑数量差异 2. 建筑高度差异 3. 建筑朝向差异 4. 建筑底面积差异 5. 建筑相隔距离差异 6. 建筑分布是否均匀（有些地方很密，有些很疏） 7. 相同建筑是否集中在一起，连绵成片 8. 能否看出建筑群的排列规律（如阵列式排列、环形排列） 9. 是否存在大面积的空白区域 10. 是否存在奇形怪状的建筑 完成答题

第二部分，陷阱题。陷阱题又称测谎题，可以确保受访者是否在认真作答。它只有一个正确选项且通常情况下很容易作答，因为问题的设置不是为了获取信息，而是单纯为了检验受访者的注意力，甄别不认真的受访者。本书中选取出 48 与 68、105 与 208、90 与 68 三组陷阱题，每一组陷阱题都包含一个数量极多、建筑形态多样、分布极不规律的高复杂栅格，以及一个建筑数量极少、建筑形态单一、建筑排布极规律的低复杂栅格，以此来甄别受访者是否在认真填写问卷，进而筛除无效问卷。在实际发放中我们发现，大部分的无效问卷主要有两种类型，一种是乱点一气的不认真填写类型；另一种则是没有看清题目，选择了更为复杂的栅格的审题不清类型。同时，考虑到单一陷阱题无法筛除所有低质量问卷，分别在前中后的第 1、8、12 题分别设置了三组陷阱题。

第三部分，随机栅格对比题。该部分是本轮问卷的核心内容，需要从数据库中随机抽取两个栅格作为一组进行两两对比，请受访者选取其中更为简单的一个栅格。这里需要说明的是，“复杂”与“简单”本是相对概念，而“复杂”的定义极难在有限的问卷空间中对所有人群说明清楚，而“简单”则更容易理解，因此在设置题目问题时以“简单”作为选择的标准，以保证问卷的通俗易懂。通过随机抽样对比，可以确保 212 个栅格两两之间都得到多次的对比，以提高结果的准确性，具体的统计计算过程和复杂性算法在下一节中具体说明。此外，在前期的预调研环节，笔者尝试了不同题数的问卷，发现对比题数在10左右为最佳，过少无法保证结果的准确性，过多则会导致受访人疲于填写，降低问卷质量，因此在第2—7、9—11题设置了9道对比题。

第四部分，选择依据题。在问卷最后设置选项依据题，即受访者在判断两个栅格的复杂程度时，主要的依据有哪些。由于主观认知是从固定视角对栅格城市形态的一种认知，会受到观察视角、图片分辨率等因素的影响，因此人在主观判定复杂性强弱时，不仅会考虑每一个建筑个体的形态特征，还会考虑其整体呈现出的形态差异，并且是一种模糊化、快速化、整体化的认知方式。基于上述考虑，问卷共设置了10个选项依据：（1）建筑数量差异；（2）建筑高度差异；（3）建筑朝向差异；（4）建筑底面积差异；（5）建筑相隔距离差异；（6）建筑分布是否均匀；（7）相同建筑是否集中在一起，连绵成片；（8）能否看出建筑群的排列规律；（9）是否存在大面积的空白区域；（10）是否存在奇形怪状的建筑。其中，前五个选项是建筑与建筑个体之间的形态差异，而后五个则是一种整体认知方式，包含了建筑分布、形态组团、排列规律、虚实空间等内容。考虑到受众面的广泛性，在选项表述时采用通俗化的方式。

2）问卷设计结果

通过多轮的问卷发放，本次研究共发放了2378份问卷，其中筛选出有效问卷2292份，即包含了20628次的栅格两两对比。本书对所有有效问卷的数据结果进行统计，包括基本信息采集题中的人群年龄、性别、专业，陷阱题的对比结果，随机栅格对比题的对比结果，以及选择依据题中每个受访者的具体选项。问卷统计数据详见附录C：南京中心城区城市形态复杂性问卷统计结果。由于总共包含了2292人的数据统计结果，考虑到附录篇幅的限制，因此并未全部列入附录中，仅展示其中前200人问卷的统计结果。

主观认知结果的测算原理是通过两个栅格之间的随机抽取和对比，在多次对比后得到每个栅格的复杂性强弱数值，其特征符合竞技比赛的积分制度，因此本书采用竞技类比赛中最常用的ELO算法[①]来计算每个栅格城市形态复杂性的主观认知结果。其计算原理为：

假设两个栅格A和B当前的复杂性数值分别为R_A和R_B（在进行对比之前所有栅格的分值均取0—1000的平均值，即均为500），并假设某一栅格的复杂性数值在对比过程中

① ELO算法：又称埃洛等级分系统，是一种衡量各类对弈活动水平的评价方法，是当今对弈水平评估公认的权威方法，被广泛用于国际象棋、围棋、足球、篮球、电子竞技等运动。该系统是基于统计学的一种评估竞技选手水平的量化方法。

会在一定范围内波动，并在满足函数正态分布的前提下，栅格 A 对栅格 B 的期望胜率（即 A 比 B 复杂性更高的概率）为：

$$E_A = \frac{1}{1 + 10^{(R_A - R_B)/400}} \tag{5-1}$$

栅格 A 每进行一次对比后的城市形态复杂性数值也会随之变化为 R'_A，R'_A 的计算公式为：

$$R'_A = R_A + K(S_A - E_A) \tag{5-2}$$

其中，R'_A 为栅格 A 进行一次对比后的新的城市形态复杂性数值，R_A 为栅格 A 当前的城市形态复杂性数值，K 是一个加成系数，由栅格当前的复杂性分值水平决定（分值越高 K 越小），S_A 为在该次对比中的实际得分（胜 =1 分，负 =0 分），E_A 为栅格 A 的期望胜率。

最终，通过 Python 将上述公式算法编写为计算代码，并从所有有效问卷的统计数据中筛选出对应的 20 628 道随机栅格对比题，通过计算代码得到每一个栅格的城市形态复杂性的主观认知结果，并对应表 5.1 的客观复杂性测度数值区间，将其归一化至 0—1000 的数值区间内，如表 5.3 所示。

表 5.3 212 个栅格的城市形态复杂性的主观认知结果

编号	复杂性	编号	复杂性	编号	复杂性	编号	复杂性
1	208.6028	54	613.7782	107	722.8513	160	867.929
2	493.666	55	546.1035	108	677.3112	161	926.3193
3	499.041	56	544.925	109	738.844	162	911.3219
4	636.1072	57	370.2035	110	751.7289	163	812.163
5	9.93446	58	491.8458	111	515.981	164	828.2482
6	491.7932	59	671.9092	112	438.4458	165	242.4576
7	625.2531	60	391.6953	113	518.9011	166	663.2785
8	317.3222	61	438.0065	114	592.45	167	430.3371
9	98.74182	62	880.694	115	805.9707	168	648.6297
10	531.1189	63	706.738	116	764.8511	169	408.743
11	157.7474	64	383.7572	117	895.1594	170	631.4914
12	106.6356	65	213.1674	118	825.5454	171	697.3761
13	835.0682	66	148.8495	119	724.949	172	915.0526
14	671.6208	67	517.0599	120	700.2644	173	729.8988
15	619.6801	68	178.6164	121	497.2504	174	854.7447

续表

编号	复杂性	编号	复杂性	编号	复杂性	编号	复杂性
16	226.4323	69	93.84199	122	543.8878	175	759.166
17	326.6146	70	302.9242	123	380.387	176	476.9191
18	128.6218	71	728.7102	124	342.292	177	560.719
19	614.0827	72	633.7462	125	143.7538	178	608.8382
20	511.4963	73	857.8381	126	283.3454	179	36.80907
21	262.4143	74	858.2847	127	391.8945	180	144.7079
22	412.3786	75	654.3537	128	663.6556	181	70.2066
23	646.7048	76	828.3116	129	422.3289	182	386.3372
24	439.0944	77	839.5697	130	636.6207	183	828.5114
25	445.8705	78	848.0439	131	784.6951	184	801.7901
26	269.3681	79	681.5675	132	795.6079	185	887.5981
27	178.2558	80	546.8994	133	848.2116	186	722.1712
28	379.5711	81	515.4237	134	757.2185	187	884.7606
29	646.5316	82	286.9879	135	620.7817	188	918.9613
30	259.9322	83	310.2752	136	851.225	189	676.3856
31	210.7329	84	206.2549	137	133.26	190	833.5513
32	120.5987	85	291.8722	138	703.7634	191	169.8646
33	250.1196	86	465.6324	139	743.5429	192	407.7707
34	341.7774	87	834.4125	140	710.0329	193	353.3722
35	263.2328	88	842.8459	141	916.6406	194	721.4048
36	261.8675	89	922.5522	142	901.0014	195	690.1797
37	496.5868	90	875.6865	143	865.8176	196	286.0023
38	341.6044	91	831.2062	144	699.8398	197	509.2405
39	159.7586	92	702.6246	145	180.7924	198	829.3642
40	366.1568	93	632.1235	146	609.975	199	730.3456
41	623.0216	94	687.5034	147	660.2296	200	432.9457
42	419.026	95	535.406	148	1000	201	562.5646
43	139.5957	96	404.3063	149	901.3512	202	241.1286
44	222.1021	97	500.5485	150	890.1809	203	218.7947
45	558.3749	98	357.2342	151	199.1873	204	766.7487
46	725.841	99	0	152	575.5843	205	669.712
47	213.4453	100	156.7338	153	779.9136	206	208.8754
48	824.3786	101	835.7398	154	635.4295	207	349.3985
49	663.5637	102	299.1213	155	844.1142	208	293.4381
50	232.4978	103	646.215	156	799.3984	209	222.4089
51	441.9261	104	914.5089	157	855.0407	210	192.3823
52	748.9712	105	854.8023	158	833.813	211	243.6093
53	258.4249	106	740.1907	159	789.2221	212	353.1116

5.2.2 主、客观结果的差异对比

通过对比表 5.1 的城市形态复杂性客观测度结果以及表 5.3 的城市形态复杂性主观认知结果，可以发现两个结果的耦合程度较高，但也存在一定的差异，其原因在于计算方式的不同、数据量纲的不同，从而导致即使数值归一化也无法保证两者的数值相当。因此，要通过主观认知结果来验证客观测度结果的准确性，并非通过绝对的数值来判断，而是通过各个栅格的复杂性强弱排名来判断。因此，在进行验证时，将排名误差在 5% 以内（即排名相差 10 以内）默认为客观测度结果准确。最终统计发现：客观测度结果（即本书提出的城市形态复杂性测度模型）与主观认知结果的耦合率为 76.4%。这个结果一方面，验证了本书提出的城市形态复杂性测度模型和计算方法具有一定的合理性，其测算结果基本符合人对于城市形态复杂性强弱的判断；另一方面，也说明主、客观结果之间存在一定的差异，下文从数值区间分布、不同强弱复杂性的耦合程度、最高复杂性和最低复杂性的耦合程度、空间分布等四个方面分析具体的差异所在，并探讨主、客观结果的差异机理。

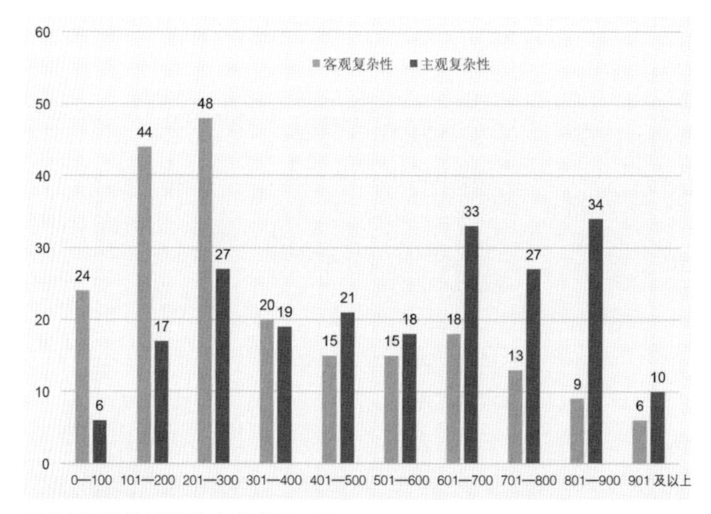

图 5.18 数值区间分布的差异对比

数值区间分布的差异对比。将主、客观结果的数值以 100 为间隔划分数值区间，如图 5.18 所示，可以发现两者之间存在显著的数值分布差异。其中，客观数值主要分布于 0—400 的数值区间，并且随着复杂性数值的提高，栅格的数量减少，整体呈现出显著的递减规律，尤其是当复杂性超过 800 时，每个数值区间的栅格数量不足 10 个；而主观数值则没有显著的差异，数据分布相对均等化，甚至出现了与客观结果局部反向分布的特征，即 0—400 的数值区间内栅格数量相对较少，而 600 以上的数值区间内栅格数量较多。这一特征说明，与客观结果不同，主观结果的数值分布相对均等化，其原因在于受访者个体对于城市形态复杂性强弱的判定方式与客观不同，客观方式以形态的数据特征为依据，因

此当形态差异较大时其复杂性结果的差异也会拉大，从而导致数值分布的不均衡；而主观认知是一种对比分析，相当于对 212 个栅格复杂性强弱的排序，因此通过排序得到的复杂性数值分布会相对均衡。

不同强弱复杂性的耦合程度。虽然主、客观复杂性的相对数值及数值区间存在差异，但并不说明两者对于 212 个栅格的复杂性强弱排序也会存在显著差异。因此，本书将城市形态复杂性的主观结果、客观结果分别按照高、中、低三种类型进行排序，数值较高的 70 个栅格对应高复杂性，数值中等的 70 个栅格对应中复杂性，数值较低的 72 个栅格对应低复杂性，并分别对其主、客观结果进行耦合分析，如图 5.19 所示。可以发现，高复杂性的耦合程度较高，主观结果中复杂性最高的 70 个栅格和客观结果中复杂性最高的 70 个栅格，有 46 个是相同栅格，仅 24 个栅格不同，数据耦合率达到 66%。同样地，低复杂性栅格的耦合程度也较高，达到了 60%，而中复杂性栅格的耦合率相对较低，仅为 49%。由此可以说明，整体而言，当栅格的复杂性较高或较低时，无论是主观还是客观，得到的结果极为相近，而当栅格复杂性中等时，主观与客观的判定方式差异导致两者结果出现一定的偏差。

最高复杂性和最低复杂性的耦合程度。基于上述分析，当城市形态复杂性较高或较低时，其主、客观的耦合程度较高，这是因为上述情况的复杂性强弱更容易判断。在此基础

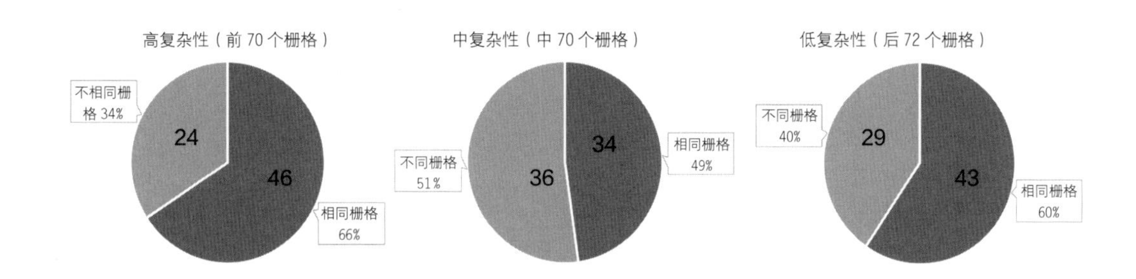

图 5.19 不同强弱复杂性的耦合程度

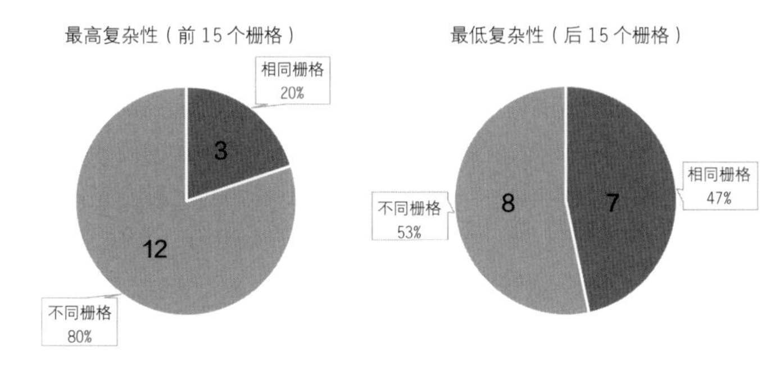

图 5.20 最高复杂性和最低复杂性的耦合程度

上进一步筛选出主、客观结果中复杂性最高的前 15 个栅格和最低的 15 个栅格，如图 5.20 所示，可以发现最高复杂性的主、客观认知差异极大，只有三个相同栅格；而最低复杂性的主、客观认知差异相对较小，有将近一半的相同栅格。这一结果说明，当对比不同栅格的复杂性强弱时，两个栅格中有一个形态明显比另一个更简单，要比有一个形态明显比另一个更复杂更容易判断，因为在客观测度高复杂性和中高复杂性之间的差异时计算机可以通过数据特征进行精准量化，而受访者的主观认知过程是一种粗分辨率的整体、大致判断，因此无法准确区分；而低复杂性的城市形态，由于建筑数量较少或建筑分布极其规律，受访者在主观认知判断的过程中可以较为准确地区分低复杂性和中低复杂性。

最后，将南京中心城区城市形态复杂性的主观认知结果投影到城市空间中，以进一步分析其在空间上的分布特征及其与客观测度结果的空间分布差异。由图 5.21 的主观认知结果空间分布可以发现，高复杂性的栅格主要分布于新街口西南侧、湖南路南侧、四平路

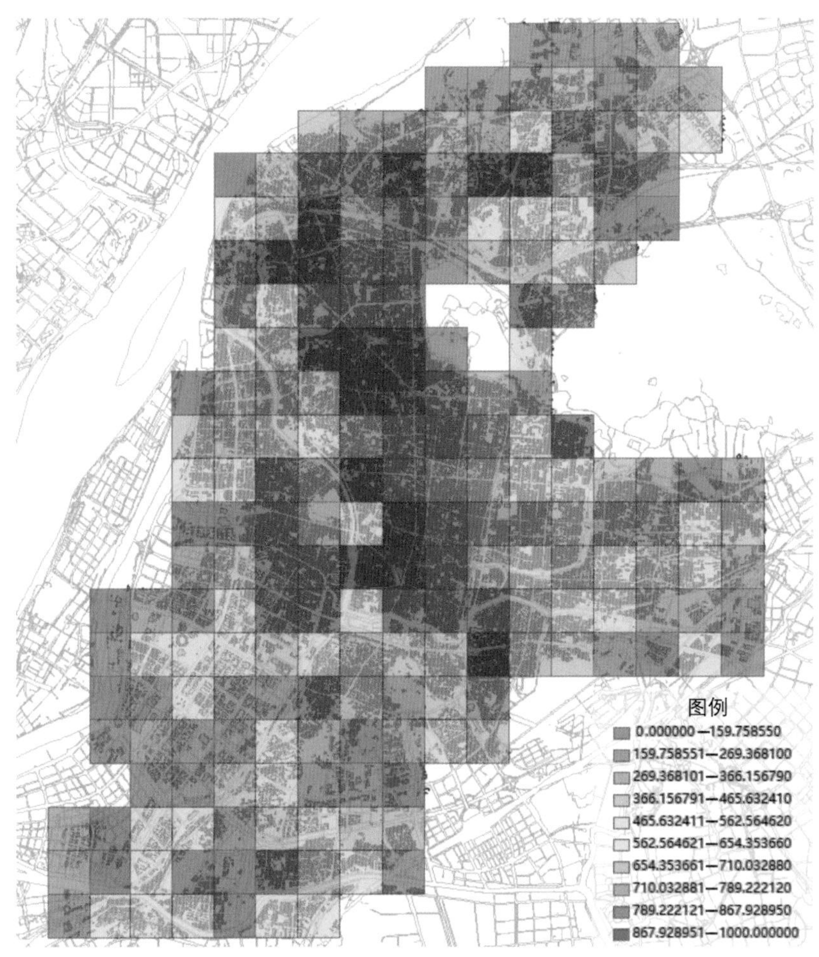

图 5.21 城市形态复杂性的主观认知结果空间分布

广场、五塘新村、迈皋桥等地带，这些地带的建筑密度高、建筑数量多，并且以老城为主要构成，导致路网形态、建筑朝向等都存在较大差异，因此在主观认知中其复杂性极高。相反地，低复杂性栅格除了连绵线性分布于河西、栖霞、雨花等新城外围地段外，还在赛虹桥立交桥、秦淮河、雨花台等城市大型公共交通和自然生态片区形成独立式的低复杂性空间。此外，高复杂性空间呈现出板块状跳跃分布的特征，每个板块之间存在中低复杂性空间作为过渡地带。

在此基础上，通过克里插差值法将南京中心城区城市形态复杂性的主观认知结果进一步细分化，通过离散差值对空间的复杂性进行预测，进而消除局部栅格给整体复杂性带来的负面影响，并将其与客观测度结果进行横向对比，如图 5.22 所示。可以发现，两者的空间分布存在极大的相似性，包括由中心向外的城市形态复杂性圈层式递减特征的高度耦合、秦淮河南侧新城片区的高度耦合，新街口、湖南路等高复杂地带的高度耦合，以及夫子庙—张府园—新街口—湖南路—五塘广场高复杂性城市形态轴线等局部地段的高度耦合，这种高度相似性不仅验证了本书所提出的城市形态复杂性测度模型的可行性，同时还说明了城市形态复杂性的主、客观认知结果在整体上是较为接近的。但与此同时，也存在一定的空间分布偏差，例如城区北侧的迈皋桥、丁家庄等地带，其主观认知的复杂性要显著高于客观测度结果，并且形成了横向的高复杂性轴线，与夫子庙—五塘广场高复杂性城市形态轴线相连接；而东侧的明故宫地带的主观认知复杂性要低于客观测度结果；同时，

图 5.22 城市形态复杂性的主观认知与客观测度结果的空间分布对比

主观认知整体上的高复杂性指状延伸特征更为显著，呈现出沿南北高复杂性轴线的板块状跳跃分布，形成若干个高复杂性形态组团。综上所述，客观测度结果呈多中心的向心式集聚，而主观认知结果则呈多板块跳跃式的轴向指状延伸。

5.2.3 主、客观结果的差异机理

综合上面的研究可以发现，尽管主、客观结果具有较高程度的耦合特征，但是在数值区间分布、复杂性强弱空间分布等方面仍然存在一定的差异。因此，结合上述的对比分析，以及问卷统计结果，本书尝试探讨导致主、客观结果差异的内在机理。

其一，视角差异导致的认知局限。主观认知结果来自问卷统计，而受访者做问卷过程中是基于 45° 的东南鸟瞰固定视角来观察城市形态的，这种固定视角导致人观察到的城市形态的特征、建筑细节、脑海中映射的三维形态场景等受到局限，如果换一个西南视角、60° 鸟瞰视角或人眼视角，观测到的城市形态会随之改变，其本质在于人对于城市形态复杂性的观察认知存在一定局限，无法全方位、多尺度、兼顾所有细节地观察和认知其复杂性特征。而客观测度结果则不会受视角差异的影响，其本质在于计算栅格内所有建筑空间关系并进行量化测度。因此，客观结果是唯一值，而主观结果则会根据问卷中视角的改变而改变，是不确定值。

其二，细节特征差异导致的认知方式偏差。客观测度结果是包含两两之间建筑空间关系的精细化测度，是一种高度精细化、涵盖所有建筑关系四种细节特征的测度方式。而主观认知则不同，受访者不仅能够观察到局部细节的差异（诸如局部建筑高度的差异、建筑体量的差异等），而且主观认知结果还包含一种粗分辨率的整体、大致判断，及建筑组合在一起形成的整体特征，这种特征是忽略局部建筑细节而对形态进行整体概述的一种方式，并且在受访者的问卷填写过程中起到了重要的作用。例如建筑分布是否均匀、相同建筑是否连绵成片、建筑群是否规律排列等，分别有 31.3%（717 人）、33.8%（775 人）、22.1 %（506 人）的受访者认为这是区分复杂性强弱的影响因素，如图 5.23 所示。这种忽略局部细节的整体式认知，在客观测度中被切分为一个个建筑空间关系，虽然两者的原理极度相近，但人的主观认知还是存在局部细节的遗漏，这也是导致主客观差异的重要原因。

其三，各类形态构成要素对于复杂性判定的影响不等价。在客观测度中，本书通过逻辑推理和理论归纳，认为建筑与建筑之间的体量空间关系、建筑间距空间关系、建筑朝向空间关系和建筑高度空间关系对于城市形态复杂性的影响程度是近似等价的（详见 3.2.3 节），因此在测度时其权重均为 1。而通过图 5.23 的选择依据统计可以发现，受访者在进

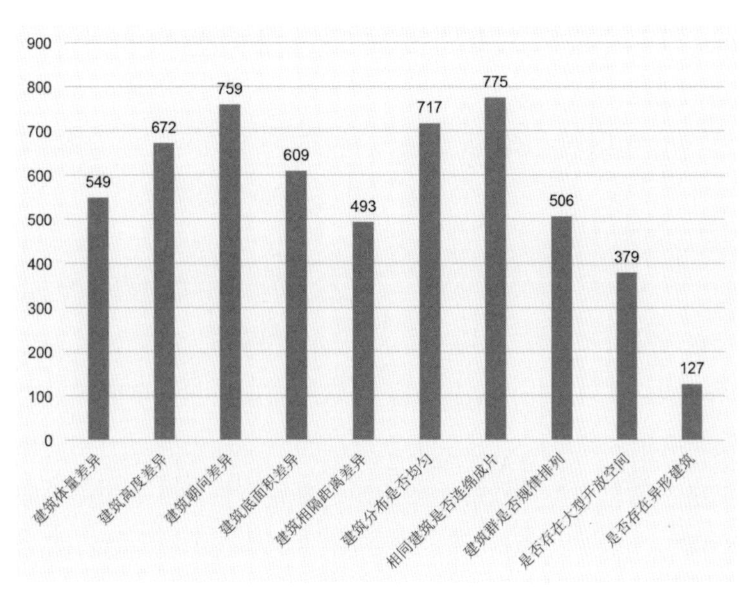

图 5.23 城市形态复杂性问卷的选题依据

行复杂性强弱判断时，四种建筑空间关系的影响程度存在一定的细微差异，其中建筑朝向空间关系差异对复杂性判断的影响性最高，建筑高度空间关系和建筑底面积，可以反映建筑体量的影响性居中，建筑间距空间关系的影响性最低。这说明人在主观认知时四种形态特征对于复杂性的影响仍然存在一定差异，且随着问卷发放数量、群体的变化，这种差异也会变化，进而导致主客观结果差异。

其四，形态特征量化偏差导致的结果差异。除了上述四种建筑空间关系的影响权重存在差异以外，每一种建筑空间关系的具体量化方式也存在偏差。其中，客观测度基于精准数值来刻画每一种建筑空间关系，而主观认知则是基于人的大致判断。例如在建筑体量差异的判断中，人会将建筑体量分为超大、大、中、小等几种类型，感知体量差异时也会基于上述分类进行模糊判断，导致判断结果无法精准描述复杂性强弱，最终导致主客观结果的差异。另外，在人的主观认知过程中，大体量建筑通常对于复杂性的影响程度更大，例如紫峰大厦（南京第一高层）等超高层大体量建筑，其建筑形态的变化会极大影响栅格的城市形态，而诸如一层车库、小别墅等小体量建筑，由于隐没于建筑群落中，其建筑形态的变化对于人的感知影响极小，这也是导致主客观结果差异的因素。

综上可以发现，主观认知与客观测度结果的差异在一定程度上反映了复杂性研究中线性方法和非线性方法的差异，即整体与局部的差异、宏观与微观的差异、模糊与精细的差异。但是主、客观结果在本质上没有对错之分，只是切入点和方法差异导致复杂性研究结果的差异，或许这也是复杂性研究的魅力所在。

5.3 南京中心城区城市形态复杂性特征及关联因素

5.3.1 南京中心城区城市形态复杂性特征

1）多中心式的圈层递减

通过克里金插值法将每个栅格的城市形态复杂性转换为连绵起伏的波段图，直观反映其复杂性的变化特征。可以发现南京中心城区城市形态的复杂性呈现出明显的多中心特征和圈层递减特征。其中多中心是指在新街口、湖南路、夫子庙等城市地段，其城市形态复杂性要显著高于其他地段，并且高复杂性栅格呈现出明显的空间集聚特征，形成不同等级的高复杂性形态中心；圈层递减指的是这些高复杂性的栅格在向外延伸的过程中其复杂性逐渐削弱，到外围栅格时呈现出低复杂性栅格连绵成片的特征，如图 5.24 所示。

具体地说，南京中心城区城市形态的复杂性呈现出三类等级中心集聚分布的特征，如表 5.4 所示。其中，一级中心是城市形态复杂性最高且集中成片的区域，包含常府街—甘熙故居地段、珠江路—新街口地段以及云南路—湖南路地段，这三个中心的复杂性整体处于 780—1000 的数值区间，分布于城市的老城区域（即明城墙和内秦淮河以内的区域），并且其复杂性的构成特征各不相同。其中常府街—甘熙故居地段主要由居住区和历史街区混合而成，并且居住区之间穿插有商业街区、办公楼等体量、形态大小不一的建筑，结合甘熙故居等形态变化多样的历史街区，导致其整体的城市形态在建筑高度、体量、朝向等方面都存在较大差异且变化多样，因此复杂性要显著高于周边地区。珠江路—新街口地段则呈现出功能类型的高度混合特征，不同功能类型的建筑密集分布，且道路网络密集多变，从而提高了这一地段的城市形态复杂性。而云南路—湖南路地段则是以居住区为构成主体，其中包含了 20 世纪 90 年代、21 世纪初等不同年代风貌的建筑，建筑年份的不同、路网形态的高度不规则导致其中的建筑在建筑朝向和建筑体量上存在显著差异，从而提高了其城市形态复杂性。综上所述，南京城市形态复杂性的三个一级中心的构成特征和形式各不相同，但最终建筑体量、高度、朝向等方面的巨大差异，都导致了其城市形态的高复杂性。

二级中心是城市形态复杂性高且集中成片的区域，包含三牌楼地段、夫子庙地段、光华门地段、嫩江路地段以及集庆门地段，这五个二级中心的复杂性整体处于 560—780 的数值区间，相比于一级中心其分布更为分散，呈现出围绕一级中心向新城区扩散的特征，并逐渐延伸至老城区以外的周边区域。与一级中心城市形态完全高复杂的特征不同，二级中心的城市形态呈现出局部高复杂与局部中低复杂相混合的特征。局部诸如商业中心、棚

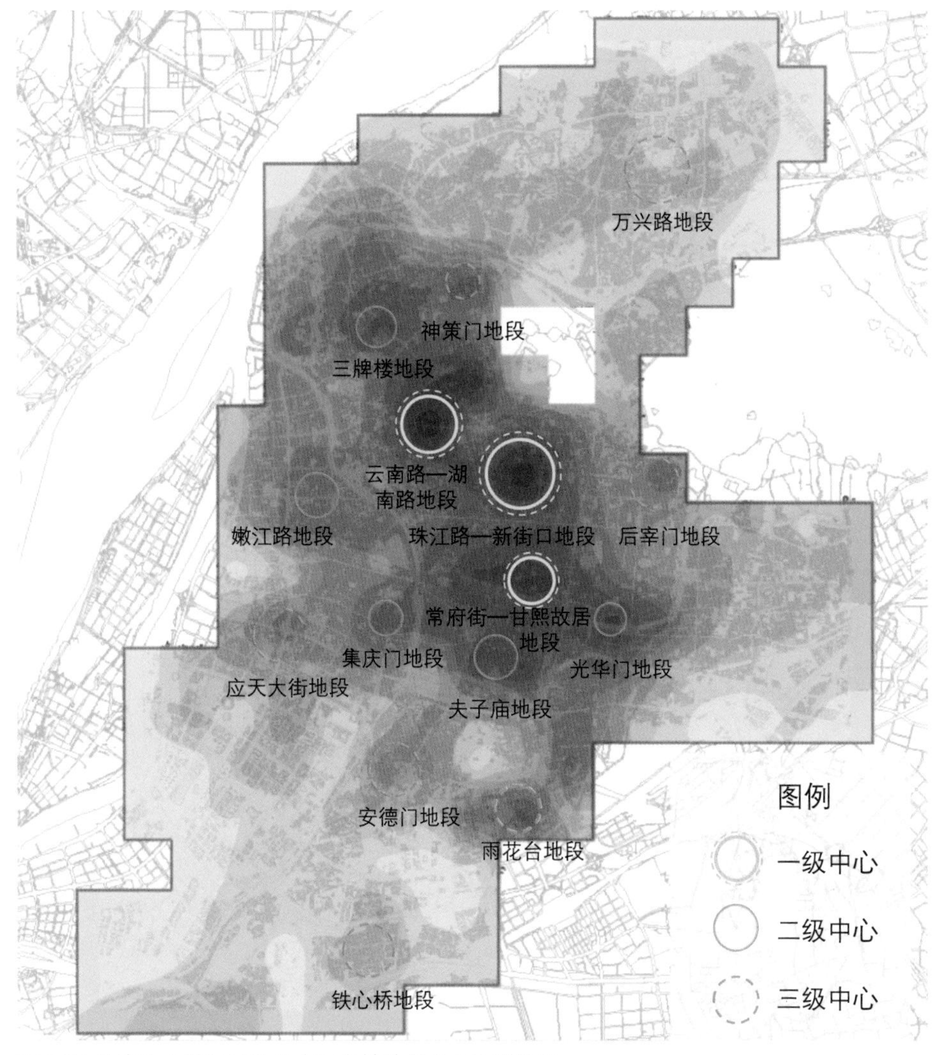

图 5.24 南京中心城区城市形态复杂性的多中心集聚特征

户区等高复杂形态拉高了整体复杂性，同时也存在连绵成片建筑布局规整、秩序性较强的生活片区。

三级中心是城市形态复杂性相对较高且集中成片的区域，包含万兴路地段、神策门地段、应天大街地段、后宰门地段、安德门地段、雨花台地段以及铁心桥地段，这七个三级中心的复杂性整体处于 340—560 的数值区间，相比于一、二级中心其分布更为分散，呈现出围绕一、二级中心向新城区扩散的特征，并且主要分布于建邺、栖霞等老城区以外的区域。相比于其他中心，三级中心的规模，通常仅有 1 至 3 个栅格的范围，并且其中心集聚程度显著降低。例如应天大街地段，仅在金鹰世界购物中心及其周边形成高复杂性的城市形态集聚。

综上可以发现，南京中心城区城市形态的复杂性呈现出三类等级中心集聚分布的特征，各级中心的复杂性等级逐渐减弱，其空间分布呈现由中心的一级中心向外呈圈层式扩散至三级中心的特征，并且集聚程度也随之呈递减趋势。此外，各级中心的城市形态复杂性构成也各不相同，但最终都是用地功能差异导致的建筑体量、高度、朝向等方面的无秩序，造成了其城市形态的高度复杂特征。

表 5.4 三类等级中心的三维形态特征

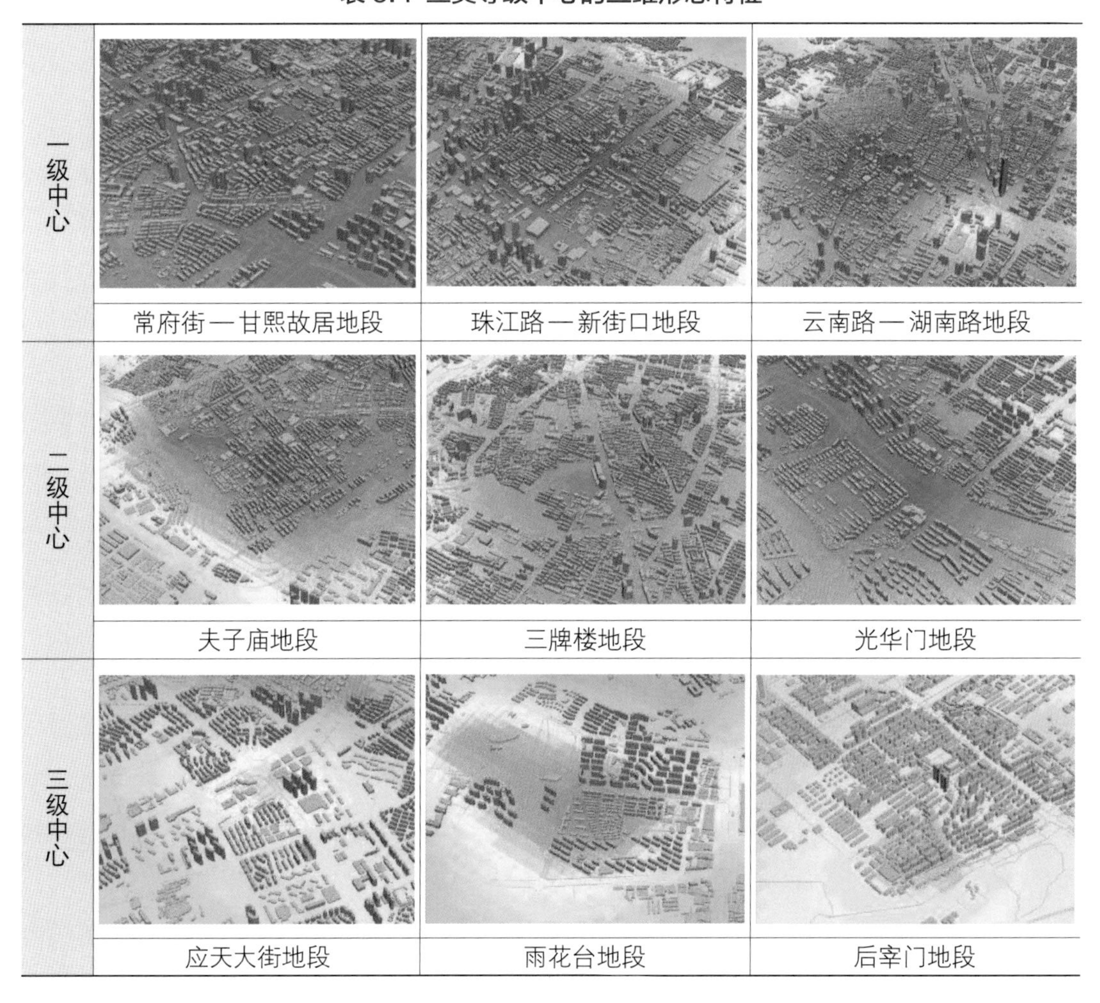

一级中心	常府街—甘熙故居地段	珠江路—新街口地段	云南路—湖南路地段
二级中心	夫子庙地段	三牌楼地段	光华门地段
三级中心	应天大街地段	雨花台地段	后宰门地段

2）多条轴线的指状生长

南京中心城区的城市形态复杂特征，除了在湖南路、新街口等地段形成多中心集聚以外，不同等级的高复杂性中心之间形成连绵的较高复杂性空间，并向外指状延伸，如图 5.25 所示。由于这种指状的延伸位于不同的高复杂性中心之间，并且呈现出向外扩散和生长的趋势，因此本书将该类轴线空间称为生长轴。

其中，由常府街—甘熙故居地段、珠江路—新街口地段、云南路—湖南路地段等三个一级中心相连并向外指状延伸至三牌楼地段、夫子庙地段和安德门地段的生长轴是复杂性最高的一条，并且串联起其他二、三级中心，因此将其定义为主生长轴；从主生长轴沿各个一、二级中心向外延伸并连接外围二、三级中心的生长轴，其复杂性仅次于主生长轴，因此将其定义为次生长轴。主次生长轴围绕三个一级中心向外指状生长，并形成如图 5.25 所示的鱼骨状结构。此外可以发现，南京中心城区城市形态复杂性的指状生长趋势以及其形成的多条生长轴线，与南京的空间结构具有高度的吻合性，即从湖南路向南沿中央路至新街口并继续向南延伸至夫子庙和南站区域，这是城市的主要发展轴线，同时向东西两侧延伸，向东发展至栖霞和明故宫片区，向西发展至奥体中心、河西万达等新城片区。

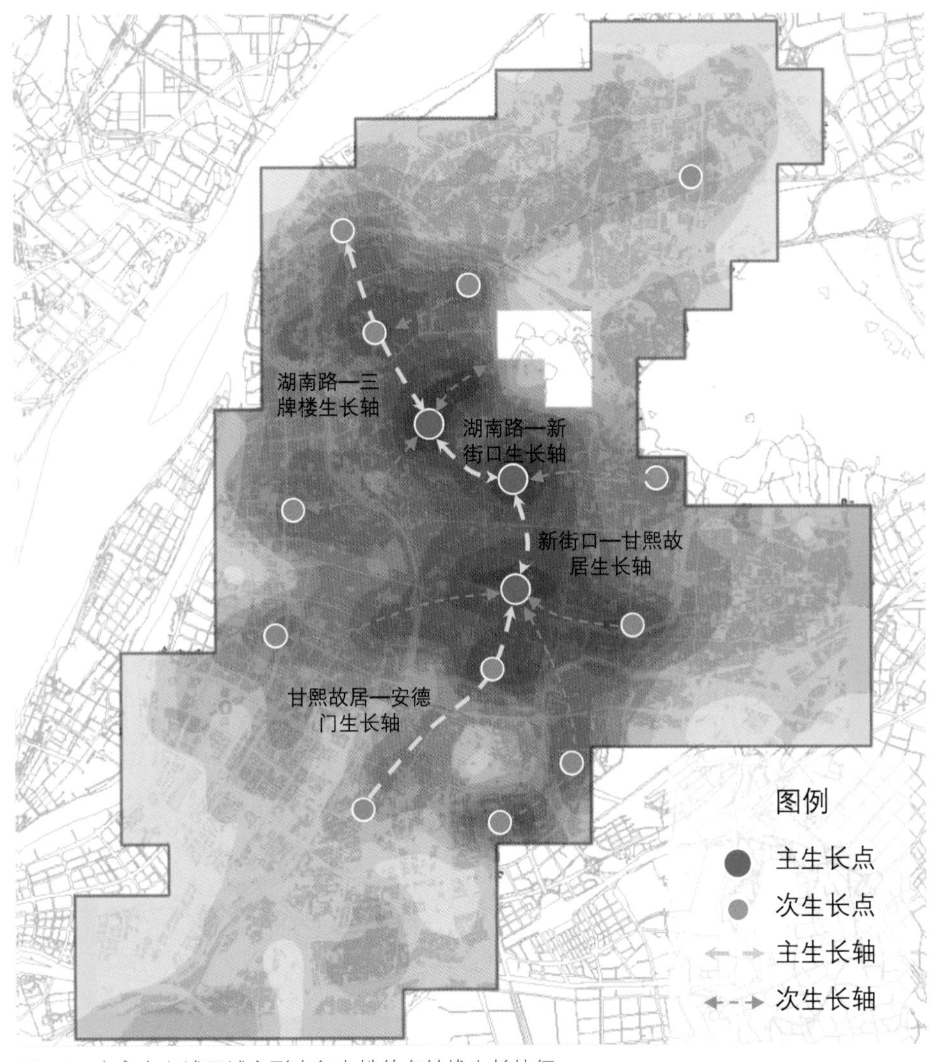

图 5.25 南京中心城区城市形态复杂性的多轴线生长特征

进而，结合南京中心城区的三维城市形态具体分析其复杂性延伸、变化和生长的规律。主生长轴由常府街—甘熙故居地段、珠江路—新街口地段、云南路—湖南路地段等三个一级中心以及三牌楼地段、夫子庙地段、安德门地段三个次级中心串联而成，并切分为湖南路—三牌楼生长轴、湖南路—新街口生长轴、新街口—甘熙故居生长轴以及甘熙故居—安德门生长轴四段，如图 5.26 所示。其中，云南路—湖南路地段的城市形态高复杂性特征向北沿中山北路（城市快速路）延伸至三牌楼地段，向南沿中山路（城市快速路）和北京东路（城市主干路）与珠江路—新街口地段相连形成高复杂性形态廊道；同样地，常府街—甘熙故居地段城市形态高复杂性特征向北沿太平北路（城市主干路）延伸至珠江路—新街口地段，向南沿中华路（城市主干路）和中山南路（城市快速路）与安德门地段和夫子庙地段相连形成高复杂性形态廊道。可以发现，南京中心城区城市形态的主生长轴主要沿城市的快速路和主次干路向外生长，并与二、三级中心相连接，由此说明城市形态的复杂性与城市路网体系存在一定的内在关联。

和主生长轴与道路网络相关联的特征不同，南京中心城区的次生长轴并没有形成沿道路生长的规律，但呈现出沿同尺度、同形态街区指状延伸的特征。下面以甘熙故居—应天大街生长轴和甘熙故居—光华门生长轴为例，具体分析其生长规律，如图 5.27 所示。在甘熙故居—应天大街生长轴中，甘熙故居地段由于处于老城南历史街区范围内，因此其街区均由小尺度、密路网的街区形态构成，而其西南方向的街区尺度则逐渐变大，且其与应天大街地段相连形成的次生长轴周边均属于该类型的大尺度、规整形态街区；在甘熙故居—光华门生长轴中，连接甘熙故居地段和光华门地段的街区均呈现出方形、正南北、中等尺度街区沿秦淮河连绵分布的特征，并且该类型街区的形态特征也与周边街区存在明显差异。可以发现，南京中心城区城市形态的次生长轴主要沿同尺度、同形态街区指状延伸，并且这些街区都与周边街区的形态特征存在一定差异，由此说明城市形态的复杂性与街区形态也存在一定的内在关联。

综上可以发现，南京中心城区城市形态的复杂性呈现出指状生长的特征，并呈鱼骨状向外辐射。同时，主生长轴与城市快速路和主次干路具有较强的空间耦合特征，次生长轴与城市街区形态具有较强的空间耦合特征，由此反映了城市形态的复杂性与城市道路和街区形态均存在空间关联特征。

3）交通要素的切割效应

通过克里金插值法将每个栅格的城市形态复杂性转换为连绵起伏的波段图，以直观反映其复杂性的变化特征。可以发现南京中心城区城市形态的复杂性在形成多个不同等级中

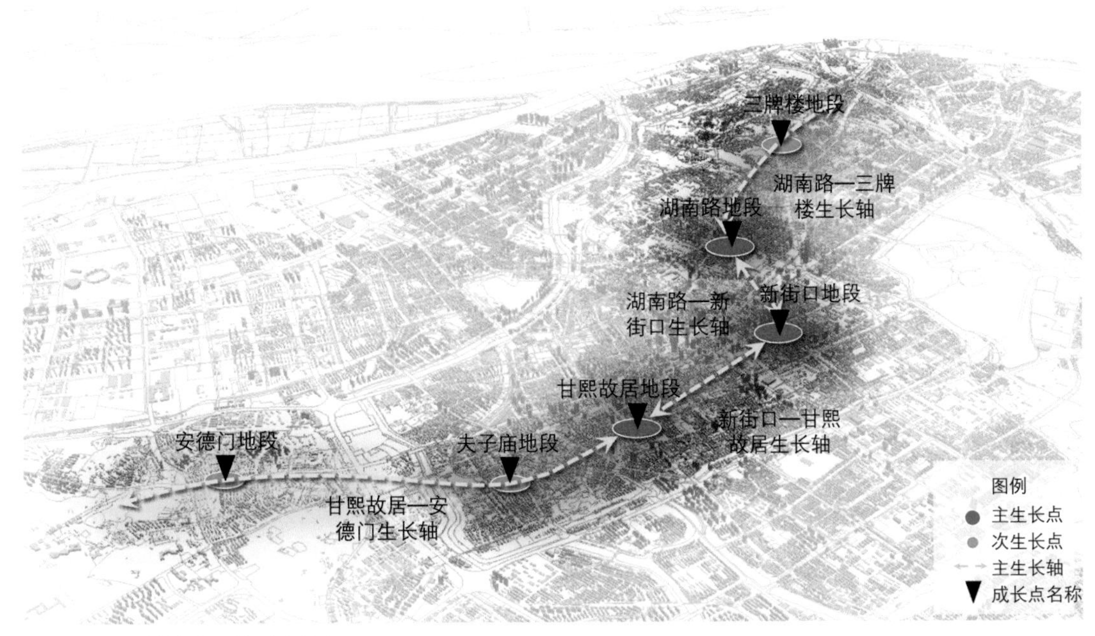

图 5.26 主生长轴的三维形态特征

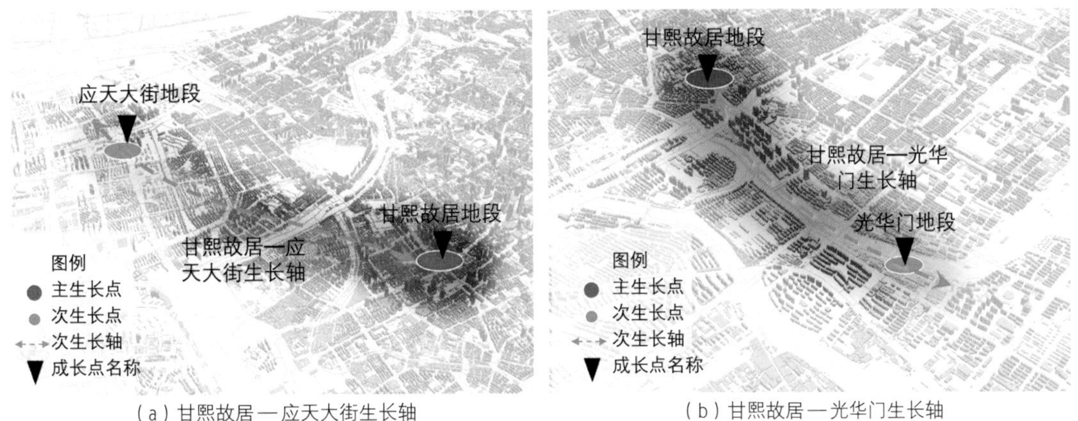

（a）甘熙故居 — 应天大街生长轴　　（b）甘熙故居 — 光华门生长轴

图 5.27 次生长轴的三维形态特征

心的同时，每个中心之间形成了沟壑状的带状洼地，这些洼地代表这一带状空间的城市形态的复杂性要显著低于周边地区，并且切割两个及以上的高复杂性中心，如图 5.28 所示。

通过对南京中心城区城市形态复杂性波段图的分析可以发现，城市空间中存在诸多空间要素，这些空间要素会对城市形态复杂性的集聚起到切割的作用。本书尝试总结南京中心城区中切割城市形态复杂性的空间要素，研究发现主要包含城市快速路、城市主次干路、城市铁路线等切割要素。其中，常府街 — 甘熙故居地段、珠江路 — 新街口地段、云南路 — 湖南路地段三个一级中心为主秦淮河以内的老城区，因此主要被中山东路、中山

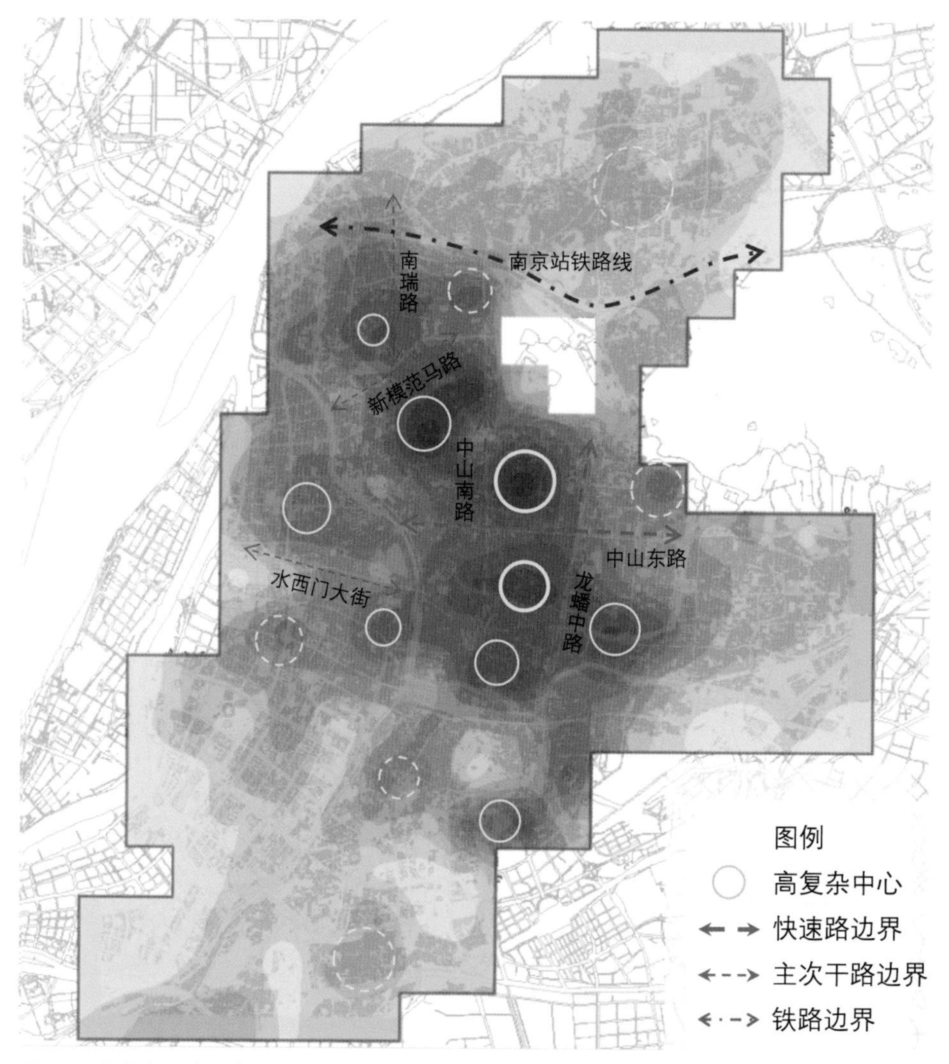

图 5.28 南京中心城区城市形态复杂性的边界切割特征

南路两条城市快速路切割；三个一级中心与三牌楼地段、夫子庙地段、神策门地段、光华门地段等二、三级中心则被龙蟠中路、新模范马路、南瑞路等城市快速路和主次干路切割；北侧的万兴路地段与神策门地段则被穿越南京站的铁路线切割。这些交通切割要素通常横跨城市的多个街区和街道，并且有一定的空间宽度，同时也在城市中发挥着重要的连接、运转和景观功能。

进而，结合南京中心城区的三维城市形态具体分析其边界要素的切割效应。城市交通路网对于城市形态复杂性的切割效应主要体现为将高复杂性集聚区域以线性边界的方式切割为两个及以上的高复杂性中心，并且在中心之间形成低复杂性的带状洼地。其中城市快速路和主次干路是最主要的切分城市形态复杂性的边界要素，道路宽度和占地空间在一定程度上降低了每个栅格内建筑形态的矩阵波动频率和矩阵波动振幅，同时道路两侧建筑的规律形态和布局也降低了其形态的复杂性。

下面以中山东路切割边界为例，具体分析其对城市形态复杂性的切割效应，如图 5.29 所示。中山东路位于常府街—甘熙故居地段、珠江路—新街口地段两个一级中心之间，通过形态特征测度以及数据分析可以发现，之所以产生城市形态复杂性的切割效应，主要有以下两个原因：其一，中山东路是南京老城区内的主要快速路，其城市形态和风貌彰显了城市的整体形象，因此在快速路两侧政府进行了多轮的规划和更新实践，由此导致其道路两侧的商业、住区均为新建项目。与传统老住区的形态不同，新建筑区在建筑布局、空间间距上更加符合标准规范，其形态特征也更有规律性，致使计算城市形态复杂性时其建筑空间关系的矩阵波动振幅大幅度下降，因此降低了沿道路两侧的城市形态复杂性。其二，快速路两侧多建有大体量的商业综合体或办公写字楼，其占地面积大、形态规整，导致建筑数量要显著少于周边的生活性街区，因此降低了每个栅格内建筑形态的矩阵波动频率，从而降低了城市形态复杂性。由此可以发现，城市交通路网对于城市形态复杂性的切割效应主要体现为沿道路两侧的城市形态布局更为规整、体量分布均匀、建筑数量减少，从而出现了带状的城市形态的低复杂性洼地。

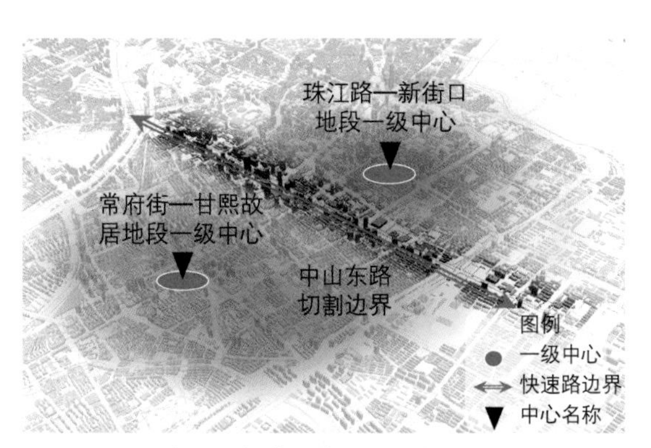

图 5.29 交通边界切割效应的三维形态特征

4）功能影响的两极分化

在前文已发现城市形态的复杂性与城市的用地功能有着密切的关联，因此本节尝试结合南京中心城区的用地数据进一步分析两者的空间关联。基于中心城区内每一个地块的用地数据通过“feature to point”指令将用地面转换成点要素，并通过核密度分析法[①]对用

① 核密度分析法：使用核函数根据点或折线要素计算每单位面积的量值以将各个点或折线拟合为光滑锥状表面，计算密度时，仅考虑落入邻域范围内的点或线段。如果没有点或线段落入特定像元的邻域范围内，那么为该像元分配 No Data。

地点进行计算，直观反映用地点在空间分布的密集程度。进而将城市复杂性与功能密集程度的两个波段面在ArcScene中生成火山图并进行空间叠加，对比两者在空间上的耦合情况，如图5.30所示。

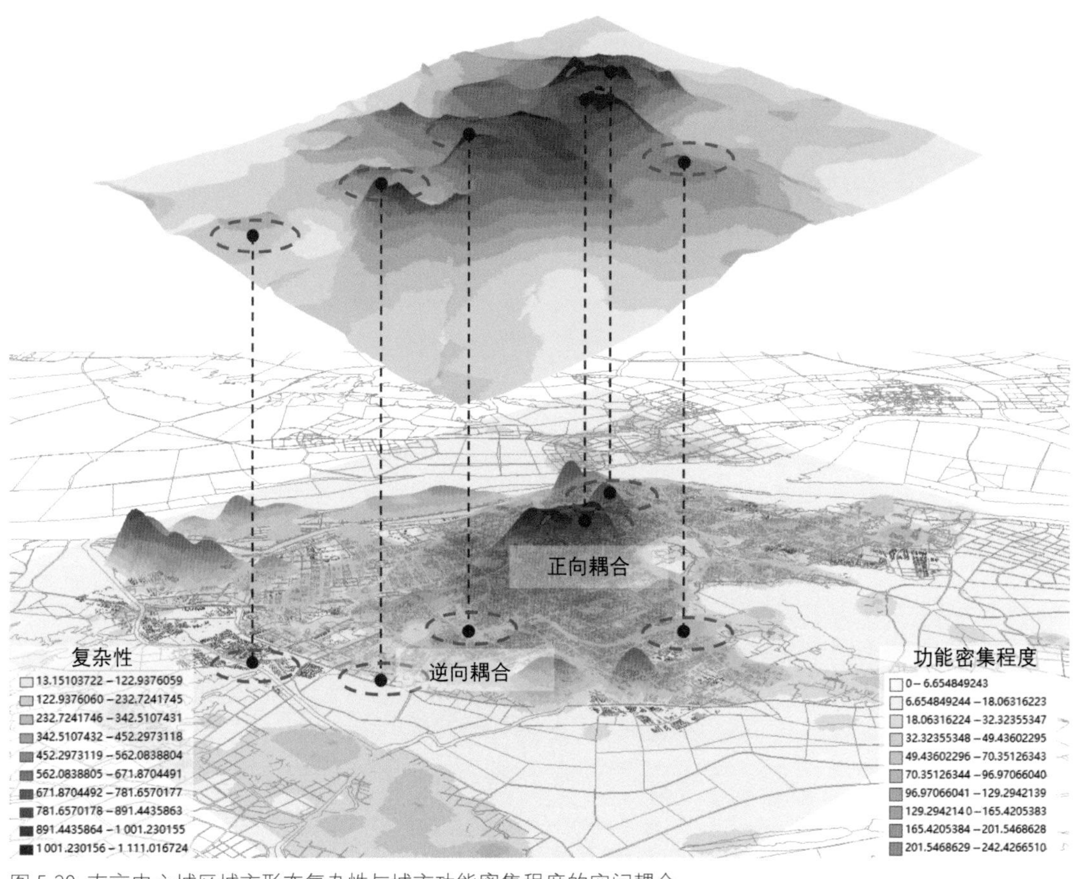

图5.30 南京中心城区城市形态复杂性与城市功能密集程度的空间耦合

可以发现两者在空间上存在极高的耦合性，常府街—甘熙故居地段、珠江路—新街口地段、云南路—湖南路地段三个强复杂性的一级中心，其对应空间的用地功能也存在密集分布的特征，并且功能的密集程度也呈现出多中心式圈层递减的趋势，越往外围其功能密集程度越低。同时，在栖霞区、建邺区等片区也出现了多处用地功能稀疏分布的洼地空间，这些空间也与城市形态的低复杂性空间相吻合。除此以外，还存在局部的不耦合空间，例如城市形态复杂性的三级中心雨花台地段，其空间主要由高档住区、棚户区及公共管理用地组合而成，由于这些功能的建筑在建筑体量、高度、间距等方面都存在较大差异，并且诸如棚户区等空间的建筑布局无规律特征，导致其复杂性极高，其用地功能却相对单一，因此产生了城市复杂性与功能密集程度不耦合的情况。综上可以说明，城市用地功能的密集程度与城市形态的复杂性有着极高的空间关联，且功能越密集的空间其复杂性越高。

城市用地功能在空间上的分布，一方面是其功能分布的密集程度，另一方面则是其在空间上的功能类型构成特征。因此，本节将结合城市的用地数据进一步分析不同城市形态复杂性与用地功能类型构成的空间关联，如表 5.5 所示。

表 5.5 不同城市形态复杂性与用地功能类型构成的空间关联

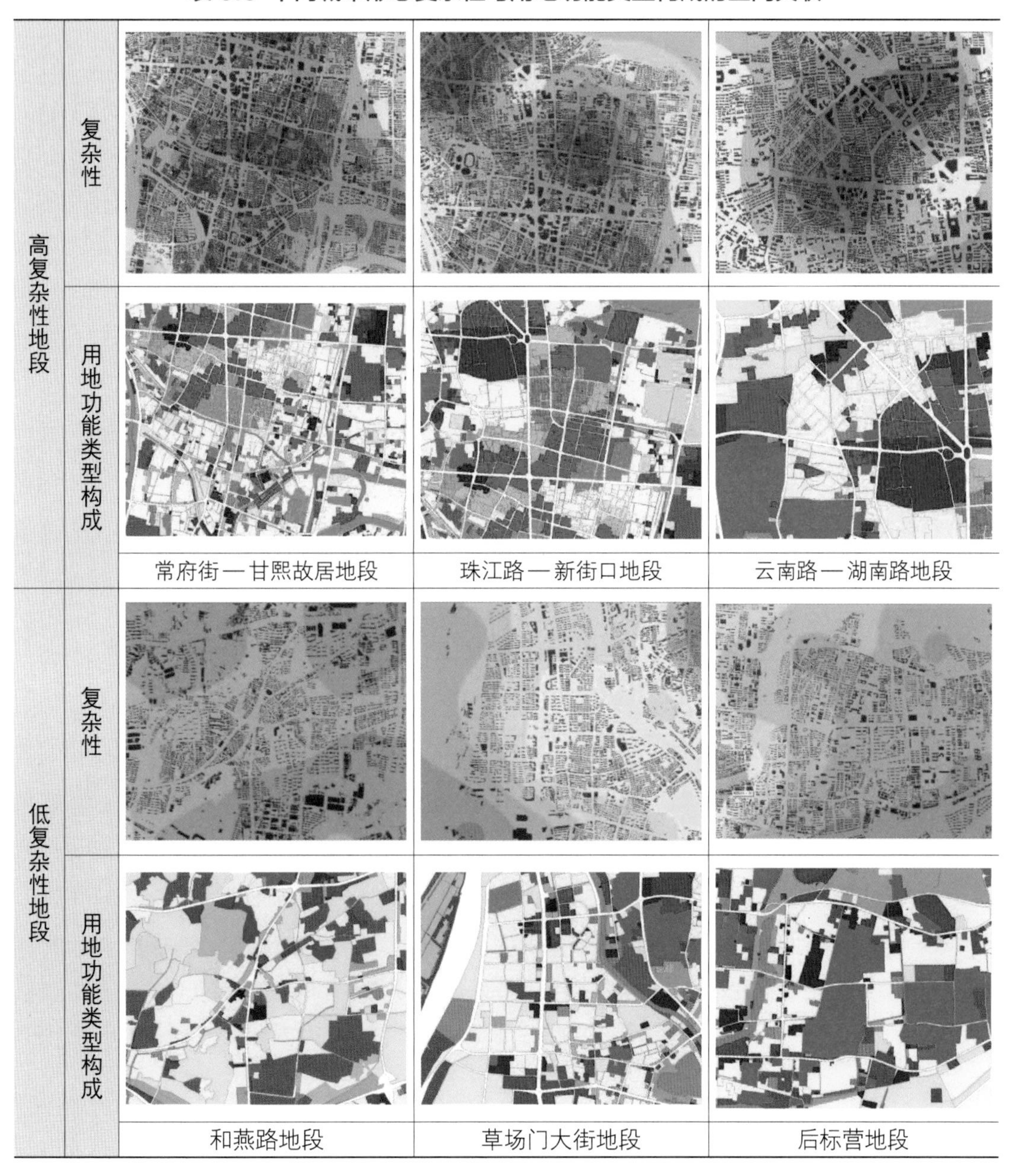

首先选取常府街—甘熙故居地段、珠江路—新街口地段、云南路—湖南路地段三个高复杂性集聚的典型地段，可以发现这些地段除了用地功能分布密集以外，功能类型的构成也呈现出多样化的趋势，并且其中的公共管理与公共服务用地（A类）、商业服务业设施用地（B类）占据了较大的比重，例如新街口中央商务区、夫子庙商业街区等，其城市形态在空间上的不规律性导致其复杂性极高，而云南路—湖南路地段虽然以居住片区为主，但结合实地调研发现其居住空间多为商住混合空间，街巷肌理不一、建筑形态多变，从而导致了其高复杂性。

进而选取和燕路地段、草场门大街地段、后标营地段三个低复杂性集聚的典型地段，可以发现这些地段尽管用地功能分布密集，但是由于其空间主要由工业用地（M类）、物流仓储用地（W类）等建筑形态布局规整的城市用地构成，公共服务用地和商业用地的比重较小，因此其城市形态的复杂性要显著低于周边地区。除此以外，后标营地段中存在大面积的教育科研用地（A3类），由此说明教育类用地与其他公共服务类用地不同，学校中开放空间面积大、建筑密度较低，以至于建筑形态的矩阵波动频率降低，最终导致其形态的低复杂性。

综上所述，不同用地功能的类型构成对城市形态复杂性产生了两极分化的影响，其中的公共管理与公共服务用地（A类）（除A3类以外）、商业服务业设施用地（B类）等会对城市形态的复杂性产生正向影响，而教育科研用地（A3类）、工业用地（M类）、物流仓储用地（W类）等则会对城市形态的复杂性产生负向影响。

5）形态指标的特征关联

在前文中提到，城市形态的量化研究极为丰富，而在以建筑体量为构成要素的城市形态特征量化研究中，建筑与建筑相组合形成的空间强度、空间密度和空间高度指标[①]是描述城市形态特征最常见的指标（详见表2.1）。因此，本书尝试将南京中心城区的城市形态特征（空间强度、密度和高度）的集聚和空间分布情况与城市形态的复杂性分布进行耦合分析，进而探索它们之间是否存在空间上的正向或逆向耦合，抑或是其他相关规律。

具体地，通过对数据的几何运算、统计获取空间数据的形态指标，并结合城市空间数据中的建筑和街区数据，将数据进行空间关联以统计每个街区的空间强度、密度和高度

---

① 空间强度又称容积率，指一个小区的地上总建筑面积与用地面积的比值，反映城市单位面积土地上的建设开发总量。空间密度又称街区建筑密度，指城市街区内建筑物的基底面积总和与街区面积的比例，反映出某一街区的空地率和建筑密集程度。空间高度包括街区平均高度、街区最大高度及街区基准高度，其中街区平均高度是指街区内所有建筑高度的平均值，反映的是街区整体建筑高度；街区最大高度是指街区内最高建筑的建筑高度，反映是街区的限高程度及街区三维轮廓的顶点高度；街区基准高度又称街区最小高度，反映街区的起点高度以及三维轮廓的低点高度。

指标，通过二、三维成像图分析城市形态特征；同时，通过克里金插值法对上述结果进行空间预测计算，将空间强度、高度、密度图以连绵起伏的栅格面图进行展现，通过颜色的深浅或栅格面的起伏程度（根据颜色拉伸）直观表达城市形态的基本特征。进而，在ArcScene地理信息三维系统中将强度、高度、密度的起伏波动图与城市形态的复杂性波动图进行空间耦合，以此来分析彼此之间的空间关联。

将南京中心城区的城市形态复杂性与空间强度进行空间耦合，如图5.31所示，可以发现在常府街—甘熙故居地段、珠江路—新街口地段、云南路—湖南路地段三个高复杂性集聚的地段，其空间强度也显著高于周边其他地区，并且形成以珠江路—新街口地段为制高点的空间集聚。从三个一级中心向外，在沿秦淮河两岸形成城市形态复杂性的低洼地带，其空间强度也同样是低洼地带，两者同样具有极高的空间耦合特征。然而，在建邺区、栖霞区、雨花台区等老城区以外地段，则出现了多处城市形态与空间强度的错峰现象，例如嫩江路地段（复杂性二级中心）、雨花台地段（复杂性三级中心），其形态的复杂性很高，但是其空间强度却呈现低洼的态势，由此可以说明，这些地段的建筑建设量较少，但是在有限的建筑空间中建筑与建筑的空间间距、朝向、高度等都存在显著差异，即矩阵波动频率低但矩阵波动振幅高，因此导致了上述错峰现象的产生，但总体上来说南京中心城区的城市形态复杂性与空间强度具有较高的空间耦合特征。

图5.31 南京中心城区城市形态复杂性与城市空间强度的空间耦合

以同样的方法，将南京中心城区的城市形态复杂性与空间密度和空间高度进行空间耦合，如图5.32、图5.33所示。可以发现在老城区以内两者之间的空间耦合特征极为明显，

图 5.32 南京中心城区城市形态复杂性与城市空间密度的空间耦合

图 5.33 南京中心城区城市形态复杂性与城市空间高度的空间耦合

都在珠江路—新街口地段等多个一、二级复杂性中心地段形成高空间密度和高空间高度的形态集聚。而在南京老城区以外（即秦淮河以外）的地段，则出现了两者空间耦合现象和空间错峰现象同时出现的情况。

综上所述，一方面，城市形态的复杂性特征并非能够以空间强度、空间密度、空间高度等常见的形态指标加以替代，两者之间存在本质的区别；另一方面，城市形态的复杂性特征也与空间强度、空间密度、空间高度常见的形态指标存在显著的关联特征，这种特征在老城区内主要体现为空间上的高度耦合特征，而在老城区以外则体现为空间耦合现象与空间错峰现象并存的状况。此外，之所以出现上述这种错峰现象，其本质上是空间强度、空间密度和空间高度只能反映城市形态的某一个维度的单一特征，并不能涵盖其综合特征，因此即使某一地段的空间强度或空间密度较低，但也会由于建筑空间关系的矩阵波动振幅高或矩阵波动频率高，其城市形态呈现高复杂性特征；反之，即便某一地段的城市形态复杂性较低，也会由其某一维度特征（例如高层建筑集聚、建筑高密度排布）导致其空间高度、空间密度、空间强度等指标提高。

6）开放空间的逆向削减

在上一节中发现，城市的实空间（即建筑空间）特征与城市形态复杂性有着显著的关联和耦合特征，因而本节进一步研究城市的虚空间（即城市开放空间）特征是否也与城市形态复杂性存在关联机制。在南京中心城区这一尺度下，城市中的开放空间主要包含城市中的大型水系、绿地、公园及林地，街区内的小型绿地因尺度过小而被排除在外，同时由于中心城区内不存在农田，因此也可以排除在外。进而筛选出对应的非建设用地（E 类）和绿地与广场用地（G 类）数据，将其与城市形态复杂性强弱的波段图进行空间叠加，如图 5.34（a）所示，研究开放空间与复杂性的空间分布关系，并结合开放空间的核密度图分析其与复杂性的空间耦合和集聚特征，如图 5.34（b）所示。可以发现南京中心城区城市形态的复杂性在形成多个不同等级中心的同时，这些中心与城市内的主要开放空间都存

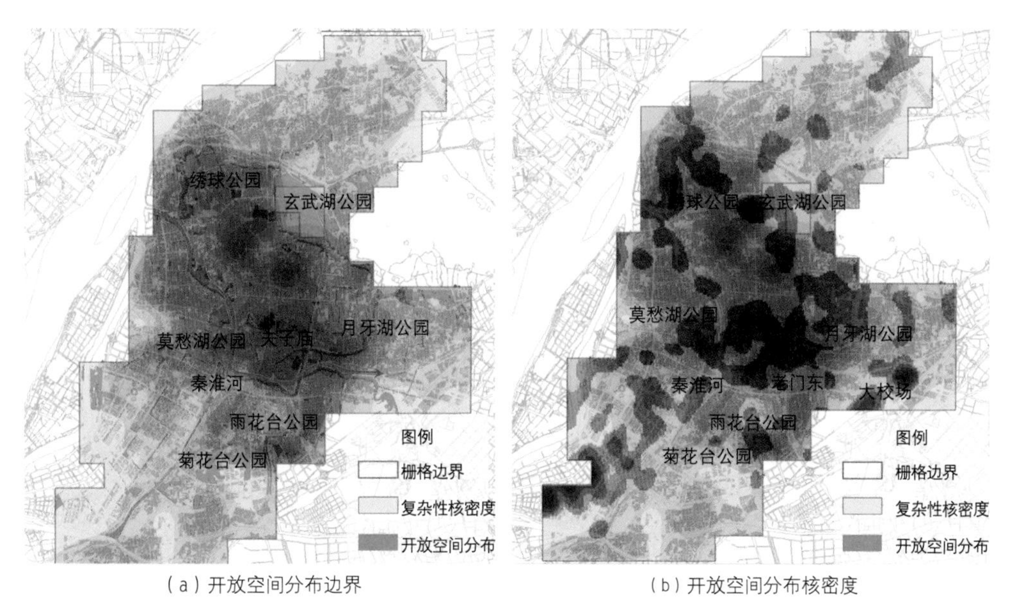

（a）开放空间分布边界　（b）开放空间分布核密度

图 5.34 南京中心城区城市形态复杂性的开放空间削减特征

在明显的错位现象，当某一地区内存在一定规模的水系、公园等开放空间时，其城市形态的复杂性要显著低于周边地区，形成带状或圆状的复杂性洼地。例如老城区北侧的玄武湖生态公园将北侧的多个一、三级中心进行分割；老城区南侧的莫愁湖公园降低了其周边地段的城市形态复杂性；沿明城墙的南京内秦淮河将老城区以内的高复杂性中心与老城区以外的中心一分为二，形成带状的复杂性洼地；南京南站附近的雨花台公园将南侧的高复杂性区域一分为三，生成夫子庙地段、安德门地段、雨花台地段等二、三级中心，并在内部形成低复杂性空间集聚。由此可以说明城市中的开放空间对城市形态复杂性具有逆向的削减作用，并且开放空间越是集聚，其削减作用越是明显。

下面以雨花台开放空间为例，具体分析其逆向削减的特征及内在机理，如图 5.35 所示。雨花台开放空间位于南京中心城区南部，濒临秦淮河，并且其周边存在夫子庙地段、安德门地段、雨花台地段三个二、三级的城市形态高复杂性中心。而雨花台则是这一地区最大的城市开放空间，从图中可以看出，其所处街区的城市形态复杂性要显著低于周边地区。之所以产生这一现象，需要从城市形态复杂性的建构方式入手加以分析。该开放空间周边的雨花村、开源小区三村等建筑群落，与三个城市形态高复杂性中心的建筑群落，在建筑朝向、建筑高度、建筑间距等方面没有显著的差别，这说明建筑空间矩阵与周边地段极为相似，然而其建筑体量却显著少于周边地区。这一现象说明，与城市交通要素对城市形态

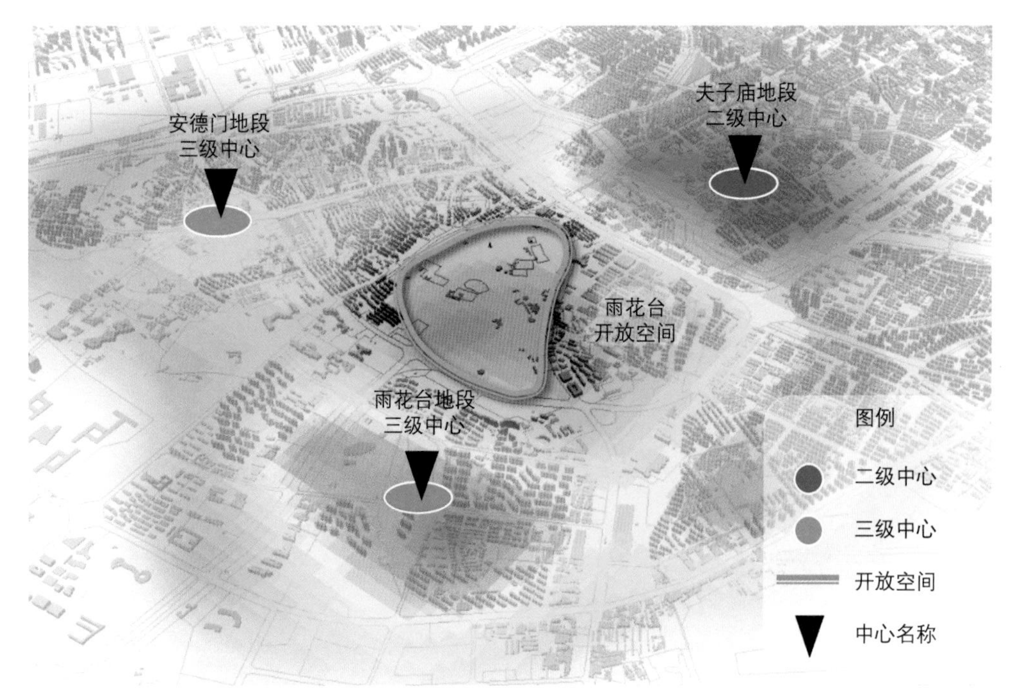

图 5.35 雨花台开放空间对周边城市形态复杂性的削减作用

复杂性的切割效应有所不同，交通路网体系主要是由于其对周边建筑的形态、高度、体量产生了影响，从而改变了建筑空间关系矩阵以及矩阵振幅；而城市内的开放空间对于复杂性的削减主要是由于开放空间占地空间较大，在同等面积的栅格空间下，大量的生态环境要素替代了建筑存在于栅格中，导致栅格内的建筑数量显著减少，即降低了每个栅格内建筑形态的矩阵波动频率，因此出现了城市形态低复杂性洼地。

5.3.2 城市形态复杂性的潜在空间关联因素

通过对南京中心城区城市形态复杂性的特征分析，总结以下六点特征。

特征一：多中心式的圈层递减。用地功能差异导致的建筑体量、高度、朝向等方面的无秩序，导致其空间分布呈现由中心向外呈圈层式扩散至三级中心的特征，并且集聚程度也随之呈递减趋势。

特征二：多条轴线的指状生长。复杂性主生长轴与城市路网体系具有较强的空间耦合特征，次生长轴与城市街区形态具有较强的空间耦合特征，导致其呈现出鱼骨状向外辐射的生长特征。

特征三：交通要素的切割效应。由于道路两侧的建筑形态相比于周边建筑更有规律性（空间关系的矩阵波动振幅下降）以及建筑数量要显著少于周边的生活性街区（矩阵波动频率下降），因此出现了带状的城市形态的低复杂性洼地。

特征四：功能影响的两极分化。公共服务（除教育类以外）、商业商务等用地会对城市形态的复杂性产生正向影响，而教育、工业、物流仓储等用地则会对城市形态的复杂性产生负向影响。

特征五：形态指标的特征关联。城市形态的复杂性特征也与空间强度、空间密度和空间高度等常见的形态指标存在显著的关联特征，并且在老城区以内主要体现为空间上的高度耦合特征，老城区以外则体现为空间耦合现象与空间错峰现象并存的状况。

特征六：开放空间的逆向削减。由于开放空间占地空间较大，在同等面积的栅格空间下，大量的生态环境要素替代了建筑存在于栅格中，导致栅格内的建筑数量显著减少（矩阵波动频率下降），因此出现了城市形态低复杂性洼地。

综合上述结论可以发现，城市形态的复杂性与城市空间存在紧密的内在关联。一方面，不同空间关系特征及建筑自身特征的不同，以及其对城市内的结构、功能、建筑布局等因素的影响，都会导致城市形态复杂性的变化。另一方面，城市形态的复杂性强弱也反映了不同地段的不同发展特征，例如不同年代混杂的地段特征、主次干路环绕的地段特征、多功能集聚的地段特征、以生态要素为核心构成要素的地段特征等，都可以通过复杂性的强弱来呈现其地段特征差异。

其中，特征五和特征六反映的是城市实空间（即建筑空间）和虚空间（即城市开放空间）都与城市形态的复杂性有着显著的关联，而这些空间所反映的实则是城市中不同空间要素的拼贴特征，能够反映城市物质空间的平面组织纹理、组织形式和类型特征，因此可以将其概括为城市的“空间肌理”。特征二和特征三反映的是城市路网体系、街区形态对城市复杂性向外延伸的生长促进作用，以及交通干道本身对高复杂性形态的切割作用，由此可以说明道路和街区的形态也会影响城市形态的复杂性，而街区本身是由道路所围合成的，因此两者在空间上的特征是一致的，进而可以将其概括为城市的“道路街区”。而特征一和特征四反映的是城市用地类型与复杂性的空间关联，以及不同用地的功能对于城市形态的增强或削弱作用，因此可以将其概括为城市的“用地功能”。

综上所述，本书初步发现：城市形态的复杂性与城市的空间肌理（特征五和特征六）、道路街区（特征二和特征三）、用地功能（特征一和特征四）这三大城市空间因素都存在紧密的内在关联。本节将结合既有研究文献论证城市形态复杂性与以上空间因素的关联依据，并结合南京中心城区的实际地段探讨可能存在的关联特征。

1）城市形态复杂性与空间肌理的关联

肌理（fabric）是源于纺织业的术语，原义指的是以线相互交织生成的一个大于各部分综合的实体，因此可以将肌理理解为一种事物内部的组织纹理。而城市肌理的概念最早由地理学家康泽恩提出，康泽恩学派认为所谓的城市中的空间肌理包含了街道体系构成的城市平面、地块的土地划分方式以及建筑的布局[1]。而从城市物质空间形态的层面来说，其空间肌理指的是城市物质空间表面的组织纹理，它所反映的是城市中建筑与外部空间的组织方式及类型特征[2]。本书主要以研究城市形态为主，因此将空间肌理概括为城市实体空间的要素及外部空间的肌理，包含了建筑肌理以及开放空间肌理这一对黑白图底转换关系[3]，如图 5.36 所示。

本书研究的城市形态是指城市的物质空间形态，即一种基于城市实体物质空间的有形几何形态，集合了城市空间构成要素形状、空间要素的三维空间布局、空间要素之间的相互形态关联，其中也包含了建筑要素及其外部开放空间的形态和布局特征，因此本书猜想城市形态的复杂性也与城市的空间肌理存在内在关联。而这一猜想也在前人既有研究中找到了依据。例如，刘羿伯从街区尺度对城市形态的复杂性规律认知和形态特征进行论述，指出了城市形态复杂性差异的内在逻辑中隐藏着建筑序列布局的组织方式差异以及开放空间的连接形式差异，并从主观认知的视角从城市形态的空间逻辑感、空间围合感、空间整

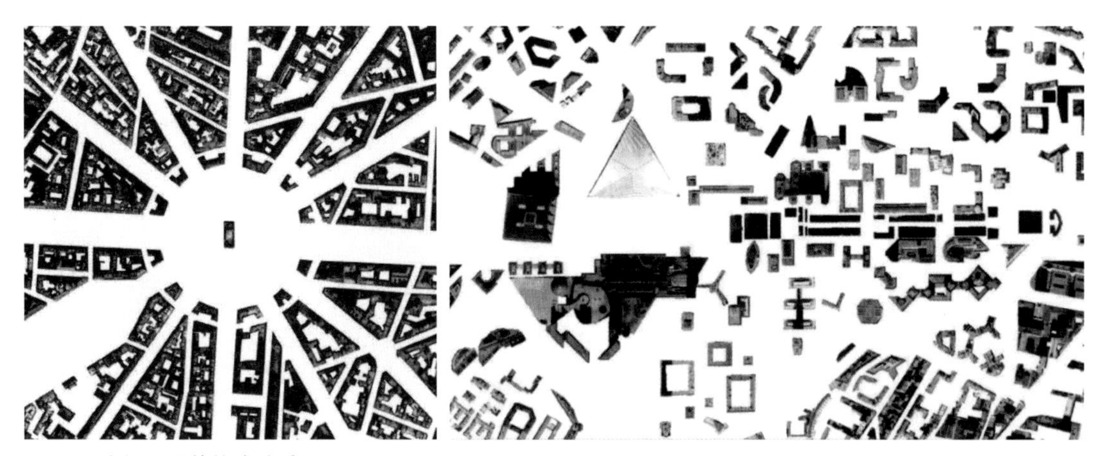

图 5.36 空间肌理的构成关系
资料来源：城市形态研究室。

体感三个角度分析了建筑空间布局秩序的基本规律，以及其对不同城市形态所呈现出的复杂性感知的影响[4]；赵雨薇从形态基因的视角将空间肌理根据长度、周长、开放空间比例、建筑数量等指标进行归类，并分析不同形态类型的空间肌理对城市形态的复杂作用规律[5]；田达睿基于分形维数视角对陕北黄土高原丘陵沟壑区的城市形态进行解构，并测度了其城市形态的分形秩序特征（城市形态分形是城市形态复杂性研究的脉络之一），进而结合城市中的建筑空间布局的秩序性及开放空间的秩序性，总结了建筑空间及开放空间的分形秩序对城市形态分形维数的影响规律，揭示了城市发展的自组织演化规律[6]；于英从系统论的“复杂性”入手，从循环的角度研究城市空间形态的可持续发展，发现在城市空间形态的复杂循环过程中，新产生的城市肌理会潜移默化地影响人们的行为模式及社会状态，进而改变原有的城市建设过程，导致城市空间复杂循环演进过程中出现不同的空间建设模式，从致影响了城市形态的复杂性[7]。上述研究都证明了城市建筑空间和开放空间的秩序特征、分布肌理都会对城市形态的复杂性产生影响，论证了本书提出的城市形态复杂性与空间肌理的关联猜想。

结合南京中心城区的具体城市地段，尝试初步分析其可能存在的关联特征。一方面，城市形态复杂性与空间密度、空间强度呈现出一定的正相关性，尤其是秦淮河以内的老城区正相关性更为明显，而相对于空间密度、空间强度，空间高度的正相关性较弱，尤其是诸如应天大街、万兴路、安德门等新城区地段，正相关性更弱，局部呈现负相关性特征。另一方面，针对空间肌理与城市形态复杂性不耦合的区域，可能存在内外双环的空间结构，这种结构与南京中心城区的环城秦淮河、快速路、高架等线性边界可能存在空间关联。此外，空间肌理的分布特征在一定程度上也反映了城市形态的结构构成，因此城市形态复杂性可能也与城市结构存在空间关联，结合三个一级中心以及特征六中提到的大型开放空间布局，本书认为城市形态复杂性与城市结构可能呈现出圈层式的耦合特征。

2）城市形态复杂性与道路街区的关联

城市道路指的是通达城市的各地区，供城市内交通运输及行人使用，便于居民生活、工作及文化娱乐活动，并与市外道路连接，承担对外运输职能的道路，通常包括城市内的快速路、主干路、次干路与支路。同时，在城市形态的研究中并不局限于个体道路，而是对于完整的道路网络体系的研究，道路网络把建筑物联系在一起形成一个完整的系统。与道路相伴而生的还有城市街区，在城市中街区通常由道路网络围合而成，或由其他边界（诸如河流、绿化、铁路等）共同围合而成。街区具有明确且完整独立的边界，具有一定的建筑、城市以及社会功能属性，而街区的形态则是其形式、结构的抽象总结，也是道路网络交织特征的体现。然而本书对于城市形态复杂性的研究聚焦于道路和街区本身的物质形态特征，并不融入其功能和社会属性，而这一视角下道路和街区本身属于一对伴生关系，即道路围合生成街区、街区拼合体现道路，如图 5.37 所示。因此，本书将城市道路与城市街区加以融合，并称为“道路街区”，从物质空间形态特征的视角分析其与城市形态复杂性的空间关联机制。

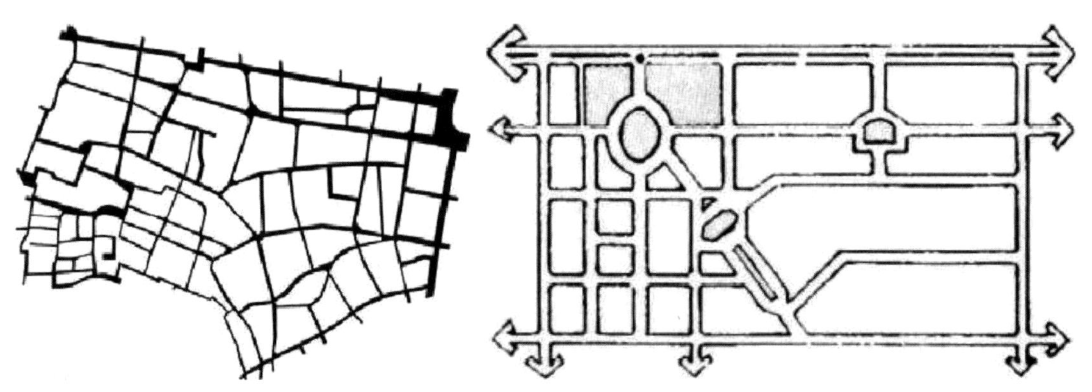

图 5.37 道路街区的构成关系
资料来源：苑思楠．城市街道网络空间形态定量分析 [D]. 天津大学，2011.（左图）；马歇尔．街道与形态 [M]. 苑思楠，译．中国建筑工业出版社，2011.

本书研究的城市形态复杂性以建筑体量为构成要素，而建筑本身是在城市道路街区中建设而成的，属于道路街区中的主体构成要素。一方面，道路街区的不同形态影响了建筑的布局形态和建筑尺度；另一方面，不同的道路等级、街区功能、街区区位等因素也会对建筑的功能类型、建筑高度、朝向等产生影响。因此，本书认为城市形态的复杂性也与城市的道路街区存在内在关联。而这一推论也在前人既有研究中找到了依据。目前，基于空间句法分析道路街区形态与城市形态复杂性关联的研究占了很大的比重，例如 Pont 等将网络密度作为主要的量化测度指标对城市道路街区空间形态进行科学化描述，通过空间网络形态的量化研究能够有效增加社会网络与空间网络在街道空间句法结构层面的关联，探讨空间网络的异质性特征[8]；koohsari 通过空间句法将城市道路和街区形态与土地利用功能联系起来，研究城市形态与常规步行交通之间的复杂关系[9]；朱东风以苏州市为例，基于 GIS 与空间句法的集成研究，展开了关于城市空间拓扑形态与功能结构演进组织机制的技术实践探索[10]；苑思楠将道路街区的网络形态划分为几何形态与拓扑结构两个类别分别加以分析，揭示了其与城市形态之间的复杂关联规律[11]。除此以外，也有研究基于分形理论、文化理论、集约理论等阐述了道路街区与城市形态复杂性的内在关联机理。例如曹俊基于复杂性理论中的分形方法探讨了城市形态的复杂性，并提出了城市道路街区形态的测度方法，进而凝练出上海城市形态的六大特征[12]；刘羿伯建构了城市道路街区形态比较的理论框架，并从政治、经济和文化视角对比分析了道路街区的形态范式差异所导致的城市形态变化及复杂性特征[4]；葛欣建构了适用于中国超级街区和路网构型的表述方法，进而计算了南京老城和河西片区的道路街区的形态特征并进行了对比，探讨了城市形态复杂性与道路街区的内在关联机理[13]。上述研究都证明了城市道路网络变化和街区形态的复杂性特征都会对城市形态产生影响，导致复杂性产生差异，因此论证了本书提出的城市形态复杂性与道路街区的关联性。

结合南京中心城区的具体城市地段，尝试初步分析其可能存在的关联特征。一方面，城市形态复杂性与道路街区的空间分布密度呈现出一定的正向关联，路网的密度越高、街区尺度越小，城市形态的复杂性就会越高，尤其是秦淮河以内的常府街 — 甘熙故居地段、珠江路 — 新街口地段、云南路 — 湖南路地段三个一级中心，其正相关性更为明显。另一方面，由道路围合成的街区轮廓形状也会与复杂性产生空间关联，不同街区形状会提高或降低其城市形态的复杂性，例如水西门大街周边地段、安德门地段、南京南站周边地段等城市的新城空间，街区轮廓较为规整，其城市形态复杂性普遍较低；而夫子庙地段、三牌楼地段等老城地段的街区轮廓多为不规则多边形，其城市形态复杂性普遍较高。

3）城市形态复杂性与用地结构的关联

城市用地功能（urban land-use）也被简称为城市用地，指的是城市规划区范围内被赋予一定功能和用途的土地的统称，被用以满足城市的日常运转以及城市的开发建设。例如城市的住宅、商业街区等设施的建设，都要通过城市用地来承载。不同城市用地的组合形成了现代城市的主要功能类型，例如工业生产基地、贸易中心、金融中心、信息中心、政治中心、科教文卫中心等。而城市用地结构（urban land-use structure）是在城市用地生成的基础上，各类城市用地占城市总用地的比重，以及各类用地在空间上的分布和组合关系，有时也包含各类用地内部的各个业态功能的构成及对应比例[14]（图 5.38）。城市用地结构的特征、分布特点以及合理性，不仅关系到城市整体功能的发展，同时还直接制约城市的空间建设及城市的整体形态特征。因此，本书将城市用地结构概括为各类城市用地占城市总用地的比重、空间分布和空间组合关系，进而从物质空间视角分析其与城市形态复杂性的空间关联机制。

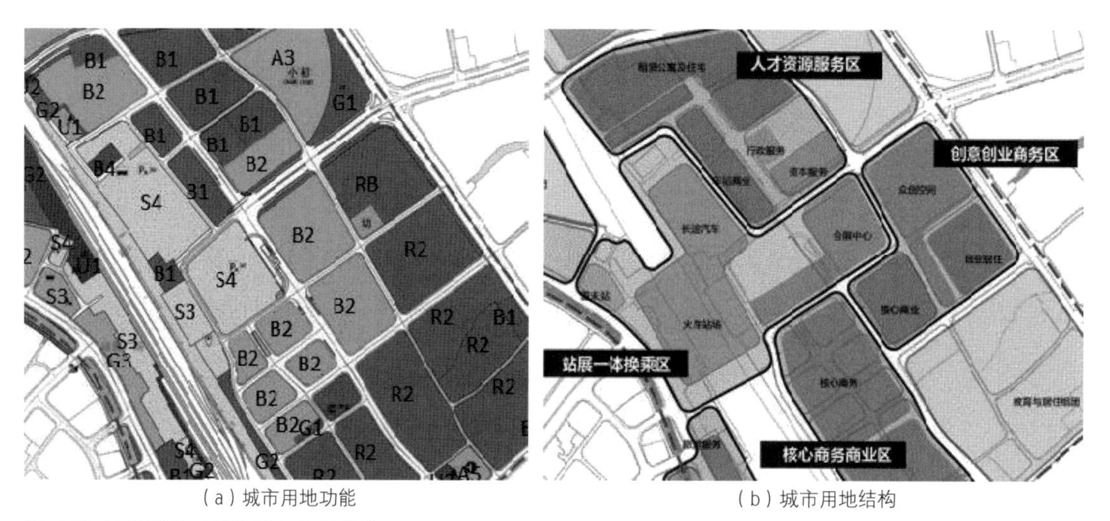

（a）城市用地功能　　（b）城市用地结构

图 5.38 城市用地功能与城市用地结构

资料来源：南京东南大学城市规划设计研究院有限公司《常州火车站地区总体城市设计》。

本书研究的是城市形态的物质空间特征，集合了各类城市空间构成要素的自身形状、三维空间布局以及空间要素之间的相互形态关联。而上述这些空间要素都是在不同用地功能的组合下建成的，不用的用地功能及不同用地的组合结构特征都会对城市的物质空间及形态产生影响，因此本书发现城市形态的复杂性也与城市的用地结构存在内在关联。而这一发现也在前人既有研究中找到了依据。例如，韩莉莉基于分形理论的复杂性研究方法，分析了城市形态与城市用地结构在不同层面的内在关联，从外部和内部两个层次对城市形态的扩展阶段特征、演化的复杂分形特征与城市用地结构特征进行耦合研究，归纳总结演变特征、演变机制和存在的主要问题[15]；高蓝采用边界维数和网格维数两种分形计量方法对兰州的城市形态复杂性进行测算，进而解释了城市形态的复杂性演变规律与城市用地结构发展的关联性，并基于此提出了土地发展重点和优化策略[16]；朱东风通过空间句法分析了城市形态的复杂性规律及形态演进机制，并发现城市形态的拓扑结构与城市的用地结构具有显著的相关性，例如城市形态的拓扑结构与公建用地规模的正相关性、拓扑结构变化对城市用地结构的反作用等[10]；熊国平分析了推动城市形态演变的内在动力（诸如经济增长、功能调整、新的消费需求等），进而指出城市形态演变的复杂性特征与城市的用地功能存在明显的因果关系，两者之间是交织耦合过程，体现为相互反馈、机制之间的相互联系[17]；花丽红基于复杂性理论中的分形方法对沟壑区的城镇用地增长边界的发展要求与空间形态功能进行分析，发现城市形态的增长边界及其复杂规律与城市的功能结构、功能布局存在“枝状分散、组团集中、立体发展”的联动效应[18]。上述研究都证明了城市用地功能的复杂特征都会对城市形态产生影响，导致复杂性产生差异，因此论证了本书提出的城市形态复杂性与用地结构的关联性。

结合南京中心城区的具体城市地段，尝试初步分析其可能存在的关联特征。一方面，由于南京老城区（诸如夫子庙、湖南路等地段）存在大量的不同类型用地，而这些地段的城市形态复杂性显著高于其他地段，呈现出明显的多中心圈层分布特征，因此猜测城市形态复杂性与用地数量呈现出一定的正相关性，且用地数量越多、用地功能越混合、用地功能的对应建筑与外部形式越丰富，则城市形态复杂性越高。另一方面，对比常府街—甘熙故居地段、珠江路—新街口地段、云南路—湖南路地段高复杂性地段以及和燕路地段、草场门大街地段、后标营地段等低复杂性地段，可以发现 A 类、B 类用地在街区中的占比越大，则城市形态的复杂性越高，且猜测商住混合类街区也会与城市形态的复杂性具有一定的正向关联。此外，不同的用地组合和构成也会影响城市形态的复杂性，且构成的结构越多样、数量越多，其城市形态的复杂性越高。

参考文献

[1] World Commission on the Environment and Development. Our common future[M]. Oxford: Oxford University Press, 1987.

[2] 陆小波．基于城市空间大数据的中国特大城市形态定量研究初探 [D]. 南京：东南大学，2019.

[3] 詹克斯，伯顿，威廉姆斯．紧缩城市：一种可持续发展的城市形态 [M]. 周玉鹏，龙洋，楚先锋，译．北京：建筑工业出版社，2004.

[4] 刘羿伯．跨文化视角下城市街区形态比较研究 [D]. 哈尔滨：哈尔滨工业大学，2021.

[5] 赵雨薇．形态基因视角下的城市形态类型的量化分析 [D]. 南京：东南大学，2019.

[6] 田达睿．基于分形地貌的陕北黄土高原城镇空间形态及其规划方法研究：以米脂沟壑区为例 [D]. 西安：西安建筑科技大学，2016.

[7] 于英．城市空间形态维度的复杂循环研究 [D]. 哈尔滨：哈尔滨工业大学，2009.

[8] PONT M B, HAUPT P. Spacematrix: space, density and urban form[M]. Rotterdam: Nai Publishers, 2010.

[9] KOOHSARI M J, OKA K, OWEN N, et al. Natural movement: a space syntax theory linking urban form and function with walking for transport[J]. Health and Place,2019,58: 102072.

[10] 朱东风．1990 年代以来苏州城市空间发展：基于拓扑分析的城市空间双重组织机制研究 [D]. 南京：东南大学，2006.

[11] 苑思楠．城市街道网络空间形态定量分析 [D]. 天津：天津大学，2011.

[12] 曹俊．分形视角下的上海城市形态测度解析 [D]. 南京：东南大学，2017.

[13] 葛欣．面向集约化的中国超级街区路网构型及其表述方法研究：以南京城市超级街区为例 [D]. 南京：东南大学，2021.

[14] 潘乐．城市用地结构与城市功能的研究 [J]. 四川师范大学学报（自然科学版），1999,22(5)：599–602.

[15] 韩莉莉．基于分形理论的神木县城空间形态演变研究 [D]. 西安：西安建筑科技大学，2014.

[16] 高蓝．城市形态分形方法的研究与应用 [D]. 哈尔滨：哈尔滨工业大学，2008.

[17] 熊国平．90 年代以来中国城市形态演变研究 [D]. 南京：南京大学，2005.

[18] 花丽红．基于分形地貌的米脂县城用地增长边界研究 [D]. 西安：西安建筑科技大学，2014.

·6· 南京中心城区城市形态复杂性的关联机理

6.1 城市形态复杂性与空间肌理的耦合特征、模式及关联机理

6.1.1 相关性及空间耦合特征

1）空间肌理的构成特征及类型

上文已经对空间肌理的概念进行了论述，即城市物质空间表面的组织纹理，它反映的是城市中建筑与外部空间的组织方式及类型特征。本书以研究城市形态为主，因此将空间肌理概括为城市实体空间的要素及外部空间的肌理，包含了建筑肌理以及开放空间肌理这一对黑白图底转换关系。

在这一定义下，本书以建筑体量为构成要素，以 1000 m×1000 m 的栅格为空间单元，因此需要从栅格视角对空间肌理进行量化，在这一尺度和视角下，空间肌理的黑白图底特征主要体现为每个栅格空间内建筑与开放空间的数值差异关系，具体体现为建筑的总基底面积以及建筑的空间密度。并且，空间肌理不仅包含二维的黑白图底关系，同时还包含三维空间中建筑实体量与外部虚空间之间的数值差异关系，因此在量化时也要融入总建筑面积、最高层数、平均层数、空间强度等量化指标。

进而，计算每一个栅格的总基底面积、总建筑面积、最高层数、平均层数、空间密度及空间强度特征，并通过自然断点法[①]将每个形态特征划分为高、中高、中、中低和低五个等级，通过特征的组合和归类，将南京中心城区的空间肌理划分为五种主要类型，包括高密集聚型、中密均质型、中密集聚型、低密分散型、低密集聚型，如表 6.1 所示。其中，高密集聚型是指空间密度极高且空间强度分布较为集中的栅格，栅格内的空间强度分布不

① 自然断点法：一种根据数值统计分布规律分级和分类的统计方法，其优点在于使同量级数据差异最大化。任何统计数列都存在一些自然转折点、特征点，通过找寻这些自然转折点、特征点可以将对象分成特性相似的群组。

均匀且高度差异较大，通常由商业服务区、商务办公区等空间构成；中密均质型是指空间密度较高，空间强度分布较为均质且高度差异较小的栅格，通常由居住小区、公共服务区等空间构成；中密集聚型是指空间密度中等而空间强度分布较为集中的栅格，此类栅格的空间高度差异通常较大，通常由产业园区、老旧小区等空间构成；低密分散型是指空间密度较小且空间强度分布差异较大的栅格，建筑呈组团状分布而组团之间较为分散，组团与组团之间的空间高度差异较小，通常由传统商业区、老城住宅等空间构成；低密集聚型是指空间密度低且空间强度集中分布的栅格，空间高度的差异极小，通常由传统分散村落等空间构成。

表 6.1 南京中心城区空间肌理的构成特征及类型

肌理类型	高密集聚型	中密均质型	中密集聚型	低密分散型	低密集聚型
总基底面积 /m^2	355010.46	244764.34	224572.05	102084.11	112104.72
总建筑面积 /m^2	2092505.48	1218733.66	860240.96	595293.90	406463.16
最高层数 /F	45	27	20	24	15
平均层数 /F	4.42	4.73	3.65	7.06	3.20
空间密度	0.36	0.24	0.22	0.10	0.11
空间强度	2.09	1.22	0.86	0.60	0.41
肌理特征	高密度分布 局部高强度 高度错落大	中高密度分布 强度分布均质化 高度错落小	中密度分布 局部中高强度 高度错落较大	中低密度分布 局部中低强度 高度错落小	低密度分布 局部中低强度 高度错落较小
肌理功能	商业服务区、商务办公区等	居住小区、公共服务区等	产业园区、老旧小区等	传统商业区、老城住宅等	传统分散村落等
代表肌理	栅格 ID：118	栅格 ID：88	栅格 ID：58	栅格 ID：22	栅格 ID：16

同时，这五类空间肌理对应的栅格在空间上也呈现出明显的分布规律，如图 6.1 所示。其中的高密集聚型栅格主要分布在新街口、湖南路和夫子庙等南京的老城地段，并且集中连片，是南京的主中心；中密均质型、中密集聚型栅格则分布在高密集聚型栅格的周边，两者在空间上呈现出交错分布的特征，同时在栖霞区、明故宫、南京南站等新城地段也出

现了该类型栅格，与老城的栅格呈飞地状跳跃；而低密分散型、低密集聚型栅格则主要分布于南京中心城区的外围地段，呈现出交错分布的特征。

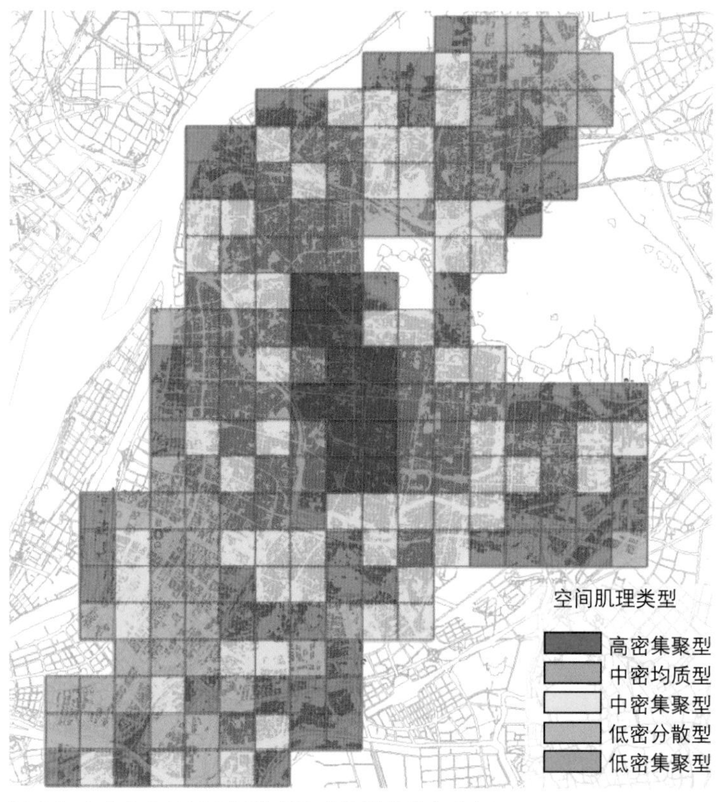

图 6.1 南京中心城区空间肌理构成类型的分布特征

2）城市形态复杂性与空间肌理分项指标相关性分析

在 5.3.2 节中已提出，城市形态的复杂性与城市的空间肌理有着显著关联，结合秦淮河以内的老城区地段、应天大街、万兴路、安德门等新城区地段的城市形态复杂性，可以发现城市的形态复杂性与空间密度、空间强度、空间高度呈现出一定的相关性，并且这种相关性主要呈正相关，局部呈负相关。因此，本书进一步精确测度城市形态复杂性与空间肌理分项指标之间的相关性数值，明确其相互之间的内在关联。

本书采用皮尔逊相关系数①作为表征变量之间相关程度的指标，定量分析城市形态复

① 皮尔逊相关系数：一种评估两个随机变量之间相关性的指标。两个变量 X 和 Y 的皮尔逊相关系数的定义为两个变量的协方差除以它们的标准差乘积。* 表示在 0.01 水平（双尾检验）上显著相关；* 表示在 0.05 水平（双尾检验）上显著相关。

杂性与空间肌理分项指标之间的关联特征[1]。皮尔逊相关系数的公式为：

$$r_{xy} = \frac{\sum_{i=1}^{n}(x_i - \bar{x})(y_i - \bar{y})}{\sqrt{\sum_{i=1}^{n}(x_i - \bar{x})^2(y_i - \bar{y})^2}} \tag{6-1}$$

其中，$\bar{x} = \frac{1}{n}\sum_{i=1}^{n} x_i$，$\bar{y} = \frac{1}{n}\sum_{i=1}^{n} y_i$。系数 r_{xy} 的范围是 −1—1。如果变量直接相关，那么相关系数的符号为正；如果变量反向相关，那么相关系数的符号为负；如果 r_{xy} 为 0，那么称 x 和 y 不相关。可以根据其数值大小判断两变量的相关程度。当 $0 < |r| \leqslant 0.1$ 时，为微弱相关；当 $0.1 < |r| \leqslant 0.3$ 时，为低度相关；当 $0.3 < |r| \leqslant 0.5$ 时，为中度相关；当 $0.5 < |r| \leqslant 0.8$ 为高度相关；当 $0.8 < |r| < 1$ 时，为显著相关；当 $|r|=1$ 时，为完全线性相关。本次研究中，皮尔逊相关系数是通过 SPSS 软件计算获得的。

通过 SPSS 软件计算每个栅格的城市形态复杂性与平均高度之间的相关系数，计算发现其相关系数的平均值仅为 −0.137*（图 6.2），由此可以说明栅格的城市形态复杂性与其平均高度并无实质关联。这一结论一方面证实了前文 3.2 城市形态复杂性构成的内部机理，即建筑的绝对形态特征不影响城市形态的复杂性；另一方面也说明城市形态的复杂性强弱，在三维空间上并非体现为建筑群落的整体高度差异，即建筑都很高或建筑都很矮不会对城市形态复杂性产生本质影响。

计算每个栅格的城市形态复杂性与空间强度之间的相关系数，计算发现其相关系数的平均值达到了 0.692**（图 6.3），由此可以说明栅格的城市形态复杂性与其空间强度存在显著的正向关联。这一结果说明，虽然栅格内的建筑平均高度不会对城市形态复杂性产生实质影响，但是当每个建筑的底面积与高度相结合时会对其形态复杂性造成影响。进一步说，即当空间强度提高时，栅格内的建筑总面积随之增加，而通常情况下建筑总面积不会均匀分摊到栅格空间中，因而导致了栅格空间内建筑面积的分布差异，从而影响了城市形态的复杂性，分布差异越大，其城市形态复杂性越高。

相关性

		复杂度	平均高度
复杂度	皮尔逊相关性	1	-0.137**
	显著性（双尾）		0.046
	个案数	212	212
平均层数	皮尔逊相关性	-0.137**	1
	显著性（双尾）	0.046	
	个案数	212	212

* 表示在 0.05 级别（双尾）相关性显著。

图 6.2 城市形态复杂性与平均高度的相关性分析

相关性

		复杂度	空间强度
复杂度	皮尔逊相关性	1	0.692**
	显著性（双尾）		0.000
	个案数	212	212
空间强度	皮尔逊相关性	0.692**	1
	显著性（双尾）	0.000	
	个案数	212	212

** 表示在 0.01 级别（双尾）相关性显著。

图 6.3 城市形态复杂性与空间强度的相关性分析

相关性

		复杂度	空间密度
复杂度	皮尔逊相关性	1	0.746**
	显著性（双尾）		0.000
	个案数	212	212
空间密度	皮尔逊相关性	0.746**	1
	显著性（双尾）	0.000	
	个案数	212	212

** 表示在 0.01 级别（双尾）相关性显著。

图 6.4 城市形态复杂性与空间密度的相关性分析

计算每个栅格的城市形态复杂性与空间密度之间的相关系数，计算发现其相关系数的平均值达到了 0.746**（图 6.4），由此可以说明栅格的城市形态复杂性与其空间密度存在显著的正向关联，且相关性要高于其他空间肌理分项指标。空间密度反映的是栅格内建筑的占地比重，因此这一结果说明建筑占地比重越大，其城市形态的复杂性越高。通常情况下，城市内每个建筑的底面积不会存在较大差异，因此空间密度在一定程度上反映的是建筑的数量特征。而本书对于城市形态复杂性的测度方法主要包含了矩阵的类型总数（在一定程度上反映了建筑的数量），由此也解释了城市形态复杂性与空间密度呈高度正相关的内在缘由。

综上可以发现，城市形态复杂性与空间肌理分项指标的相关性差异较大，其中空间密度的相关性最高，空间强度其次，而空间高度与城市形态复杂性并无显著关联。这一发现说明，城市形态复杂性与空间肌理的关联性，主要体现为栅格内的建筑数量和建筑面积的分布差异，即建筑数量越多、建筑面积分布越不均衡，城市形态的复杂性越高。

3）城市形态复杂性与空间肌理的空间耦合特征

特征一：肌理构成类型的正向耦合。对比南京中心城区中各个栅格的空间肌理类型分布（图 6.1）与其复杂性强弱分布（图 6.5），可以发现两者呈现出明显的耦合特征，并且是一种正向的耦合特征，即高复杂性的栅格通常为高密集聚型，中复杂性栅格通常为中密均质型或中密集聚型，低复杂性栅格通常为低密分散型或低密集聚型。与城市形态复杂性的分布特征相似，空间肌理构成类型在空间上的分布也呈现出明显的多中心式圈层特征：高密集聚型的栅格主要分布在新街口、湖南路、夫子庙等城市地段，并连绵成片形成高密集聚性片区，其整体的空间密度、空间强度要显著高于周边地段，并且强度呈集聚分布，形成多个城市高层簇群；中密均质型或中密集聚型栅格主要分布于与高密集型栅格相邻的三牌楼地段、夫子庙地段等复杂性的二级中心，并且相比于城市形态复杂性而言其空间分布更为集中；低密分散型或低密集聚型栅格则主要分布于中心城区的外围，主要是各个新城地段，并且相比于城市形态复杂性而言其分布区域更广，并在部分地段呈环状分布，包裹部分的中密均质型或中密集聚型栅格。总体而言，空间肌理类型分布与其复杂性强弱分布呈显著的正向耦合特征，并且分布更为规律、同类型分布更为连绵，各类型之间存在明

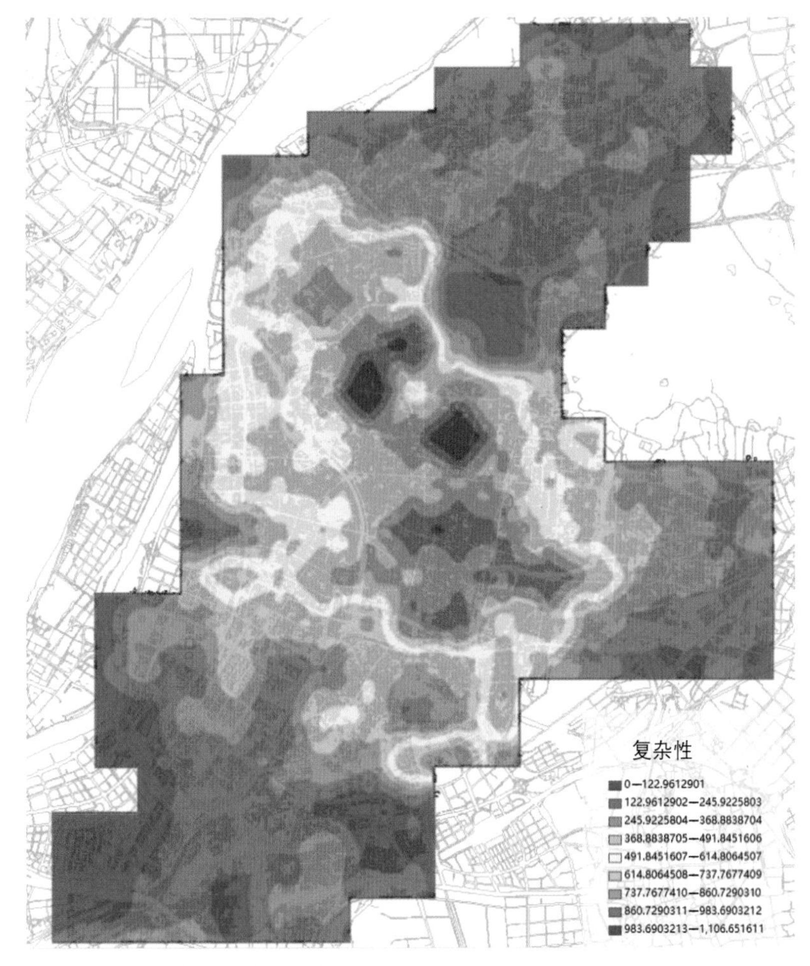

图 6.5 南京中心城区城市形态复杂性克里金插值

显的分割边界。

特征二：指状跳跃式耦合。从上文的相关性研究中可以发现城市形态复杂性与空间肌理分项指标中的空间密度、空间强度存在显著的关联性，因此尝试进一步分析复杂性与两者在空间上的耦合特征。通过如图 6.6 所示的对比可以发现，与城市形态复杂性沿多条轴线指状生长不同，空间密度和空间强度并非完全沿轴线指状延伸，而是从中心的高密度或高强度中心向外呈跳跃式生长，并在各个指状的尖端形成高密度或高强度的次级中心，这些中心与城市形态复杂性中心相吻合。由此可以说明，一方面城市形态复杂性与空间密度、空间强度的关联性之所以高于 0.6，主要是因为老城中心以及各个指状尖端的高度耦合，而另外 0.4 的不相关性则主要体现为各个指状延伸的中间地段以及城市的外围区域；另一方面，指状跳跃的本质是南京中心城区内存在多个城市的次中心（诸如夫子庙、湖南路、河西奥体等），这些次中心与主中心存在一定的空间距离并且由城市功能轴线相连，因此呈现出指状跳跃的特征，这种特征也在一定程度上影响了城市形态复杂性的分布。综上所述，城市形态复杂性与空间密度、空间强度的关联性主要集中体现在城市的各个主次中心，而城市一般地段的关联性则要弱很多，并且在一般地段存在其他因素影响了城市形态的复杂性。

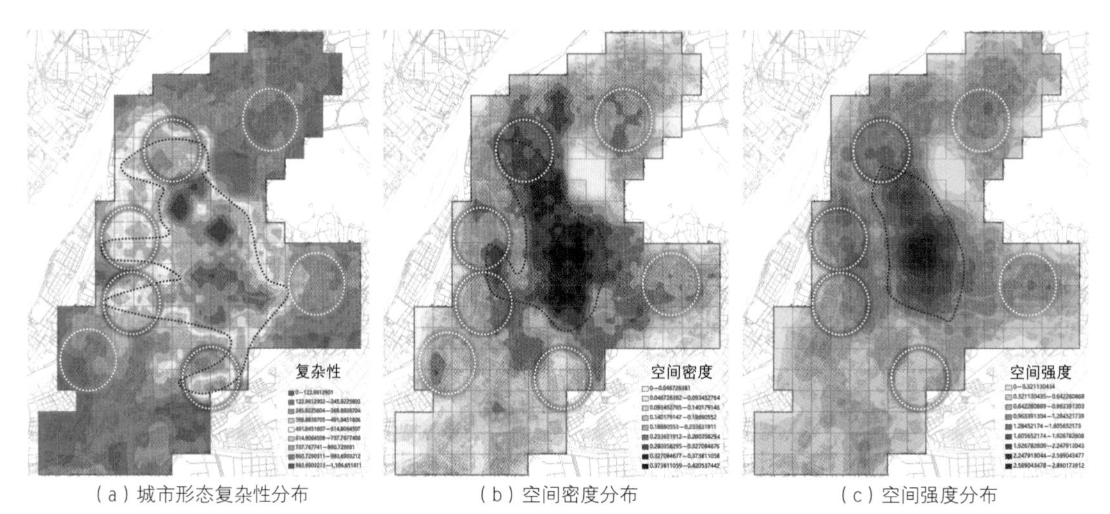

（a）城市形态复杂性分布　（b）空间密度分布　（c）空间强度分布

图 6.6 南京中心城区城市形态复杂性分布与空间密度、空间强度分布的特征对比

特征三：高复杂性边缘区的错峰差异。在上面的研究中证实了城市形态复杂性与空间肌理的正相关特征，同时也发现在整体相关的同时也存在诸多弱相关的地段。因此，本书尝试从空间肌理分项特征中选取与城市形态复杂性最相关的空间密度这一指标，进一步与复杂性进行耦合分析，找出其中呈弱相关或负相关的栅格，并分析其空间分布特征。从城市形态复杂性和空间密度分布图中筛选出呈弱相关或负相关的栅格，如图 6.7 所示，可以发现主要存在两种类型：其一是高复杂性但低空间密度的栅格，该类栅格主要分布于高复杂性区域的边缘内侧，并且主要集中于城市与自然生态要素（诸如长江、内秦淮河、紫金山等）接壤的边缘地带，并呈环状分布；其二是低复杂性但高空间密度的栅格，该类栅格主要分布于高复杂性区域的边缘外侧，并且主要集中于城市主要交通干线的两侧，同样呈环状分布。由此可以发现，在城市高复杂性区的边缘存在内外两个环状空间，在这一空间内存在明显的复杂性与空间密度的错峰差异现象，而这种差异的产生与城市的自然生态要素和交通干线存在紧密关联，具体体现为与自然生态要素接壤的栅格被非建筑用地占据了一定的比重，导致其空间密度较低，但生态环形、地形等因素的复杂变化，致使其城市形态的复杂性较高；与交通干线接壤的栅格，由于承担了城市的重要职能，其建成度较高、空间密度较高，并且其经历了多次的城市更新治理和风貌整治，故而在建筑

布局、空间间距上更加符合标准规范，其形态特征也更有规律性，从而降低了其城市形态的复杂性。

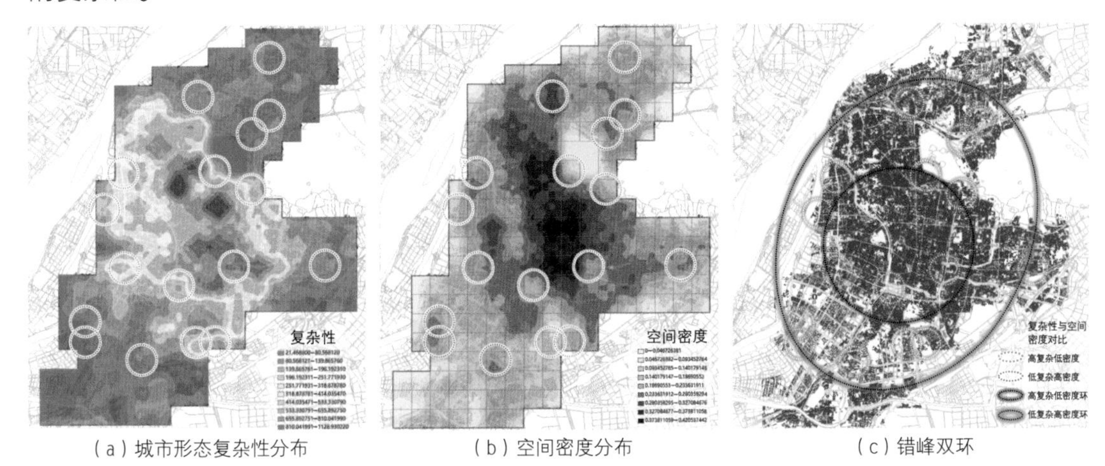

（a）城市形态复杂性分布　（b）空间密度分布　（c）错峰双环

图 6.7 南京中心城区城市形态复杂性分布与空间密度的错峰对比

6.1.2 复杂性差异下的空间肌理构成模式

通过上一节的分析可以发现，城市形态的复杂性受到城市空间肌理差异的影响，并且肌理的疏密关系、建筑布局、建筑形态等的特征不同，都会影响城市形态的复杂性。基于此，本节在上述研究结论的基础上，结合城市形态复杂性与空间高度、空间密度、空间强度等的相关性结果，尝试总结不同复杂性栅格的空间肌理构成模式，以此为下一步的关联机理探讨提供模型依据。具体包括三种高复杂性城市形态对应的空间肌理构成模式、三种中复杂性城市形态对应的空间肌理构成模式以及三种低复杂性城市形态对应的空间肌理构成模式。

1）高复杂性城市形态的空间肌理构成模式

高复杂性城市形态栅格的空间肌理主要包含三种构成模式，分别为紧凑聚合型、多元混合型以及疏密交错型，如表 6.2 所示。其中紧凑聚合型指的是栅格中主要以中小尺度建筑的密集紧凑分布为特征，常见于北京西路、珠江路、夫子庙等老城的生活片区或历史风貌区；多元混合型指的是栅格中混合分布了体量差异较大的不同类型建筑且密集程度较高，常见于五台山体育馆、新街口、三山街等城市老旧小区与城市公共服务设施或大型商业设施混合布局地带；疏密交错型指的是栅格中同时存在建筑紧凑密集分布和稀疏离散分布两种情况，空间整体呈大开大合的特征，常见于新模范马路、清凉门大街、老城南等城市老旧城区与中小型开放空间接合地带。

紧凑聚合型的空间肌理构成模式，其栅格对应的复杂性通常在 600—900 的数值区间，通常以中小体量建筑为构成核心，空间密度大于或等于 0.3、空间强度大于或等于 1，属于高密、高强的空间类型。并且建筑之间的底面积差异较小，建筑基底面积差值小于 2 倍平均建筑底面积，但是建筑的高度差异较大，建筑高度差值大于或等于 2 倍平均建筑高度。在空间构成上，栅格内较大体量的建筑通常沿主干路两侧分布，而小体量建筑也主要分布于街区的内部空间。此外，较其他模式，该类构成模式的建筑数量最多，空间密度也最高。

多元混合型的空间肌理构成模式，其栅格对应的复杂性通常在 600—900 的数值区间，通常包含大、中、小等不同体量的建筑，空间密度大于或等于 0.3、空间强度大于或等于 1，属于高密、高强的空间类型。建筑的高度差异较大，建筑高度差值大于或等于 2 倍平均建筑高度，但是与紧凑聚合型不同的是，该类模式的建筑之间的底面积差异较大，建筑基底面积差值大于 2 倍平均建筑底面积，并且建筑数量和密度小于紧凑聚合型，高于疏密交错型。在空间构成上，栅格内的大体量建筑通常分布于主干路的交叉口，沿路两侧分布大、中体量建筑，而小体量建筑则主要分布于街区的内部空间。

疏密交错型的空间肌理构成模式，其栅格对应的复杂性通常在 600—900 的数值区间，通常以中小体量建筑为构成核心，空间密度为 0.2—0.3、空间强度大于或等于 1，属于中密、高强的空间类型。同时建筑之间的底面积差异较小，建筑基底面积差值小于 2 倍平均建筑底面积；建筑的高度差异较大，建筑高度差值大于或等于 2 倍平均建筑高度，相较于紧凑聚合型而言，其栅格内的建筑整体高度较小。在空间构成上，栅格内较大体量的建筑通常沿主干路、快速路、大型河流或铁路沿线两侧分布，而小体量建筑也主要分布于街区的内部空间，并且形成若干个空间组团，组团之间被城市或生态要素切割。此外，较其他高复杂性的模式，该类构成模式的建筑数量最少、空间密度最低，但是空间布局的不规律性更强，主要体现为建筑间距关系变化的差异较大，因此其城市形态复杂性也较高。

综合前面三种空间肌理构成模式，可以发现在城市形态复杂性较高（600—900）的栅格内，其空间肌理具有以下几点共性特征：

① 建筑数量极多，通常呈密集状分布，整体呈现出高空间密度、高空间强度、高空间高度的形态特征。

② 建筑体量差异极大，包括建筑底面积差异较大以及建筑高度差异较大，并且通常大、中、小体量建筑混合分布。

③ 以大、中体量建筑为核心向外呈十字形分布，沿城市道路向外延伸形成高强度建筑簇群或高层建筑轴线，小体量建筑则主要分布于街区内部空间。

表 6.2 高复杂性城市形态的空间肌理构成模式

模式类型	模式特征	模式图	典型栅格	
紧凑 聚合型	1. 复杂性为 600—900 2. 高密高强（密度 ≥ 0.3，强度≥ 1） 3. 建筑基底面积差值 < 2 倍平均建筑底面积 4. 建筑高度差值 ≥ 2 倍平均建筑高度		栅格 ID：141	栅格 ID：105
多元 混合型	1. 复杂性为 600—900 2. 高密高强（密度 ≥ 0.3，强度≥ 1） 3. 建筑基底面积差值 ≥ 2 倍平均建筑底面积 4. 建筑高度差值 ≥ 2 倍平均建筑高度		栅格 ID：131	栅格 ID：118
疏密 交错型	1. 复杂性为 600—900 2. 中密高强（0.2 ≤密度 < 0.3，强度≥ 1） 3. 建筑基底面积差值 < 2 倍平均建筑底面积 4. 建筑高度差值 ≥ 2 倍平均建筑高度		栅格 ID：155	栅格 ID：143

2）中复杂性城市形态的空间肌理构成模式

中复杂性城市形态栅格的空间肌理主要包含三种构成模式，分别为集约均质型、多元均质型以及低密离散型，如表 6.3 所示。其中集约均质型指的是栅格中主要以中小尺度建筑的紧凑且均匀分布为特征，建筑主要呈行列式布局，常见于集庆门大街、奥体东站等城市新城居住区；多元均质型指的是栅格中混合分布了体量差异较大的不同类型建筑，且建筑布局具有一定的规律性，常见于新城的商住混合地带；高密离散型指的是栅格中以中小尺度建筑的紧凑布局为主，且形成若干个紧凑组团，组团之间相互离散，常见于秦淮河沿岸、玄武湖周边等城市与大型开放空间的接合地带。

集约均质型的空间肌理构成模式，与紧凑聚合型具有相似的特征。其栅格对应的复杂性通常在 300—600 的数值区间，通常以中小体量建筑为构成核心，空间密度大于或等于

0.3、空间强度为 0.7—＜1.0，属于高密、中强的空间类型。建筑之间的底面积差异较小，建筑基底面积差值小于 2 倍平均建筑底面积，同时建筑的高度差异也较小，建筑高度差值小于 2 倍平均建筑高度。在空间构成上，栅格内较大体量的建筑通常沿主干路或次干路两侧分布，而小体量建筑则主要分布于街区的内部空间。与紧凑聚合型的不同之处在于，其建筑的空间布局更为规整，呈现出明显的行列式、围合式布局，因此复杂性也要低于紧凑聚合型。

多元均质型的空间肌理构成模式，与多元混合型具有相似的特征。其栅格对应的复杂性通常在 300—600 的数值区间，通常包含大、中、小等不同体量的建筑，空间密度为 0.2—＜0.3、空间强度为 0.7—＜1.0，属于中密、中强的空间类型。建筑之间的底面积差异较大，建筑基底面积差值大于或等于 2 倍平均建筑底面积，而建筑的高度差异则较小，建筑高度差值小于 2 倍平均建筑高度。在空间构成上，栅格内的大、中体量建筑通常分布于次干路或支路的交叉口，其余空间则由小体量建筑构成。与多元混合型的不同之处在于，其建筑的空间布局更为规整，整体呈均质化分布，没有明显的疏密之分，且呈现出明显的行列式、围合式布局，因此复杂性也要低于多元混合型。

低密离散型的空间肌理构成模式，与疏密交错型具有相似的特征。其栅格对应的复杂性通常在 300—600 的数值区间，通常包含中、小等不同体量的建筑，空间密度小于 0.2、空间强度为 0.7—＜1.0，属于低密、中强的空间类型。建筑之间的底面积差异和建筑的高度差异也较小，建筑基底面积差值小于 2 倍平均建筑底面积，建筑高度差值小于 2 倍平均建筑高度。在空间构成上，栅格内较大、中体量的建筑通常沿主干路、大型河流湖泊或大型绿地两侧分布，并且形成若干个空间组团，组团之间被城市或生态要素切割。与疏密交错型的不同之处在于，其建筑组团形态的集约程度更高，建筑组团内的建筑数量更多、密度更高，但是组团之间的离散程度也更高、空间间距更大，呈大疏大密的空间布局，并且由于建筑的整体密度要低于疏密交错型，因此建筑空间关系种类数量也相对较少，且空间的高度变化也更小，从而降低了其城市形态的复杂性。

综合前面三种空间肌理构成模式，可以发现在城市形态复杂性中等（300—600）的栅格内，其空间肌理具有以下几点共性特征：

①建筑数量中等，整体呈现出中空间密度、中空间强度、中低空间高度的形态特征。并且与高复杂性的构成模式相比，其空间的规律性布局特征（例如行列式、围合式、组团式布局）更为明显，建筑组团的离散程度更高。

②建筑体量存在一定的差异，其建筑底面积差异较大，但是建筑高度差异相较于高复杂性的构成模式则较小。

③相比于高复杂性栅格的三种构成模式，以大、中体量建筑为核心向外呈十字形分布的特征显著减弱，整体的结构性变弱，空间的均质化特征更为明显。

表 6.3 中复杂性城市形态的空间肌理构成模式

模式类型	模式特征	模式图	典型栅格	
集约均质型	1. 复杂性为 300—600 2. 高密中强（密度≥0.3，0.7≤强度＜1） 3. 建筑基底面积差值＜2 倍平均建筑底面积 4. 建筑高度差值＜2 倍平均建筑高度	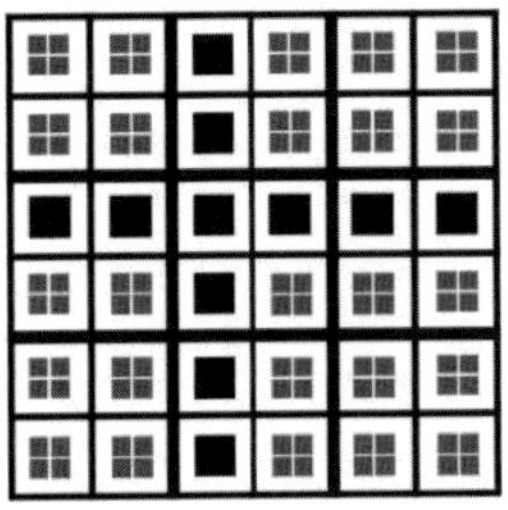	 栅格 ID：73	 栅格 ID：101
多元均质型	1. 复杂性为 300—600 2. 中密中强（0.2≤密度＜0.3，0.7≤强度＜1） 3. 建筑基底面积差值≥2 倍平均建筑底面积 4. 建筑高度差值＜2 倍平均建筑高度	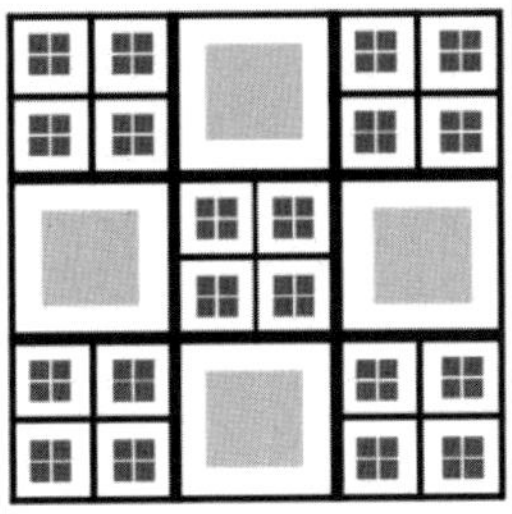	 栅格 ID：71	 栅格 ID：47
低密离散型	1. 复杂性为 300—600 2. 低密中强（密度＜0.2，0.7≤强度＜1） 3. 建筑基底面积差值＜2 倍平均建筑底面积 4. 建筑高度差值＜2 倍平均建筑高度	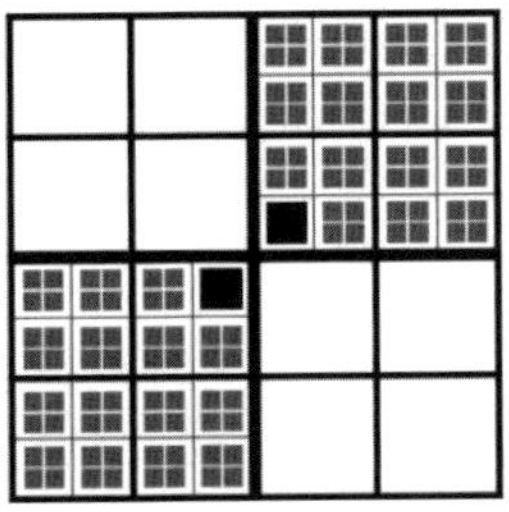	 栅格 ID：75	 栅格 ID：151

3）低复杂性城市形态的空间肌理构成模式

低复杂性城市形态栅格的空间肌理主要包含三种构成模式，分别为均质离散型、多元离散型以及细碎离散型，如表 6.4 所示。其中均质离散型指的是栅格中主要以小体量建筑的分散且均值化分布为特征，建筑主要呈行列式布局，常见于应天大街、栖霞大道等城市近郊区的住区地带；多元离散型指的是栅格中混合分布了体量差异较大的不同类型建筑，且建筑分布较为离散，没有明显的建筑组团集聚，常见于中胜站、软件大道等城市近郊的工业园区或公共服务居住混合区；细碎离散型指的是栅格中以小体量建筑的高度分散布局为特征，存在大量的开放空间，常见于应天东街、滨江公园等城市与大型生态开放空间的接合地带。

均质离散型的空间肌理构成模式，与集约均质型、低密离散型均具有一定的相似特征。其栅格对应的复杂性通常在 0—300 的数值区间，通常以小体量建筑为构成核心，空间密度小于 0.2、空间强度小于 0.7，属于低密、低强的空间类型。建筑之间的底面积差异和建筑的高度差异也较小，建筑基底面积差值小于 2 倍平均建筑底面积，建筑高度差值小于 2 倍平均建筑高度。在空间构成上，栅格内的建筑围绕街区轮廓呈行列式、围合式的均质化布局。与集约均质型的不同之处在于，建筑数量更少，同时建筑组团之间存在明显的离散特征，被城市主干路、水系、铁路、公园等中小型开放空间切割；与低密离散型的不同之处在于其建筑组团内的建筑数量更少、密集程度更低，因此其复杂性要低于上述两种构成模式。

多元离散型的空间肌理构成模式，与多元均质型、低密离散型均具有一定的相似特征。其栅格对应的复杂性通常在 0—300 的数值区间，通常包含大、中、小等不同体量的建筑，空间密度小于 0.2、空间强度小于 0.7，属于低密、低强的空间类型。建筑之间的底面积差异较大，建筑基底面积差值大于或等于 2 倍平均建筑底面积，而建筑的高度差异则较小，建筑高度差值小于 2 倍平均建筑高度。在空间构成上，栅格内的大、中体量建筑通常占据整个街区空间，与其相邻街区的建筑体量呈现明显差异。与多元均质型的不同之处在于其空间分布更为离散，建筑空间分布的规律性程度更低，但是建筑数量上的显著差异导致其复杂性要低于多元均质型；与低密离散型的不同之处在于其离散程度低于前者的同时其建筑数量更少，且建筑的空间高度变化更弱，因此其复杂性也要低于低密离散型。

细碎离散型的空间肌理构成模式，其栅格对应的复杂性通常在 0—300 的数值区间，通常以小体量建筑为构成核心，空间密度小于 0.1、空间强度小于 0.5，属于极低密、极低强的空间类型。建筑之间的底面积差异和建筑的高度差异较小，建筑基底面积差值小于 2 倍平均建筑底面积，建筑高度差值小于 2 倍平均建筑高度。在空间构成上，栅格内的建筑分布最为离散，建筑与建筑的空间间距极大，并且极少存在明显的建筑组团。与均质离散型、多元离散型两种构成模式相比，其离散程度更高，空间密度、强度和高度都更低，栅格以开放空间为构成主体，建筑呈零星状散点分布，从而导致无论是建筑空间关系的变化程度还是关系类型数量都小于前两者，因此其城市形态的复杂性最低。

综合前面三种空间肌理构成模式，可以发现在城市形态复杂性最低（0—300）的栅格内，其空间肌理具有以下几点共性特征：

① 建筑数量较少，整体呈现出低空间密度、低空间强度、低空间高度的形态特征。并且与中复杂性城市形态的空间肌理构成模式相比，其建筑空间布局的不规律程度较高，

但是由于建筑布局较为离散，因此其建筑空间关系类型较少，因而其复杂性也最低。

② 建筑体量差异较小，一方面其建筑底面积差异较小，另一方面其建筑高度差异要显著小于高、中复杂性城市形态的空间肌理构成模式。

③ 相比于高、中复杂性栅格的六种构成模式，其极少存在建筑向外呈十字形分布的情况，空间的离散特征更为明显，开放空间的比重进一步提高，并且其空间分布进一步向中心城区外围及近郊区扩散。

表 6.4 低复杂性城市形态的空间肌理构成模式

模式类型	模式特征	模式图	典型栅格	
均质离散型	1. 复杂性为 0—300 2. 低密低强（密度＜0.2，强度＜0.7） 3. 建筑基底面积差值＜2 倍平均建筑底面积 4. 建筑高度差值＜2 倍平均建筑高度	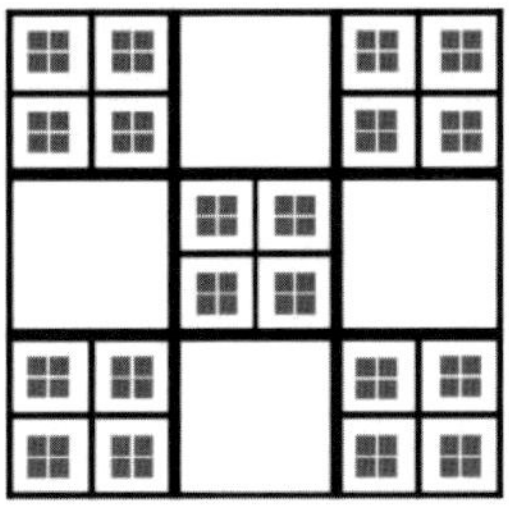	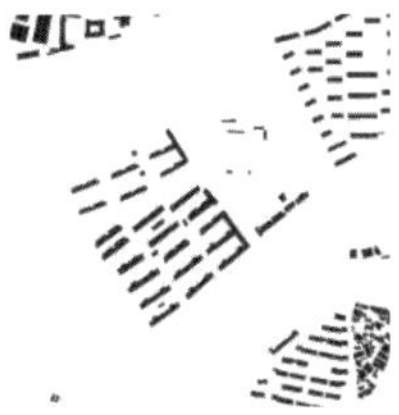 栅格 ID：83	 栅格 ID：68
多元离散型	1. 复杂性为 0—300 2. 低密低强（密度＜0.2，强度＜0.7） 3. 建筑基底面积差值≥2 倍平均建筑底面积 4. 建筑高度差值＜2 倍平均建筑高度	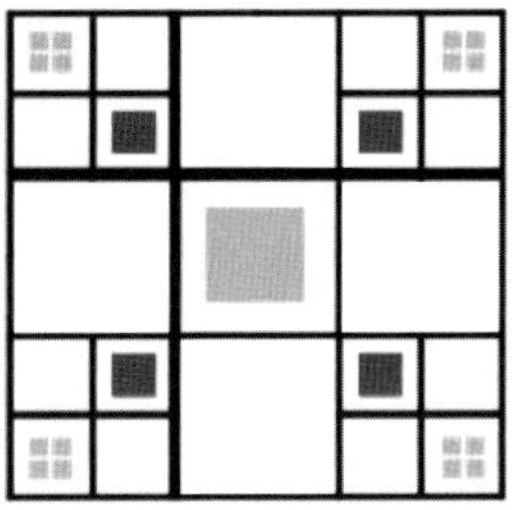	 栅格 ID：57	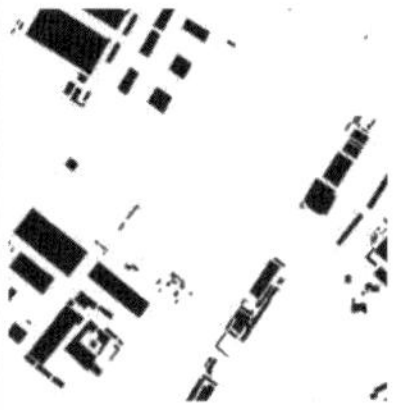 栅格 ID：47
细碎离散型	1. 复杂性为 0—300 2. 极低密极低强（密度＜0.1，强度＜0.5） 3. 建筑基底面积差值＜2 倍平均建筑底面积 4. 建筑高度差值＜2 倍平均建筑高度	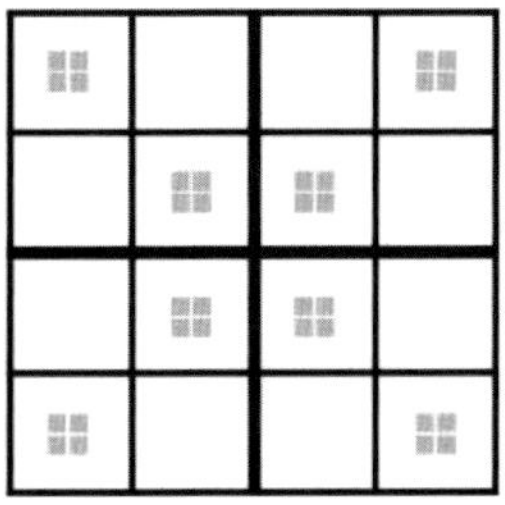	 栅格 ID：53	 栅格 ID：65

6.1.3 复杂性与空间肌理的关联机理

在分析城市形态复杂性与空间肌理的空间耦合特征及空间肌理构成模式的基础上，本书将空间肌理对复杂性的影响因素概括为空间高度、空间强度、空间密度、空间延伸、空间形态外显特征五个方面，进而在此基础上尝试探讨城市形态复杂性与空间肌理的内在关联机理，具体包括空间肌理是如何影响复杂性强弱的，为什么会对复杂性产生影响，对复杂性的影响受到哪些因素的制约等。

关联机理一：空间强度提高时建筑面积不会均匀分摊到栅格空间而导致的建筑面积分布差异，提高了城市形态的复杂性。

在前文的相关性分析中发现，空间高度与城市形态复杂性的相关性较低，说明复杂性强弱在三维空间上并非体现为建筑群落的整体高度差异，建筑都很高或建筑都很矮不会对城市形态复杂性产生本质影响。虽然栅格内的建筑平均高度不会对城市形态复杂性产生实质影响，但是当每个建筑的底面积与高度相结合时会对其形态复杂性造成影响。进一步说，即当空间强度提高时，栅格内的建筑总面积随之增加，而通常情况下这些建筑面积不会均匀分摊到栅格空间中，因而导致了栅格空间内建筑面积的分布差异，从而影响了城市形态的复杂性，分布差异越大，其城市形态复杂性越高。

关联机理二：空间密度提升时带动了建筑空间关系的变化以及种类数量的增多，进而提高了城市形态的复杂性。

空间密度反映的是栅格二维空间内建筑的占地比重，而由于城市内绝大多数建筑均属于中、小体量建筑，并且建筑基底面积差值不会存在较大差异，通常为平均建筑底面积的两倍，因此可以说明在绝大多数情况下空间密度代表的是栅格空间中的建筑数量特征，空间密度越高，其建筑数量通常也会越多。而本书对于城市形态复杂性的测度方法主要包含了矩阵的种类数量，矩阵的类型数量取决于建筑的数量，建筑数量增多，建筑空间关系矩阵的种类数量也会随之增多，同时建筑空间关系变化程度也会提升，由此也解释了城市形态复杂性与空间密度呈高度正相关的内在缘由。

关联机理三：大、中体量建筑沿城市道路十字形延伸过程中产生了高强度建筑簇群或高层建筑轴线，进而提高了城市形态的复杂性。

在空间肌理构成模式的研究中可以发现，高复杂性城市形态的空间肌理构成模式，通常会以大、中体量建筑为核心向外呈十字形分布，沿城市道路向外延伸形成高强度建筑簇群或高层建筑轴线；而对于中复杂性城市形态的空间肌理构成模式，这种特征则被削弱，到了低复杂性城市形态的空间肌理构成模式则鲜有该类特征。这说明大、中体量建筑沿城市道路十字形延伸过程会提高城市形态的复杂性。其内在关联机理在于这一过程中会形成高强度的建筑簇群和高层建筑轴线，通常这些簇群和轴线将形成城市或片区级别的城市职能中心，并且当这些簇群与周边普通中低层建筑相结合时，巨大的建筑体量差异、高度差异，导致建筑空间关系发生变化，即矩阵波动振幅提高，从而提高了城市形态的复杂性。

关联机理四：城市形态外显特征包括建筑分布的紧凑与离散、建筑体量的混合与细碎、建筑布局的交错与均质，上述特征的不同组合形式导致了复杂性的差异。

在上述空间肌理构成模式的归类过程中笔者发现，空间肌理的外显特征可以概括为三个方面，其一是建筑分布的外显特征，包括紧凑与离散两种类型，前者指的是建筑分布密集紧凑且建筑间距较小，后者指的是建筑分布稀疏且建筑间距较大；其二是建筑体量的外显特征，包括混合和细碎两种类型，前者指的是建筑体量由大、中、小等体量建筑混合构成，后者指的是建筑体量只包括中、小体量建筑，并以小体量建筑为构成主体；其三是建筑布局的外显特征，包括交错和均质两种类型，前者指的是建筑在空间上交错布局，没有明显的规律性，后者指的是建筑呈行列式、围合式等规律性布局。上述三种特征的两种类型反映了空间肌理的几种极端模式，其中的紧凑、混合、交错均会提高城市形态的复杂性，离散、细碎、均值则会降低复杂性，而大多数空间都由上述六种类型组合而成，不同的组合方式导致了城市形态复杂性的差异。

6.2 城市形态复杂性与道路街区的耦合特征、模式及关联机理

6.2.1 相关性及空间耦合特征

1）道路街区的构成特征

城市的道路街区指的是通达城市各地区的承担市内外交通运输及行人职能的各等级道路网络体系，以及与道路相伴而生的具有一定的建筑、城市以及社会功能属性的城市街区。前文对于城市形态复杂性的研究聚焦道路和街区本身的物质形态特征，并不融入其社会功能属性，而这一视角下道路和街区本身属于一对伴生关系，即道路围合生成街区、街区拼合体现道路。

在这一定义下，道路街区的构成特征主要包含道路和街区两方面的特征，其中道路构成特征体现为各等级道路的分布以及道路网络的密度（由于聚焦道路物质形态特征，因此未将路网可达性等道路职能研究纳入其中）；街区构成特征体现为各街区的尺度大小、街区形状轮廓以及街区分布的紧凑性。通过将南京中心城区内的道路街区进行空间落位并与栅格进行叠加可以发现，道路街区主要包含以下几种构成特征（图 6.8）：

其一，井字形主次干路与不规则支路的混合分布。从城市道路网络的整体布局来看，南京中心城区的主干路、次干路呈现出显著的方格网状井字形布局特征，体现出明显的规

划特征，这与重庆、武汉等不规则主干路形成鲜明对比。而其支路网体系则呈现出明显的不规则布局特征，体现出了其路网的自生长特征，尤其是秦淮河以内的老城区的居住街区，支路网的不规则程度更加明显。其原因在于南京虽然地处平原地区，但城市内存在紫金山、将军山等大型山体，以及雨花台、菊花台、鸡鸣寺等多个小型丘陵，导致其支路网体系呈现出环地形的不规则分布特征。此外，在南京中心城区的南部和北部有多条铁路穿城而过，对城市形态和组团划分起到了分割作用，例如北部铁路将栖霞区划分为南北两个片区，南部铁路将雨花区一分为三。

其二，秦淮河内外的街区形态分异。秦淮河是南京中心城区内区分城市形态复杂性特征的最主要边界因素之一，通过图 6.8 可以发现南京中心城区的街区形态在秦淮河两岸形成显著的分异。其中秦淮河以内的老城区，街区形态的不规则程度较高，街区尺度较小且路网密度极高，而秦淮河以外的新城区，街区的不规则程度较低且街区尺度相对较大。之所以造成街区形态的显著分异，其主要原因在于南京经历了从秦淮河以内的六朝古都向外发展的历程。在改革开放之前，南京的城市规模变化较小，主要集中于秦淮河以内（即明

图 6.8 南京中心城区道路街区 / 的构成特征

城墙以内），而在之后多轮的总体城市规划和发展过程中城市逐渐向先进的雨花区、建邺区和栖霞区发展。因此秦淮河以内的城市形态大多保留了城市早期的形态特征，街区尺度较小、形态自生长不规则程度较高，而后期的新城建设则秉承了当下中国城市建设的主要理念，通常以大、中尺度的方格网街区为构成，形态较为规整，因而形成了上述的形态分异。

其三，小尺度街区的组团状集聚。在鸡鸣寺、武定门、湖南路、江东门等城市的多个地段，出现街区密度显著高于周边地段的小尺度街区的组团状集聚。虽然上文提到在秦淮河内外形成两种街区形态的显著分异，但同时在秦淮河内外都出现了小尺度街区的集聚。该特征说明，虽然南京的三个新城片区以大、中街区的格网状规律布局为主，但同时也出现了小尺度街区的集聚，并且这些街区并非城市的老旧街区，而通常是新建的大规模居住小区。但这并非相互矛盾的结论，通过对这些居住小区的建成年份、在售房屋的信息查阅可以发现，上述居住小区多为 2000 至 2010 年新建的拆迁安置房，通常以多层建筑为主要构成，建筑密度较高且建筑间距相较同年份的其他住宅区更小，属于典型的中低品质住宅区，这也说明了该类居住组团多分布于新城外缘或老城旧址的原因。此外，住宅类型的特殊性以及缺乏相应的配套设施，导致新城区也同样出现了小尺度街区的组团状集聚。

2）城市形态复杂性与道路街区相关性分析

在 5.3.2 节中已提出猜想城市形态的复杂性与城市的道路街区有着显著关联，并且结合上文中多个小尺度街区的组团集聚分布、秦淮河内外的形态分异，可以发现城市形态复杂性与道路街区的构成特征存在一定的相关性。因此，本书进一步精确测度城市形态复杂性与道路街区各项构成指标（包括每个栅格的路网密度、街区形状以及街区紧凑度）之间的相关性数值，明确其相互之间的内在关联。

通过 SPSS 软件计算每个栅格的城市形态复杂性与栅格内路网密度之间的相关系数，可以发现两者的相关性达到了 0.660**（图 6.9），由此可以说明每个栅格的城市形态复杂性与路网密度存在显著的正向关联。这一结论说明，对于路网密度更高的地带，其城市形态复杂性会更高。一方面，高密度的路网分布对应的街区尺度会更小，通常是城市或片区的核心职能区域，更高密度的路网切分会导致更细致的用地功能划分，进而导致建筑形态的多样化，从而提高城市形态的复杂性。另一方面，当路网密度提高

相关性

		复杂度	路网密度
复杂度	皮尔逊相关性	1	0.660**
	显著性（双尾）		0.000
	个案数	212	212
路网密度	皮尔逊相关性	0.660**	1
	显著性（双尾）	0.000	
	个案数	212	212

** 表示在 0.01 级别（双尾）相关性显著。

图 6.9 城市形态复杂性与路网密度的相关性分析

时，街区的形态也会随之变化，相比低密度路网，高密度路网所切割的街区形态更为不规则，而建筑通常会沿街区轮廓布局，由此导致了建筑朝向的不规律性，进而提高了城市形态的复杂性。由此可以说明，路网密度对复杂性的影响，本质上是路网其密度提高导致建筑体量和朝向更为多样，从而提高了城市形态复杂性。

进而分析街区构成特征与城市形态复杂性的相关性。计算每个栅格的城市形态复杂性与街区紧凑度之间的相关系数，计算发现其相关系数的平均值为 0.467** （图 6.10），由此可以说明栅格的城市形态复杂性与其街区紧凑度存在一定的正向关联。这一结论说明，一方面街区分布得越是紧凑，其城市形态的复杂性越高。这是因为紧凑分布的街区通常位于城市的高密度建设区（通常为老城区或新城中心区），其建筑的建设密度更高、形态更为复杂多样，所以其复杂性会较高。另一方面也说明街区紧凑度也并非与城市形态复杂性绝对相关，这是因为街区紧凑度也会受到其所处的地形地貌、山水边界以及其特殊功能定位（例如上文提到的拆迁安置房）等其他因素的影响，以上因素与城市形态复杂性并无显著关联，导致街区紧凑度与城市形态复杂性的相关性并未高于 0.5，只呈现较相关的特征。

相关性

		复杂度	紧凑度
复杂度	皮尔逊相关性	1	0.467**
	显著性（双尾）		0.000
	个案数	212	212
紧凑度	皮尔逊相关性	0.467**	1
	显著性（双尾）	0.000	
	个案数	212	212

** 表示在 0.01 级别（双尾）相关性显著。

图 6.10 城市形态复杂性与街区紧凑度的相关性分析

相关性

		复杂度	形状指数
复杂度	皮尔逊相关性	1	−0.457**
	显著性（双尾）		0.000
	个案数	212	212
形状指数	皮尔逊相关性	−0.457**	1
	显著性（双尾）	0.000	
	个案数	212	212

** 表示在 0.01 级别（双尾）相关性显著。

图 6.11 城市形态复杂性与街区形状的相关性分析

计算每个栅格的城市形态复杂性与街区形状之间的相关系数，计算发现其相关系数的平均值为 −0.457** （图 6.11），由此可以说明栅格的城市形态复杂性与街区形状存在较为明显的负向关联。街・区形状的测算是以圆形状指数[①]为指标进行测算的，指数数值越低，说明街区的轮廓形态越规则，反之则越不规则。由此可以说明，当街区的轮廓边界越不规则时，其形态的复杂性越高。这一特征在上一段中已经探讨过，即街区内的建筑布局通常

① 圆形状指数：又称 Boyce-Clark 形状指数，是 1964 年 Boyce 和 Clark 提出来的，该指数是根据几何图形的总面积和周长进行复杂计算后得出的。其意义为该指数能够比较几何图形与标准圆形形状之间的关联，图形越接近于圆形则指数越小，反之则指数越大。

是依据街区轮廓进行排列的，尤其是在强调建筑贴线率、建筑沿街界面的当下城市设计与建设过程中，建筑的朝向、排列方式与街区轮廓显著相关。因此当街区轮廓越不规则时，街区内的建筑布局会更加多变，建筑的朝向也会随之变化，从而提高了建筑空间关系中建筑朝向关系的差异性，进而提高了城市形态的复杂性。

综上可以发现，城市形态复杂性与道路街区具有明显的相关性，并且相关性之间的差异也较大。其中路网密度的相关性最高，街区紧凑度其次，且两者皆呈正相关；而街区形状则呈较明显的负相关。这一发现说明，城市形态复杂性与道路街区的关联性，主要体现为栅格内的道路网络分布密度和街区轮廓形态的差异，路网密度越高、街区紧凑度越高、街区轮廓形状越不规则，城市形态的复杂性越高。

3）城市形态复杂性与道路街区的空间耦合特征

特征一：高复杂性边缘与路网密度的边界型错位。在上文中通过相关性分析可以发现，城市形态的复杂性与路网密度呈高度的正相关，即路网密度越高的地带，其城市形态复杂性通常也越高。因而将两者通过克里金插值法转变为复杂性强弱的火山图分布，并进行空间耦合对比，可以发现两者在空间上整体呈现出高度的耦合性，但是在高复杂性的边缘地带出现了不耦合的现象，并且不耦合空间呈连绵的带状分布，如图 6.12 所示。具体地说，这种不耦合的错位空间主要分布于中心的高复杂性空间边缘，以及南北两个新城的低复杂

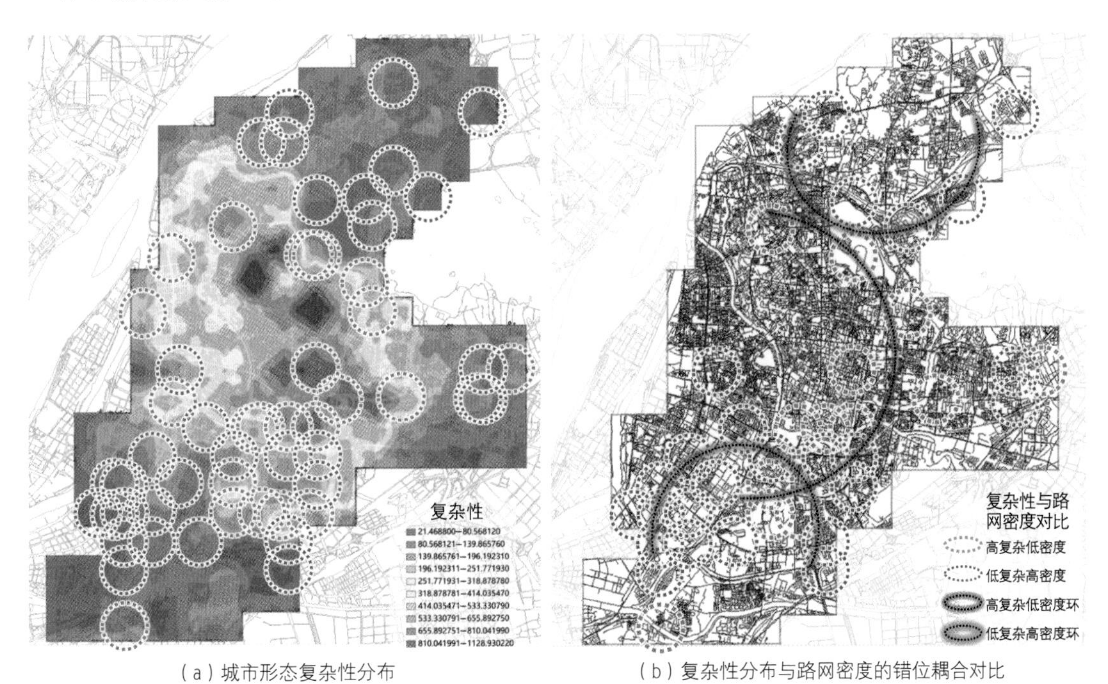

（a）城市形态复杂性分布　　（b）复杂性分布与路网密度的错位耦合对比

图 6.12 南京中心城区城市形态复杂性分布与路网密度的错位耦合对比

性空间边缘，并呈现出圆弧状的带状分布。造成上述现象的原因在于，一方面，中心的红色环状错位地带位于玄武湖、雨花台等城市大型生态要素的边缘，其特殊的地形环境导致无法建设高强度的路网体系，但是其建筑确在逐轮的规划建设中颇具规模；另一方面，南北两侧的蓝色环状错位地带以新城区的居住区为主要构成，该类住宅通常以大街区、方格路网的形式建设，导致了其路网密度的显著下降，并且内部的支路网体系结构也较为规整，从而出现上述边界型错位现象。

特征二：复杂性与街区形状的向心式耦合。在上文中通过相关性对比可以发现城市形态复杂性与街区形状存在较为明显的负向关联。因而对两者的克里金插值图进行空间耦合分析，可以发现南京老城区以内的高复杂性空间的耦合程度较高，而外围的新城区空间则出现板块状的耦合，并且越向城市中心其耦合程度越高（图 6.13）。该现象一方面证实了上文中街区形状对于城市形态复杂性的影响机理，即建筑沿街区轮廓布局的规则导致不规则街区的复杂性较高。另一方面，外围的不耦合空间大多分布于沿江、沿高架、沿铁路等城市大型要素边缘，这说明当街区的这种不规则特征是某些特定要素导致的，而非街区在自身发展和更新迭代过程中产生时，城市形态的复杂性并非会产生显著变化。

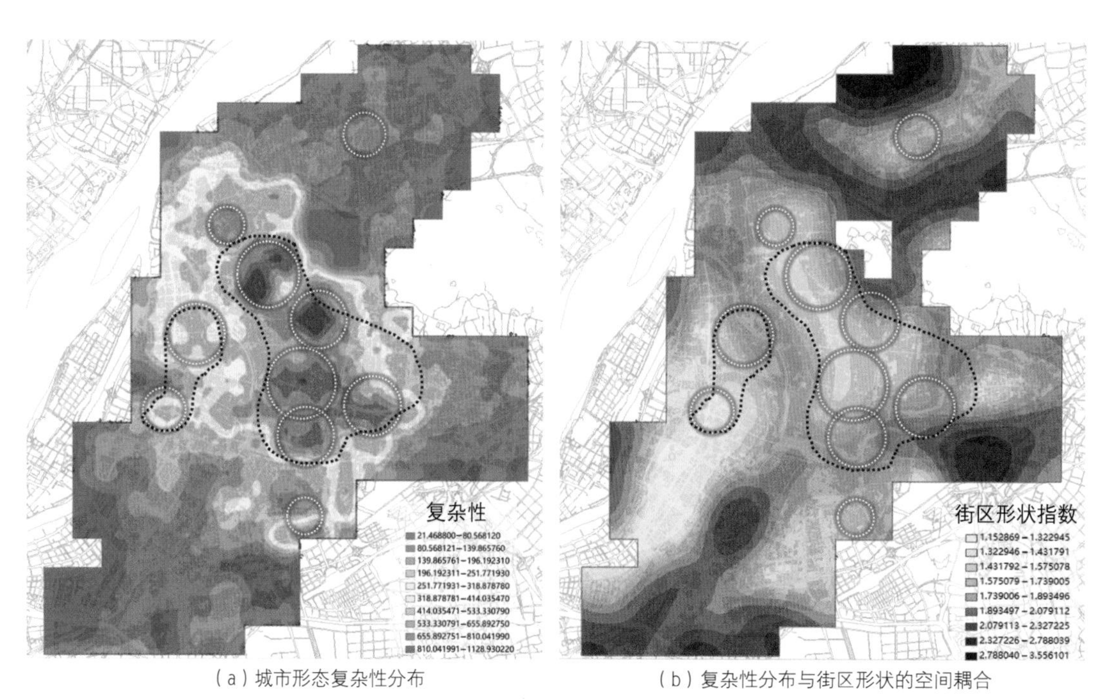

（a）城市形态复杂性分布　　（b）复杂性分布与街区形状的空间耦合

图 6.13 南京中心城区城市形态复杂性分布与街区形状的空间耦合

特征三：复杂性与街区紧凑度的指状耦合。城市形态复杂性与街区紧凑度存在较为明显的正向关联，即街区分布得越是紧凑，其城市形态的复杂性越高。与上文的形状指数不同，形状指数主要用于测度街区边界的不规则性及凹凸变化程度，而紧凑度①则主要衡量街区的完整性和集聚程度，紧凑度越高，说明街区的形态越趋近于圆形，空间构成越集约紧凑[2]。进而对两者的克里金插值图进行空间耦合分析，可以发现两者呈现出一种中心高度耦合，并向外呈多条脉络延伸的指状耦合特征（图 6.14）。除了中心强复杂性界区外，主要沿栖霞大道、花神大道、后标营路等多条城市的主要发展轴线向外延伸。由此可以说明，在新城建设中越紧凑的街区空间其城市形态复杂性越高，而之所以出现指状延伸，是因为指状延伸的路径上其用地功能的混合程度极高，街区空间更加需要紧凑布局（详见 6.3.3）。

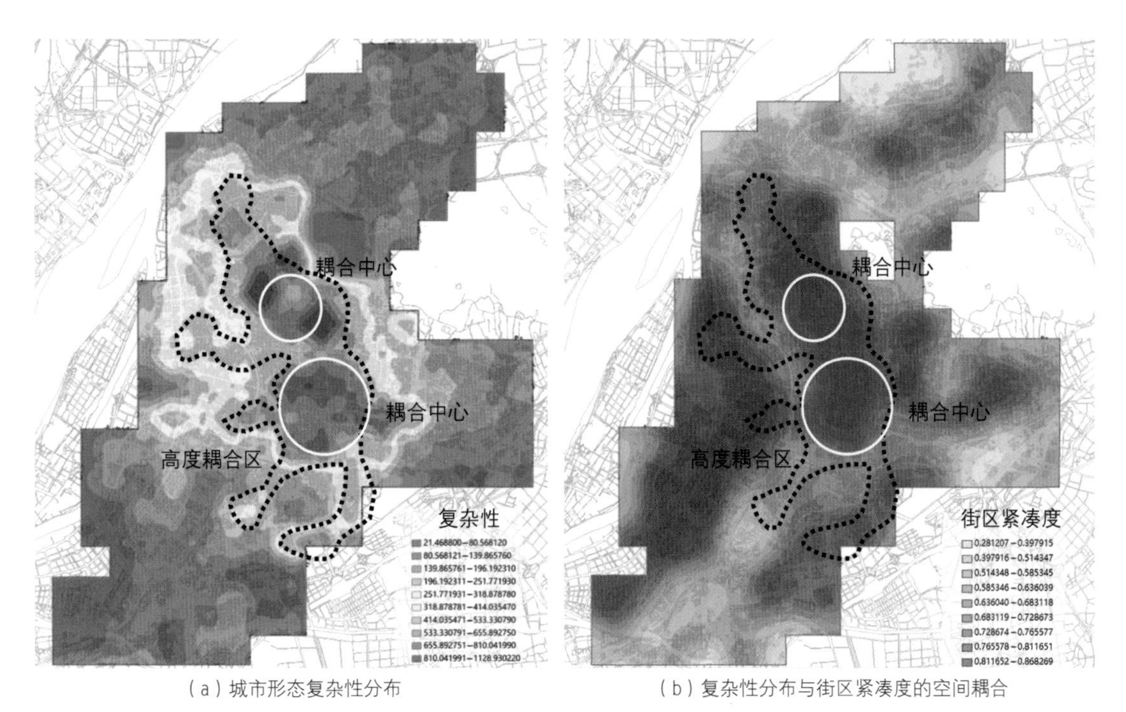

（a）城市形态复杂性分布　　（b）复杂性分布与街区紧凑度的空间耦合

图 6.14 南京中心城区城市形态复杂性分布与街区紧凑度的空间耦合

6.2.2 复杂性差异下的道路街区构成模式

通过上一节的分析可以发现，城市形态的复杂性受到城市道路街区差异的影响，并且道路网密度的不同、街区形状的不同以及街区紧凑程度的不同，都会在一定程度上影响城市形态的复杂性，抑或通过复杂性差异来反映其道路街区的构成差异。基于此，本节在上述研究结论的基础上，结合城市形态复杂性与道路街区的相关性结果，尝试总结不同复杂

---

① 紧凑度是衡量场地空间形态的完整性和集聚性指标，用于反映平面外轮廓形态的集聚和集约程度，计算公式为 $CR = 2\sqrt{\pi A}/P$，其中 CR 为城市街区的紧凑度，A 为街区面积，P 为街区轮廓周长。

性栅格的道路街区构成模式，以此为下一步的关联机理探讨提供模型依据。具体包括三种高复杂性城市形态对应的道路街区构成模式、三种中复杂性城市形态对应的道路街区构成模式以及三种低复杂性城市形态对应的道路街区构成模式。

1）高复杂性城市形态的道路街区构成模式

高复杂性城市形态栅格的道路街区主要包含三种构成模式，分别为网格路网规则型、立交岔口规则型以及半网格规则型，如表 6.5 所示。其中的网格路网规则型指的是其路网以井字形的格网形态为主且路网密度较高，街区形状呈矩形等规则形态且尺度较小，常见于珠江路、苜蓿园等老城的商住混合地带；立交岔口规则型指的是处于立交或快速路等大型交通干道交叉口且街区形态较为规整的地带，常见于南京南站、赛虹桥立交桥等大型交

表 6.5 高复杂性城市形态的道路街区构成模式

模式类型	模式特征	模式图	典型栅格	
网格路网规则型	1. 复杂性为 600—900 2. 网格状主次支道路支路道路密度高 3. 城市街区形状较规则		栅格 ID：133	栅格 ID：123
立交岔口规则型	1. 复杂性为 600—900 2. 有大型立交式交叉口 3. 城市街区形状较规则		栅格 ID：166	栅格 ID：164
半网格规则型	1. 复杂性为 600—900 2. 道路局部呈现网格状 3. 城市街区形状较规则		栅格 ID：136	栅格 ID：90

通枢纽周边的商办混合地带；半网格规则型指的是由规则网格路网与不规则网格路网混合而成的地带，常见于白马公园、秦淮河沿岸等濒临大型生态要素的居住性生活地带。下面具体分析各类构成模式的主要特征，并总结高复杂性城市形态的道路街区构成模式的共性规律。

网格路网规则型的道路街区构成模式，其栅格的复杂性通常在600—900的数值区间，以十字形主干路交叉口为道路形态的中心，周边由格网状的次干路和支路构成，并且其主次干道的数量较少，而支路网体系的路网密度则极高，进而导致其街区尺度较小且形态高度紧凑，仅在主干路交叉口或沿线存在少量的大尺度街区，并承担该地段的核心公共服务职能。相较于其他构成模式，该类构成模式的支路网体系最为密集且街区数量最多，通常在一个由主次干路围合成的片区内包含15个以上的小型街区，且整体呈格网式均匀布局。

立交岔口规则型的道路街区构成模式，其栅格的复杂性通常在600—900的数值区间，以立交、铁路或城市快速路的交叉口为道路形态的中心，周边由格网状的次干路和支路构成，并且其主次干道的数量较少而支路网体系的路网密度则较高，街区尺度呈现出从立交向外逐渐缩小的趋势。该类构成模式与网格路网规则型有着极为相似的特征，并且大多分布于城市的新老城区边界，不同之处在于相比于网格路网规则型，其支路网密度相对较小，街区尺度也普遍大于网格路网规则型。

半网格规则型的道路街区构成模式，其栅格的复杂性通常在600—900的数值区间，其道路形态并未有显著的中心地带，通常以次干路及支路网体系为主要构成，并且呈现出井字形路网与不规则路网并存的特征。同时，街区形态也呈现出大、小尺度混合的特征，其整体形态较为规整。之所以呈现半网格化的规则与不规则路网兼容特征，是因为该类地带通常位于诸如玄武湖、秦淮河、紫金山等城市大型山水要素的边缘地带，地形起伏较大或被大型河流切分，所以其局部空间的路网随河流或地形波动。相比于上述其他两类构成模式，该类构成模式的街区尺度相对较大，通常在一个由主次干路围合成的片区内包含10—15个中小型街区，且整体呈格网式不均匀布局。

综合前面三种道路街区构成模式，可以发现在城市形态复杂性较高（600—900）的栅格内，其道路街区具有以下几点共性特征：

①路网密度极高，街区尺度较小，通常以中、小尺度街区为核心构成，由主次干路围合成的片区内包含10—15个及以上的中小型街区。

②路网整体呈方格网状的井字形布局，街区形态较为规则，且主次干道的数量较少，而支路网体系的路网密度则较高。

③通常围绕主干路、快速路或立交等城市大型交通干道的交叉口布局，且较大尺度

街区大多依附于交叉口向外生长，街区尺度逐渐减小。

2）中复杂性城市形态的道路街区构成模式

中复杂性城市形态栅格的道路街区主要包含三种构成模式，分别为干道穿越弧形型、道路滨水规则型以及多干道交叉规则型，如表 6.6 所示。其中干道穿越弧形型指的是地带内存在一条以上的大型城市主干道或快速路穿越城市街区，常见于定淮门、卡子门等快速路的中间地带，并且通常位于新城区的边缘或新老城区交接处；道路滨水规则型指的是该空间地带内的主干道滨水或跨水而建，并且街区形状较为规则，常见于秦淮河、玄武湖、珍珠河等城市大中型河流湖泊的周边地带；多干道交叉规则型指的是三条及以上的城市干道或公路在场地交会形成复杂的立体交叉口，常见于鼓楼站、下马坊等交通会聚要道地带。下面具体分析各类构成的主要特征，并总结中复杂性城市形态的道路街区构成模式的共性规律。

干道穿越弧形型的道路街区构成模式，其栅格的复杂性通常在 300—600 的数值区间，以三条以上干道穿越通过为道路形态的核心特征，周边的街区空间通常沿交通干道呈不规则或弧形分布，同时次干路和支路网体系较为稀疏，通常在一个由主次干路围合成的片区内包含 5 个以内的大中型街区，呈现出大街区、稀路网的整体形态特征。与高复杂性的三种构成模式相比，该类构成模式的路网密度显著降低，并且街区的形态也更为不规则化。与同类的两种中复杂性构成模式相比，该类构成模式的支路网密度最低，并且街区形状也更为复杂多变。

道路滨水规则型的道路街区构成模式，其栅格的复杂性通常在 300—600 的数值区间，以滨水或跨水而建的主干道为道路形态的主要特征，并且河流水系在空间的占比超过了 1/7。同时城市街区形状较规则，仅在部分地段出现圆弧形状的不规则街区，通常在一个由主次干路围合成的片区内包含 5—10 个不同尺度街区，呈现出大中街区、中等路网密度的整体形态特征。与同类构成模式相比，该类构成模式的街区形状更为规整，并且主干、次干、支路的规模比例更为均匀。与高复杂性构成模式相比，其街区的形状规则程度更低，且紧凑度也更低。

多干道交叉规则型的道路街区构成模式，其栅格的复杂性通常在 300—600 的数值区间，三条及以上的城市干道或公路在场地交会形成复杂的立体交叉口，其次干路和支路从干道两侧向外延伸，并形成整体规整、局部不规则的街区形态。通常在一个由主次干路围合成的片区内包含 5—10 个不同尺度街区，呈现出中小街区、较密路网的整体形态特征。与同类构成模式相比，该类构成模式的街区尺度差异更大，包含了大、中、小等不同尺度的街区，且街区的紧凑度更高。与高复杂性构成模式相比，其街区的尺度相对较大，且路网密度更低，同时支路网的分布更为不均。

综合前面三种道路街区构成模式，可以发现在城市形态复杂性中等（300—600）的栅格内，其道路街区具有以下几点共性特征：

①路网密度中等，街区尺度差异较大，通常包含了大、中、小等不同尺度的街区，由主次干路围合成的片区内包含 5—10 个及以下的街区。

②路网的格网状井字形特征逐渐削弱，转变为由大型交通干道的弧线形切割，街区形态整体规则而局部不规则，且支路网体系的路网密度显著降低。

③通常沿主干路、快速路或立交等城市大型交通干道或河流等大中型河流的两侧呈线性布局，且较大尺度街区大多依附于交叉口或干道河流的两侧。

表 6.6 中复杂性城市形态的道路街区构成模式

模式类型	模式特征	模式图	典型栅格	
干道穿越弧形型	1. 复杂性为 300—600 2. 三条以上干道穿越 3. 街区形状不规则，曲线形居多		栅格 ID：130	栅格 ID：51
道路滨水规则型	1. 复杂性为 300—600 2. 有河流穿过场地，水体占比为 1/7 到 1/5 3. 城市街区形状较规则	水体	栅格 ID：80	栅格 ID：139
多干道交叉规则型	1. 复杂性为 300—600 2. 三条及以上的城市干道或公路在场地交会，形成复杂的立体交叉口 3. 城市街区形状较规则		栅格 ID：142	栅格 ID：123

3）低复杂性城市形态的道路街区构成模式

低复杂性城市形态栅格的道路街区主要包含三种构成模式，分别为道路滨江不规则型、公路穿越不规则型以及树状支路不规则型，如表 6.7 所示。其中的道路滨江不规则型指的是城市空间内有江河穿过场地，水体占比为 1/3 到 1/2，常见于月牙湖、秦淮河、扬子江大道等紧邻城市大型河流水系地带；公路穿越不规则型指的是三条及以上的公路或者铁轨穿越场地，两侧形成隔离带，常见于双桥门立交、花神庙枢纽等高架立交两侧地带；树状支路不规则型指的是由次干道、支路指状延伸形成的道路街区空间，常见于菊花台、迈皋桥等城市老城地带或新城的住区连绵地带。下面具体分析各类构成模式的主要特征，并总结低复杂性城市形态的道路街区构成模式的共性规律。

道路滨江不规则型的道路街区构成模式，其栅格的复杂性通常在 0—300 的数值区间，有江河穿过场地，水体占据了 1/3 到 1/2 以上的空间，两侧道路走线顺应水岸向外延伸。同时大型河流岸线的组合导致河流两侧的街区尺度差异较大，并且河流形态的不规则导致街区形态较不规则，紧凑度也较低。相比于中复杂性的道路滨水规则型，该类构成模式的街区尺度差异更大、街区形态更不规则，并且其内部的支路网体系密度更低。与同类的两种低复杂性构成模式相比，该类构成模式的支路网密度最低。

公路穿越不规则型的道路街区构成模式，其栅格的复杂性通常在 0—300 的数值区间，三条及以上的公路或者铁轨穿越场地，两侧形成一定宽度的隔离带。同时交通噪声以及所处区位导致道路两侧街区呈大尺度分布特征，通常在一个由主次干路围合成的片区内包含 5 个以内的大中型街区，且街区形状较不规则。与中复杂性的干道穿越弧形型相比，该类构成模式的街区尺度更大但规则程度较高；与同样被线性要素切割的道路滨江不规则型相比，该类构成模式的街区尺度差异更小且规则程度更高，但由于建筑数量多于道路滨江不规则型，因此二者城市形态复杂性基本相当。

树状支路不规则型的道路街区构成模式，其栅格的复杂性通常在 0—300 的数值区间，该类空间中缺乏主干路、快速路等高等级路网，以次干道、支路的指状延伸为主要构成，并且路网的整体密度极低，通常在一个由主次干路围合成的片区内包含 5 个以内的大中型街区，呈现出大街区、稀路网的整体形态特征。与同类的两种低复杂性构成模式相比，该类构成模式的高等级道路数量最少且街区形状最为不规则，整体呈现出一种自然生长特征，同时沿支路向外指状延伸的特征最为明显，街区的紧凑度也最低。

综合前面三种道路街区构成模式，可以发现在城市形态复杂性较低（0—300）的栅格内，其道路街区具有以下几点共性特征：

①路网密度较低，且街区尺度差异极大，通常包含了大、中、小等不同尺度的街区，

由主次干路围合成的片区内包含 5 个以内的大中型街区。

②路网沿大型交通干道、枢纽或生态要素布局，街区形状极度不规则且街区的紧凑度较低，支路网体系的路网密度降低，且街区内的建筑密度降低。

③大型交通干道、枢纽或生态要素两侧的街区存在显著差异，并且不同尺度街区在空间内的布局更为凌乱，没有明显规则。

表 6.7 低复杂性城市形态的道路街区构成模式

模式类型	模式特征	模式图	典型栅格	
道路滨江不规则型	1. 复杂性为 0—300 2. 有江河穿过场地，水体占比为 1/3 到 1/2。两侧道路走线顺应水岸 3. 城市街区形状较异形	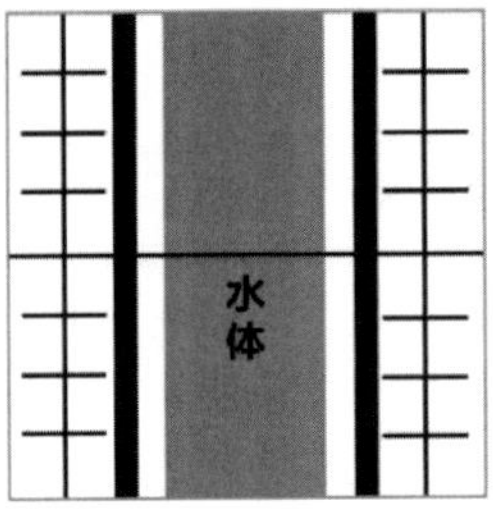 水体	 栅格 ID：43	 栅格 ID：137
公路穿越不规则型	1. 复杂性为 0—300 2. 三条及以上的公路或者铁轨穿越场地，两侧形成隔离带 3. 城市街区形状较异形	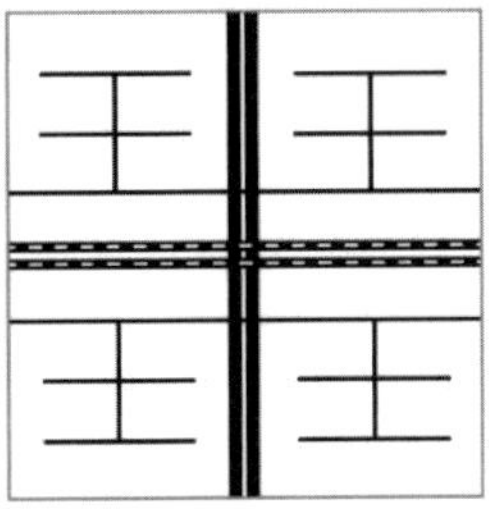	 栅格 ID：61	 栅格 ID：7
树状支路不规则型	1. 复杂性为 0—300 2. 缺乏高等级道路，90％以上为次干道、支路等级，且为树状 3. 城市街区形状较异形	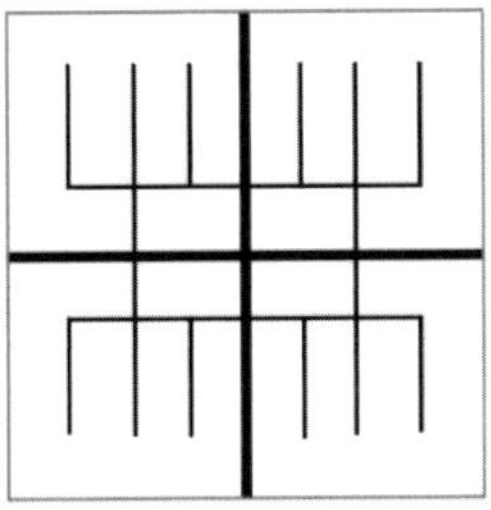	 栅格 ID：114	 栅格 ID：12

6.2.3 复杂性与道路街区的关联机理

在分析城市形态复杂性与道路街区的空间耦合特征及道路街区构成模式的基础上，本书将道路街区对复杂性的影响因素概括为路网区位、路网密度、路网形态、街区紧凑度机理四为紧凑度分析四个方面，进而在此基础上尝试探讨城市形态复杂性与道路街区的内在关联机理，具体包括道路街区是如何影响复杂性强弱的，为什么会对复杂性产生影响，对复杂性的影响受到哪些因素的制约等。

关联机理一：快速立交的数量以及所处路段的不同，导致道路街区对于城市形态复杂性的影响产生分异。

从前文中可以发现，在不同城市形态复杂性空间中均存在高速路、高架等城市快速交通穿越空间的栅格，并且其复杂性差异极大，例如立交岔口规则型的复杂性通常在600—900的数值区间、干道穿越弧形型的复杂性通常在300—600的数值区间、公路穿越不规则型的复杂性通常在0—300的数值区间。对比上述几种快速道路可以发现，立交岔口规则型的栅格通常位于快速立交的交叉口，周边没有大型的隔离带设施，并且仅存在一个交叉口；干道穿越弧形型的栅格通常位于快速立交的中间段，周边没有大型的隔离带设施，存在三条以上干道穿越且街区形态沿干道曲折多变；而公路穿越不规则型则位于快速立交的中间段，周边配备有大型的绿化隔离带或水系，且存在三条以上干道穿越。综上可以说明，快速立交的数量以及所处路段的不同，导致道路街区对于城市形态复杂性的影响产生分异，并且越是位于快速立交的中间段、隔离带规模越大、立交数量越多，城市形态的复杂性越低。

关联机理二：路网密度与城市形态复杂性的强关联，其本质在于支路网对建筑布局与朝向的强制约性。

在相关性分析中可以发现城市形态复杂性与栅格内路网密度之间的相关性极高，并且通过构成模式分析证明了路网密度越高，通常其城市形态复杂性越高。例如高复杂性的网格路网规则型、半网格规则型，其路网密度极高且街区尺度较小；而低复杂性的道路滨江不规则型、树状支路不规则型，其路网密度极低且街区尺度普遍较大。进一步对比分析不同复杂性构成模式的路网构成可以发现，其路网密度的差异主要体现为支路网数量的差异，高密度路网的支路网数量极多。而支路网的形态、数量会对建筑布局和朝向造成一定的制约，支路网数量越多，其建筑布局通常越紧凑，且朝向会随不同支路走向发生变化，从而导致其城市形态复杂性越高。同时，支路网也会对城市功能产生一定的切分作用，支路网越密集的空间，其空间功能混合度越高，进而也会导致城市形态复杂性越高。综上说明，路网密度与城市形态复杂性的强关联，其本质在于支路网对建筑布局与朝向的强制约性，以及支路网数量增加时对城市功能的切分更为细碎，功能混合程度也更高。

关联机理三：不规则路网形态对于城市形态复杂性的增益效应与削减效应并存。

在通常的认知中，路网和街区形态越不规则，其城市形态的复杂性会越高，并且这一结论也在前面的相关性分析中得以证实，街区的形状指数与形态复杂性呈较为明显的负相关。这是因为路网和街区的轮廓边界均会对建筑布局造成影响，即街区内的建筑布局通常是依据街区轮廓进行排列的，尤其是在强调建筑贴线率、建筑沿街界面的当下城市设计与建设过程中，所以当街区轮廓不规则时，街区内的建筑布局会更加多变，建筑的朝向也会随之变化，进而提高了城市形态的复杂性。

但是这种增益效应体现为一种向心式的耦合，在老城以外的新城片区则呈现出逆向的削减效应。外围的不耦合空间大多分布于沿江、沿高架、沿铁路等城市大型要素边缘，这说明当街区的这种不规则特征是某些特定要素导致的，而非街区在自身发展和更新迭代过程中产生时，城市形态的复杂性并非会产生显著变化。甚至会由于高架、铁路等要素的影响导致建筑数量的减少、功能类型的单一，进而降低城市形态的复杂性。

综上所述，不规则路网形态对于城市形态复杂性的增益效应与削减效应并存，并且越靠近城市中心，增益效应越明显；反之，越靠近新城外围，削减效应越明显。

关联机理四：街区尺度差异越小所引起的建筑布局形态越紧凑，进而导致城市形态复杂性越高。

通过不同复杂性的构成模式对比可以发现，高复杂性构成模式大多以小尺度街区为构成，且街区尺度的差异较小；相反地，诸如道路滨江不规则型、公路穿越不规则型等低复杂性栅格的街区尺度差异极大，尤其是当存在大型水系河流或快速立交等交通干道切分城市空间时，其两侧的街区尺度会存在显著差异。这是因为小尺度街区通常是空间功能的高度集聚以及用地资源的高度紧张造成的，在这类空间中建筑的布局形态也会更加紧凑，进而提高了城市形态的复杂性。同时，街区尺度差异大，则说明地块中存在多个分散的大尺度街区，而该类街区通常以工业、体育、医疗、高校等大型业态功能为主，在建筑体量、建筑高度以及建筑朝向等方面差异较小，尤其是处于同个大尺度街区内的建筑朝向基本保持一致，这就降低了建筑空间关系的矩阵波动振幅，从而导致城市形态复杂性的降低。

6.3 城市形态复杂性与用地功能的耦合特征、模式及关联机理

6.3.1 相关性及空间耦合特征

1）用地功能的构成特征

城市用地功能指的是城市规划区范围内被赋予一定功能和用途的土地的统称，被用以满足城市的日常运转以及城市的开发建设。本书以研究城市形态为主，因此将聚焦用地功

能的结构特征及其空间布局特征。用地结构即各类城市用地占城市总用地的比重，以及各类用地在空间上的分布和组合关系，因此从物质空间视角分析其与城市形态复杂性的空间关联机制。城市用地结构的特征、分布特点以及其合理性，不仅关系到城市整体功能发展的良好与否，同时也直接制约了城市的空间建设及城市的整体形态特征。

在这一定义下，由于本书以建筑体量为构成、以 1000 m×1000 m 的栅格为空间单元进行研究，因此需要从栅格视角对用地功能及其构成特征进行量化。在这一尺度和视角下，用地功能的构成特征主要体现为各类用地的数量比重、空间分布、地块尺度，以及各类用地之间的相互组合关系。通过将南京中心城区各个地块的用地功能进行空间落位并与栅格进行叠加可以发现，用地功能主要包含以下几种构成特征（图 6.15）：

其一，用地地块尺度由中心向外的圈层式扩大。南京老城区内的地块尺度呈小尺度密集状分布，并且在新街口、张府园、鼓楼等地段形成超高密度的地块集聚，通常一个街区内包含了 10 个以上的用地地块。同时随着用地的向外扩张，用地地块的尺度也呈现出由中心向外的圈层式扩大，在玄武门、明故宫轴线、秦淮河两岸地块尺度相较老城要更大，通常一个街区内包含 5—8 个用地地块；而到了河西奥体、迈皋桥、雨花台等南京中心城区的外围一带，用地尺度进一步提升，通常一个街区内仅包含 3—5 个用地地块，有时也会出现一个街区仅包含一个地块的情况。

其二，老城中心用地功能的高度混合。南京老城区内除了用地地块的小尺度密集分布以外，用地功能的组合模式也呈现出多种类型高度混合的特征，尤其是新街口、鸡鸣寺、湖南路等老城的商业、办公、公共服务或综合类中心，其用地功能的混合程度更高，地块的尺度更小，轮廓形状的规律性程度也更低。而在南京中心城区的外围地段，用地功能的混合程度则显著降低，仅在晓庄、应天大街、卡子门等生活性的片区级中心地功能段出现用地功能的高度混合。

其三，商业公共服务类功能的向心集聚及轴线式外延。通过对比不同区位栅格内的用地功能类型可以发现，公共管理与公共服务用地（A 类）或商业服务业设施用地（B 类）呈向心集聚的特征，主要集中在秦淮河以内的老城地段，并且沿幕府东路、江东中路、雨花东路等城市的主干路向外呈线性延伸，并在轴线的尽端形成小规模的中心集聚，从而生成城市的次级中心。

其四，新城片区的用地组合差异化。尽管商业公共服务类功能呈向心集聚，但是栖霞、建邺、雨花三个城市的外围新城片区，其用地功能的组合仍存在差异化的特征。其中北部的栖霞区以居住用地（R 类）和工业用地（M 类）为主要构成，西南部的建邺区则以居住用地（R 类）、公共管理与公共服务用地（A 类）和中小学教育用地（Re 类）为主要构成，而东南部的雨花区则以居住用地（R 类）、物流仓储用地（W 类）及绿地与广场用地（G 类）为主要构成。由此说明，尽管新城区的功能相对单一化，但各个新城片区的用地组合仍存在显著差异。

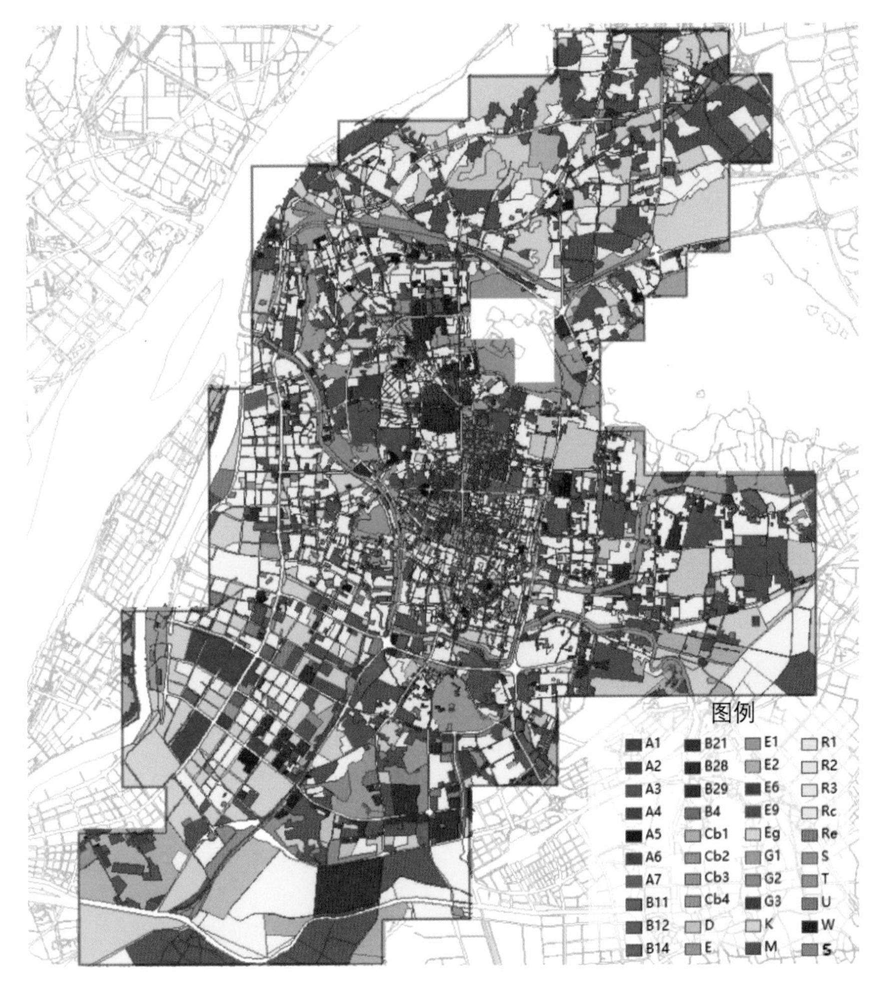

图 6.15 南京中心城区用地功能的构成特征

2）城市形态复杂性与用地功能分项指标相关性分析

在 5.3.2 节中已提出猜想城市形态的复杂性与城市的用地功能有着显著关联，并且结合上文对鸡鸣寺、张府园、湖南路等老城地段，以及晓庄、应天大街、卡子门等新城地段的城市形态复杂性强弱，可以发现城市形态复杂性与不同类型的用地功能存在一定的相关性。因此，本书进一步精确测度城市形态复杂性与各类用地功能之间的相关性数值，进而明确其相互之间的内在关联。

通过 SPSS 软件计算每个栅格的城市形态复杂性与用地地块数量之间的相关系数，可以发现两者的相关性达到了0.689**（图6.16），由此可以说明每个栅格的城市形态复杂性与用地地块数量存在显著的正向关联。这一结论说明，当栅格内的地块均为中、小尺度且密集分布时，其城市形态的复杂性要比大、中尺度地块组合而成的栅格更高。由于不同用地类型对应的建筑功能不同，建筑的整体形态、体量、高度都会有所差异，因此当地块尺度更小且密集分布时，栅格内建筑的形态差异会更大，这就导致了建筑空间关系的矩阵波动振幅提高，进而提高了城市形态的复杂性。

进一步地，通过SPSS软件计算每个栅格的城市形态复杂性与各种用地类型之间的相关系数，如表6.8所示。这里需要说明的是，由于公共管理与公共服务用地（A类）、商业服务业设施用地（B类）以及居住用地（R类）是城市中最常见的用地类型，因此为了研究的准确性，在相关性分析时将其拆分为中类用地进行详细分析，其他用地由于数量相对较少，因此以大类进行研究。可以发现其中的中小学教育用地（Re类）、商住混合用地（Rb类）、商业设施用地（B1类）与城市形态复杂性具有显著的正向关联，其相关系数超过了0.5，分别为0.572、0.566、0.504（图6.17—图6.19）；其次是行政办公用地（A1类）、医疗

相关性

			复杂度	用地地块数量
斯皮尔曼 Rho	复杂度	相关系数	1.000	0.689**
		显著性（双尾）		0.000
		N	212	212
	用地地块数量	相关系数	0.689**	1.000
		显著性（双尾）	0.000	
		N	212	212

** 表示在0.01级别（双尾）相关性显著。

图6.16 城市形态复杂性与用地地块数量的相关性分析

相关性

			复杂度	Re
斯皮尔曼 Rho	复杂度	相关系数	1.000	0.572**
		显著性（双尾）		0.000
		N	212	212
	Re	相关系数	0.572**	1.000
		显著性（双尾）	0.000	
		N	212	212

** 表示在0.01级别（双尾）相关性显著。

图6.17 城市形态复杂性与Re类用地的相关性分析

相关性

			复杂度	Rb
斯皮尔曼 Rho	复杂度	相关系数	1.000	0.566**
		显著性（双尾）		0.000
		N	212	212
	Rb	相关系数	0.566**	1.000
		显著性（双尾）	0.000	
		N	212	212

** 表示在0.01级别（双尾）相关性显著。

图6.18 城市形态复杂性与Rb类用地的相关性分析

相关性

			复杂度	B1
斯皮尔曼 Rho	复杂度	相关系数	1.000	0.504**
		显著性（双尾）		0.000
		N	212	212
	B1	相关系数	0.504**	1.000
		显著性（双尾）	0.000	
		N	212	212

** 表示在0.01级别（双尾）相关性显著。

图6.19 城市形态复杂性与B1类用地的相关性分析

卫生用地（A5 类）、商务设施用地（B2 类）、二类居住用地（R2 类），其相关系数位于 0.4—0.5 之间，分别为 0.486、0.440、0.428、0.420；而其他用地的相系数性则显著较低，大多处于 0—0.2 的数值区间。

这一结论说明，Re 类、Rb 类和 B1 类地块数量增多，会对该地段的城市形态复杂性造成显著的正向影响。一方面，中小学教育用地是市民教育的重要场所，其周边通常建设有配套的住宅、商业、办公、娱乐、医疗等场所，其用地功能的混合程度较高。在前面提到用地功能的混合程度越高其城市形态的复杂性则越高，因此 Re 类用地与城市形态复杂性呈高度的正相关性。另一方面，Rb 类和 B1 类地块通常是城市、片区或社区的职能中心，承担着日常消费等重要职能，其周边的建成度（建筑密度）较高，同时伴随有配套设施，因此其用地的混合程度也相对较高。

综上可以发现，城市形态复杂性与用地地块的数量呈显著的正相关，和不同类型用地的相关性差异则较大。这一发现说明，城市形态复杂性与用地功能的关联性，主要体现为栅格内用地地块数量和各类用地混合程度的差异，地块数量越多、各类用地的混合程度越高，城市形态的复杂性越高。

表 6.8 用地功能分项指标相关性分析

用地特征	A1 用地	A2 用地	A3 用地	A4 用地	A5 用地	A6 用地
相关性	0.486	0.286	0.343	0.090	0.440	0.229
用地特征	A7 用地	B1 用地	B2 用地	R1 用地	R2 用地	R3 用地
相关性	0.244	0.504	0.428	0.075	0.420	0.134
用地特征	Re 用地	Rb 用地	Rc 用地	S 用地	W 用地	M 用地
相关性	0.572	0.566	0.040	0.004	0.087	−0.282
用地特征	G 用地	U 用地	T 用地	K 用地	D 用地	E 用地
相关性	0.257	0.252	−0.102	−0.162	0.116	−0.213

3）城市形态复杂性与用地功能的空间耦合特征

特征一：复杂性与用地地块数量的指状轴线型耦合。从上文中可以发现，每一个栅格的城市形态复杂性与用地地块数量存在显著的正向关联，因此将栅格数据进一步通过克里金插值法转变为复杂性强弱的火山图分布，并将其与用地地块数量分布图进行耦合对比，以此提高研究分析的精度和准确性，如图 6.20 所示。通过对比可以发现复杂性与用地地块数量的相关性极强，尤其是老城以内的新街口中心区，呈现强耦合特征，并且沿着中山北路、汉中路、中华路、双龙大道等几条城市交通干道向外呈指状延伸，而到了城市外围其耦合特征则显著削弱。由此说明，在城市的老城区内地块数量与复杂性的关联性极强，但是新城片区存在大面积住区、工业区、大学城等大型功能板块，导致两者的关联性被削弱。

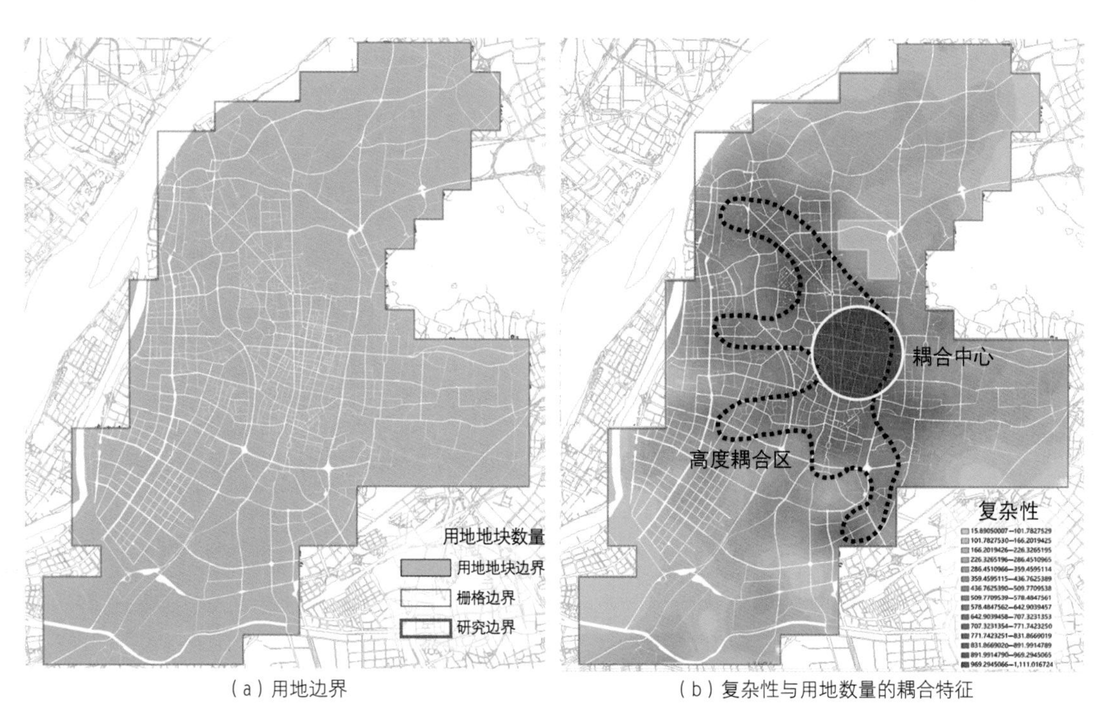

（a）用地边界　　　　（b）复杂性与用地数量的耦合特征

图 6.20 南京中心城区城市形态复杂性与用地地块数量的耦合特征

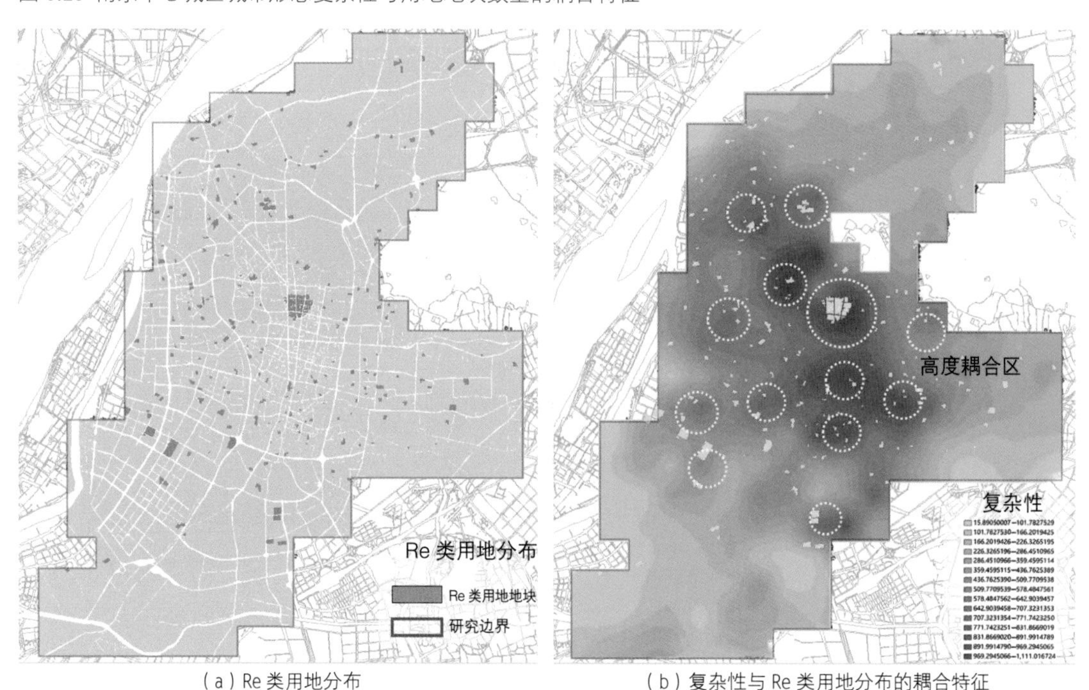

（a）Re 类用地分布　　　　（b）复杂性与 Re 类用地分布的耦合特征

图 6.21 南京中心城区城市形态复杂性与 Re 类用地分布的耦合特征

特征二：复杂性与 Re 类用地分布的点状分散型耦合。中小学教育用地（Re 类）与城市形态的复杂性存在明显的点状耦合特征，即存在 Re 类用地地段（尤其是当 Re 类用地规模较大时）的城市形态的复杂性往往要高于周边的其他城市地段，如图 6.21 所示。中小学教育是当下社会关注的焦点之一，而教育配套设施的建设水平通常也会影响到教育水平。南京作为教育大市，其中小学校教育在建设规划时通常会建有配套的住宅、医疗、活动、娱乐等不同功能场所，并且在城市自下而上的生长过程中中小学地块对周边地块的带动作用、对人群的吸引作用也更强，从而导致其周边的建成环境更为复杂、建筑形态更为多样、建成年限跨度更大，因此其复杂性要显著高于周边地带。同时中小学教育用地固定的辐射范围，也导致了其城市形态复杂性的点状分散耦合特征。

特征三：复杂性与 B1 类用地分布的板块状向心型耦合。商业设施用地（B1 类）与城市形态的复杂性存在明显的板块状向心型耦合特征，即商业实施用地大多呈板块状分布，不同板块反映了其商业规模及商圈等级，同时与复杂性呈较强耦合特征，且越往城市中心耦合程度越高，如图 6.22 所示。其原理与 Re 类地块的特征相似，即其自身功能特点带动周边建筑的多功能混合、多形态集聚，导致了其与城市形态的耦合特征。与此同时，越往南京老城区中心，其商业规模越大、建筑功能的混合程度越高、建筑年代的跨度越大，导致其建筑形态的体量、朝向、布局等差异也越大，因此耦合程度也越高。

特征四：复杂性与 Rb 类用地分布的廊道状依附型耦合。商住混合用地（Rb 类）与城市形态复杂性呈廊道状依附性耦合特征，即 Rb 类用地多分布于高复杂性廊道的两侧，如图 6.23 所示。Rb 类用地通常位于城市核心商圈或片区商圈的周边，同时在城市中主要体现为生活性的消费走廊或步行轴线，因此其承载着连接城市不同等级商圈的职能，引领消费人流的空间流动。而在特征三中已经证实了商业类空间的高复杂性，因此 Rb 类地块的分布多处于高复杂性核心的连接部位，并呈现出廊道状的依附特征。

6.3.2 复杂性差异下的用地功能构成模式

通过上一节的分析可以发现，城市形态的复杂性受到城市用地功能的影响，并且用地的地块数量不同、用地类型不同以及用地组合的特征不同，都会影响城市形态的复杂性。基于此，本节在上述研究结论的基础上，结合城市形态复杂性与各类用地功能的相关性结果，尝试总结不同复杂性栅格的用地功能构成模式，以此为下一步的关联肌理探讨提供模型依据。具体包括三种高复杂性城市形态对应的用地功能构成模式、三种中复杂性城市形态对应的用地功能构成模式以及三种低复杂性城市形态对应的用地功能构成模式。

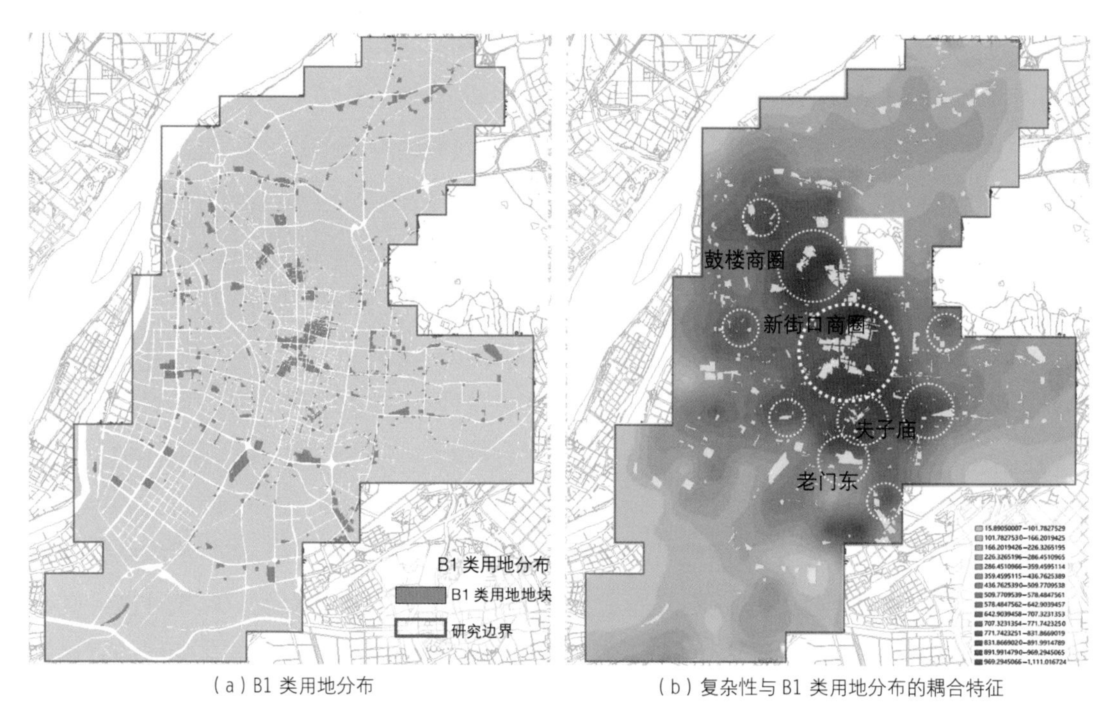

（a）B1 类用地分布　　（b）复杂性与 B1 类用地分布的耦合特征

图 6.22 南京中心城区城市形态复杂性与 B1 类用地分布的耦合特征

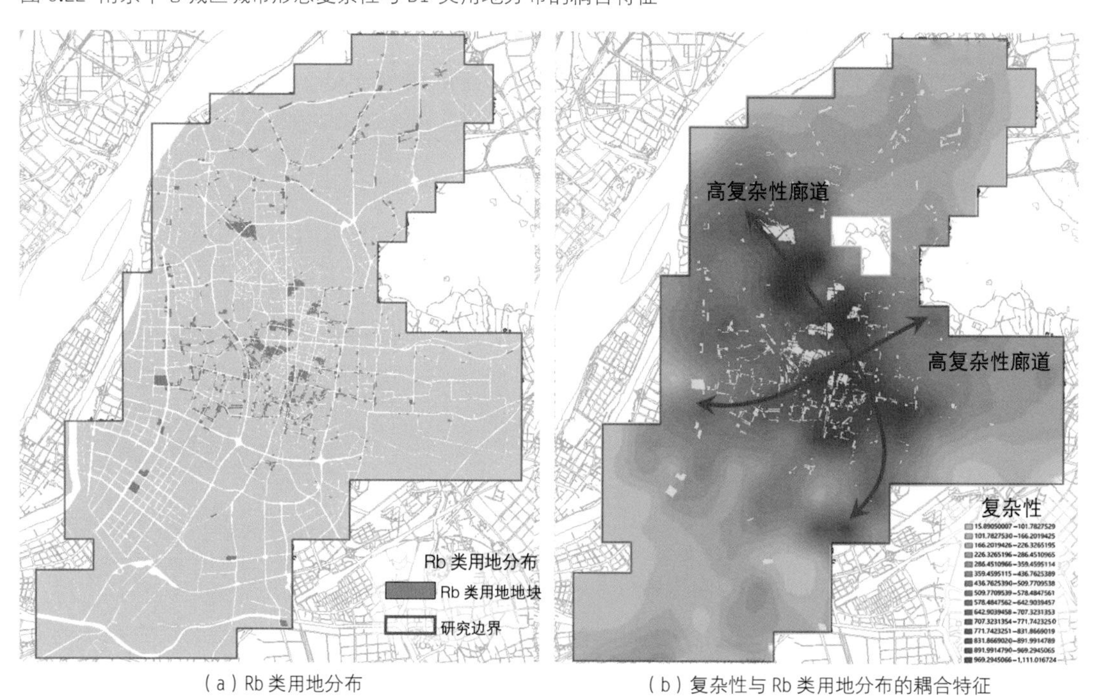

（a）Rb 类用地分布　　（b）复杂性与 Rb 类用地分布的耦合特征

图 6.23 南京中心城区城市形态复杂性与 Rb 类用地分布的耦合特征

1）高复杂性城市形态的用地功能构成模式

高复杂性城市形态栅格的用地功能主要包含三种构成模式，分别为多元混合型、核心商圈型以及老城住区型，如表 6.9 所示。其中多元混合型指的是用地功能种类繁多且涉及 A、B、R 等多个用地大类的混合布局，常见于夫子庙、湖南路等老城商住混合的风貌混杂地带；核心商圈型指的是以商业类用地为主要构成，地块密集且商业用地连绵成片，常见于新街口、大行宫等城市商业繁华地带；老城住区型指的是以居住类用地或居住混合用地为主要构成，地块数量较多且尺度差异大，常见于老城南、大行宫等老城的大型住宅区地带。

表 6.9 高复杂性城市形态的用地功能构成模式

模式类型	模式特征	模式构成	典型栅格	
多元混合型	高切分度、多元混合 1. 复杂性为 600—900 2. 用地地块数超 120 个 3. 用地功能在 10 种以上，且无一占比超过 30%	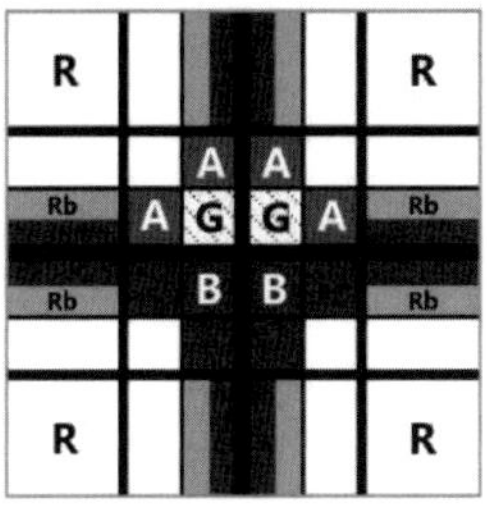 R R A A Rb A G G A Rb Rb B B Rb R R	 栅格 ID：105	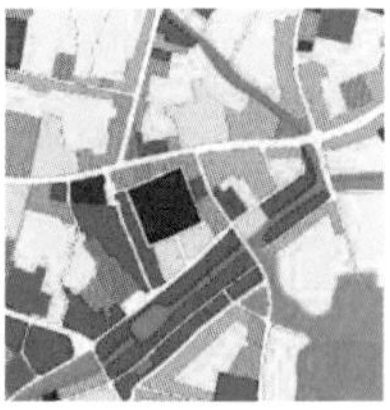 栅格 ID：91
核心商圈型	高切分度、商业服务居多 1. 复杂性为 600—900 2. 用地地块数超 100 个 3.B 类用地占比超过 30%	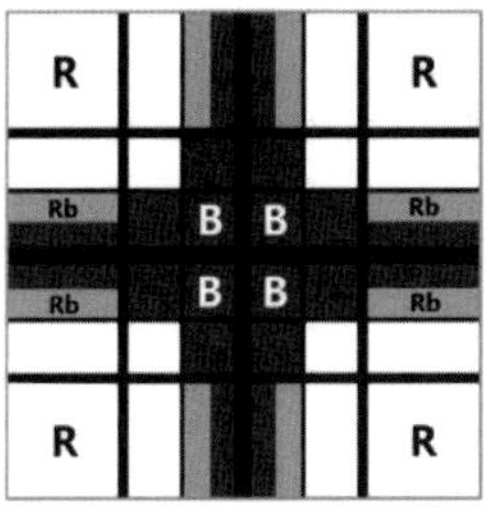 R R Rb B B Rb Rb B B Rb R R	 栅格 ID：118	 栅格 ID：133
老城住区型	高切分度、居住居多 1. 复杂性为 600—900 2. 用地地块数超 80 个 3.R 类用地占比超过 40%	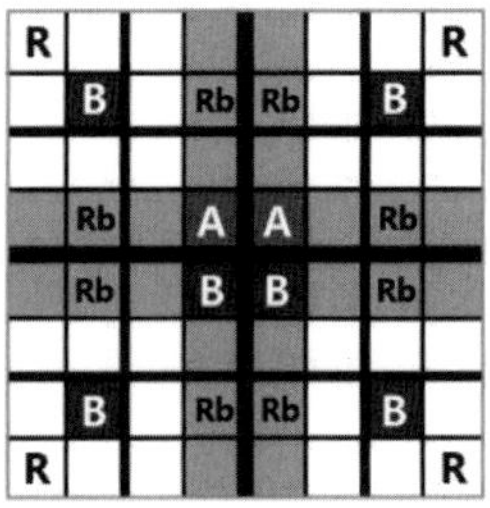 R R B Rb Rb B Rb A A Rb Rb B B Rb B Rb Rb B R R	 栅格 ID：77	 栅格 ID：119

多元混合型的用地功能构成模式，其栅格对应的复杂性通常在 600—900 的数值区间，通常以城市中的绿地与广场用地（G 类）或商业服务业设施用地（B 类）为核心，并辅以

公共管理与公共服务用地（A 类）及其他商业服务业设施用地，且围绕城市的主干路、次干路形成井字形或格网状的分布，外围则是居住用地（R 类）或商住混合用地（Rb 类）。较其他构成模式而言，该类构成模式的地块数量最多，通常超过 120 个，且用地功能类型数量更多，通常一个栅格内包含 10 种以上的用地功能类型，每一种类型的空间占比都不会超过总体的 30%。

核心商圈型的用地功能构成模式，其栅格对应的复杂性通常在 600—900 的数值区间，并且相比于多元混合型，其功能构成更为简单，通常以商业服务业设施用地（B 类）为核心，围绕城市的主干路交叉口呈十字形布局，并沿道路向外延伸形成城市的商业商务功能轴线。同时，轴线两侧通常配备相应的商住混合用地（Rb 类），服务于核心商圈，并且在外围建设居住用地（R 类），通常以二类居住用地（R2 类）为主。较其他构成模式而言，该类构成模式的地块数量较多，通常超过 100 个，并且以商业服务业设施用地（B 类）为主要构成，通常一个栅格内 B 类用地的空间占比超过总体的 30%。

老城住区型的用地功能构成模式，其栅格对应的复杂性通常在 600—900 的数值区间，通常位于秦淮河以内的老城地段，以某一个或几个具有一定规模的公共管理与公共服务用地（A 类）或商业服务业设施用地（B 类）为核心，向外延伸生成生活性廊道，并且以城市的次干路、支路为主要的道路构成。同时在生活性廊道两侧形成多个居住组团，在每个组团的内部配有中小规模的配套商业地块。较其他构成模式而言，该类构成模式的地块数量较多，通常超过 80 个，并且以居住用地（R 类）或商住混合用地（Rb 类）为主要构成，通常一个栅格内 R 类用地的空间占比超过总体的 40%。

综合前面三种用地功能构成模式，可以发现在城市形态复杂性较高（600—900）的栅格内，其用地构成具有以下几点共性特征：

① 地块数量极多，通常每个栅格的地块总数超过 80 个，且地块尺度较小，极少有大尺度的地块空间。

② 同一街区内的地块类型多样且混合分布，并形成跨街区的同类地块连绵分布。

③ 以 A、B、G 类地块为核心向外呈十字形或井字形分布，沿城市道路向外延伸形成商业性轴线或生活性廊道，并在周边形成多个居住组团。

2）中复杂性城市形态的用地功能构成模式

中复杂性城市形态栅格的用地功能主要包含三种构成模式，分别为公共服务型、大型住区型以及城郊拼贴型，如表 6.10 所示。其中公共服务型指的是以公共职能地块为主要构成，并围绕该功能建设配套设施的公共职能地带；大型住区型指的是以大规模连绵成片

表 6.10 中复杂性城市形态的用地功能构成模式

模式类型	模式特征	模式构成	典型栅格	
公共服务型	中切分度、公共服务居多 1. 复杂性为 300—600 2. 用地地块数为 50—100 个 3.A 类用地占比超过 30%		栅格 ID：122	栅格 ID：121
大型住区型	低切分度、居住居多 1. 复杂性为 300—600 2. 用地地块数为 0—50 个 3.R 类用地占比超过 40%		栅格 ID：56	栅格 ID：45
城郊拼贴型	低切分度、几类混合 1. 复杂性为 300—600 2. 用地地块数为 0—30 个 3. 用地功能在 10 种以下，且无一占比超过 30%		栅格 ID：70	栅格 ID：48

住区为主要特征，地块及街区尺度较大，常见于江东中路、集庆门大街等城市新城地带；城郊拼贴型指的是以居住、工业、物流等混合功能地块为主要构成，常见于宁芜公路、宁洛高速等城市外围的城郊接合地带。

公共服务型的用地功能构成模式，其栅格对应的复杂性通常在 300—600 的数值区间，通常以公共管理与公共服务用地（A 类）为主要构成，与绿地与广场用地（G 类）或商业服务业设施用地（B 类）共同构成片区的核心，并沿支路、水系等要素线性延伸生成城市的公共服务轴线，在中心及轴线外围形成大、中尺度的生活性功能街区。较高复杂性的栅格而言，该类栅格中地块对于街区的切分度相对较低，用地地块数量为 50—100 个，且通常一个栅格内 A 类用地的空间占比超过总体的 30%。

大型住区型的用地功能构成模式，其栅格对应的复杂性通常在300—600的数值区间，通常以居住用地（R类）或商住混合用地（Rb类）为主要构成，在每个居住组团中形成若干个小规模的绿地与广场用地（G类）或商业服务业设施用地（B类），并且沿街以生活性街道为主，较少形成明显的生活或商业轴线。较老城住区型、公共服务型构成模式而言，该类构成模式大多处于新城，老城较为少见，地块数量更少，不超过50个，对街区的切分度也更低，且通常一个栅格内R或Rb类用地的空间占比超过总体的40%。

城郊拼贴型的用地功能构成模式，其栅格对应的复杂性通常在300—600的数值区间，其核心没有明确的构成模式，包含公共管理与公共服务用地（A类）、商业服务业设施用地（B类）、居住用地（R类）、工业用地（M类）、物流仓储用地（W类）等多种用地类型，且在栅格尺度下极少存在明显的商业、公共服务等中心集聚，只有在片区尺度下才会出现。此外，较多元混合型而言，一方面其功能类型构成存在较大差异，A、B、G类用地的比重下降，而M、W类用地的比重上升；另一方面其地块数量显著少于多元混合型构成模式，一般不超过30个，同时其用地功能类型也要少于多元混合型，通常一个栅格内包含10种以下的用地类型，且每一种类型的空间占比都不会超过总体的30%。

综合前面三种用地功能构成模式，可以发现在城市形态复杂性中等（300—600）的栅格内，其用地构成具有以下几点共性特征：

① 地块数量中等，通常每个栅格的地块总数在50个左右，且地块尺度中等，存在极小和极大地块。

② 同一街区内的地块类型存在混合分布与单一用地并存的情况，并形成跨街区的同类地块连绵分布。

③ 相比于高复杂性栅格的三种构成模式，向外延伸形成商业性轴线或生活性廊道的情况显著下降，并且与同种用地类型构成的高复杂性构成模式相比（例如多元混合型），A、B、G类用地的比重下降，M、W类用地的比重上升，且同一街区内不同类型地块的混合程度也在下降，用地布局更为规整。

3）低复杂性城市形态的用地功能构成模式

低复杂性城市形态栅格的用地功能主要包含三种构成模式，分别为工业生产型、城郊住区型以及自然生态型，如表6.11所示。其中工业生产型指的是以工业生产职能地块为主要构成，并围绕该功能建设配套住区，常见于栖霞、仙林等城市的外围工业园区地带；城郊住区型指的是以大规模连绵成片住区为主要构成，地块及街区尺度极大，常见于油坊桥等城市近郊地带；自然生态型指的是栅格内存在大量的自然生态环境要素，常见于雨花台、玄武湖等城市生态敏感地带。

工业生产型的用地功能构成模式，其栅格对应的复杂性通常在300以下，通常以工业用地（M类）、物流仓储用地（W类）为主要构成，在周边配有大量生活性的居住用地（R类）或商住混合用地（Rb类），并且在M、W等工业生产类用地的中心存在小规模的商业服务业设施用地（B类）或公共管理与公共服务用地（A类）。较高、中复杂性栅格而言，该类栅格中的地块对于街区的切分度最低，地块数量不超过30个，且通常一个栅格内M或W类用地的空间占比超过总体50%。

城郊住区型的用地功能构成模式，其栅格对应的复杂性通常在300以下，通常以居住用地（R类）或商住混合用地（Rb类）为主要构成，在每个居住组团内部或者组团之间形成若干个小规模的公共管理与公共服务用地（A类）或商业服务业设施用地（B类），并

表6.11 低复杂性城市形态的用地功能构成模式

模式类型	模式特征	模式构成	典型栅格	
工业生产型	低切分度、工业主导 1.复杂性为0—300 2.用地地块数为0—30个 3.M类或W类用地占比超过50%	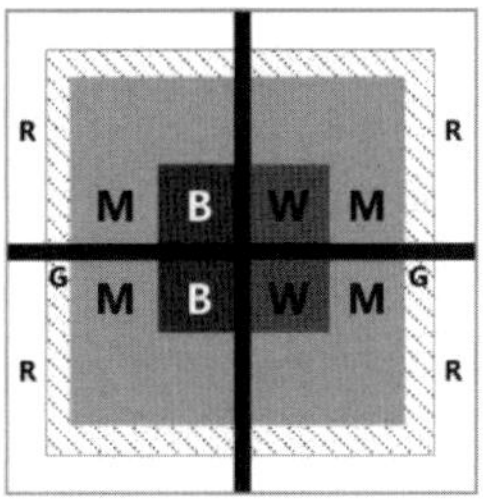 R R M B W M G M B W M G R R	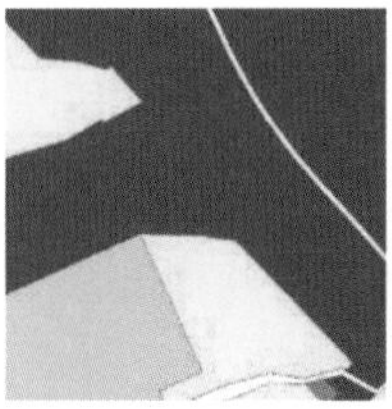 栅格ID：167	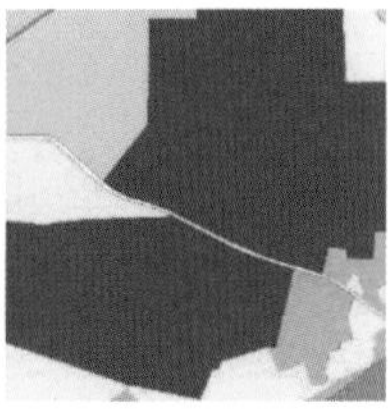 栅格ID：178
城郊住区型	低切分度、居住主导 1.复杂性为0—300 2.用地地块数为0—30个 3.R类用地占比超过50%	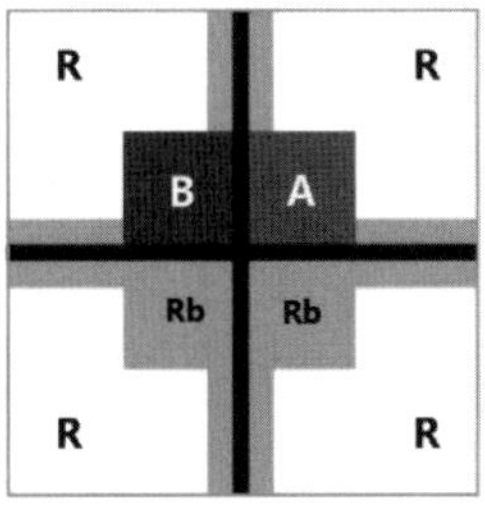 R R B A Rb Rb R R	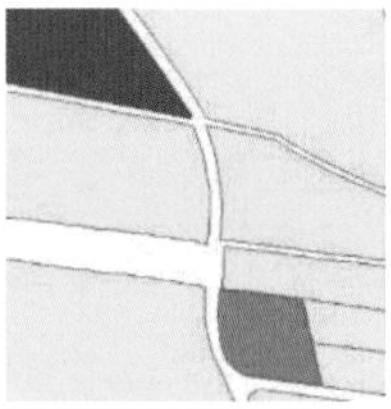 栅格ID：16	 栅格ID：190
自然生态型	低切分度、水绿主导 1.复杂性为0—300 2.用地地块数为0—50个 3.G类或E类占比超过50%	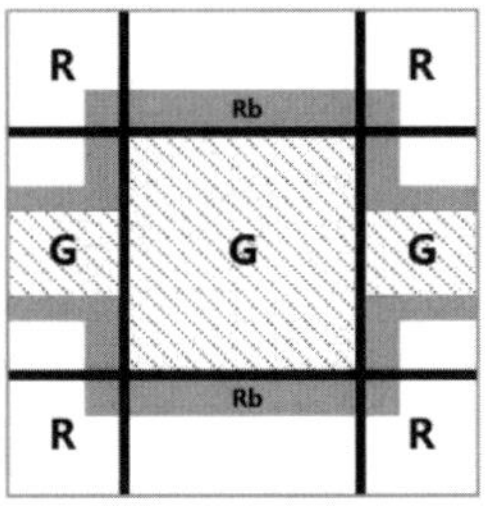 R R Rb G G G Rb R R	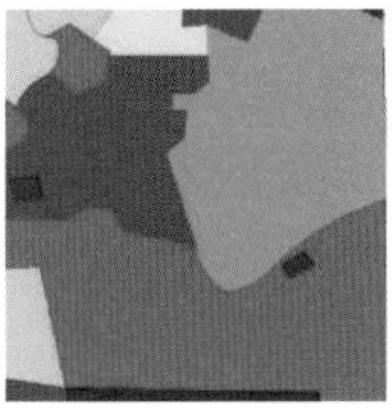 栅格ID：39	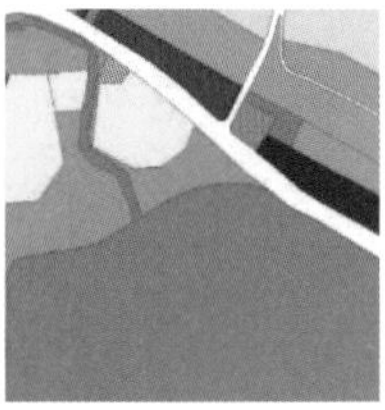 栅格ID：165

且沿街以生活性街道和通勤型街道为主。较大型住区型构成模式而言，该类构成模式大多处于城市的近郊区，街区和地块的尺度更大，数量也更少，对街区的切分度也更低，一般不超过 30 个地块，且通常一个栅格内 R 类用地的空间占比超过总体的 50%。

自然生态型的用地功能构成模式，其栅格对应的复杂性通常在 300 以下，通常以绿地与广场用地（G 类）、水域（E1 类）、居住用地（R 类）为主要构成，并且通常以大型绿地或水系为空间核心，其周边围绕建设居住区或小型的商业街区。较同类的工业生产型、城郊住区型构成模式而言，该类构成模式的切分度要相对较高，但整体仍低于中复杂性栅格的用地功能构成模式，通常一个栅格内包含 50 个以内的地块，且通常一个栅格内 G 类或 E 类用地的空间占比超过总体的 50%。

综合前面三种用地功能构成模式，可以发现在城市形态复杂性最低（0—300）的栅格内，其用地构成具有以下几点共性特征：

① 地块数量较少，通常每个栅格的地块总数在 30 个左右，且地块尺度较大，存在极小地块但主要集中于 A、B、M 类等用地类型。

② 同一街区内的地块以单一用地构成为主，少量存在地块混合布局的情况，跨街区用地类型的破碎程度较高，较少形成跨街区的同类地块连绵分布。

③ 相比于高、中复杂性栅格的构成模式，极少存在向外延伸的商业轴线或生活性廊道，并且其空间分布进一步向中心城区外围扩散。同时与同种用地类型构成的中复杂性构成模式相比（如大型住区型、城郊拼贴型），A、B 类用地比重进一步下降，而 R 类用地比重上升。

6.3.3 复杂性与用地功能的关联机理

在分析城市形态复杂性与用地功能的空间耦合特征及用地功能构成模式的基础上，本书将用地功能对复杂性的影响因素概括为功能数量、功能类型、混合模式、空间连绵、空间尺度五个方面，进而在此基础上尝试探讨城市形态复杂性与用地功能的内在关联机理，具体包括用地功能是如何影响复杂性强弱的，为什么会对复杂性产生影响，对复杂性的影响受到哪些因素的制约等。

关联机理一：同类用地功能地块的服务对象及定位差异，导致了其复杂性的巨大差异。

一方面，通过上述研究可以发现并非某类特定类型用地的复杂性就一定高于或低于其他用地类型，例如商业服务业设施用地（B 类）地块的复杂性就必然高于居住用地（R 类）的复杂性。通过对比老城住区型、公共服务型两种用地构成模式可以发现，前者以 R 类用地地块为主要构成，其城市形态的复杂性在 600—900 的数值区间，而后者虽然以 A、B

类用地地块为主要构成但复杂性要显著低于前者，两者的差异在于前者服务于老城区，受到建设面积、拆改难度等现状问题的制约，导致其复杂性极高；而后者服务于城市的新城区或更新片区，在建设上以新建建筑为主，因此其形态复杂性相对较低。另一方面，同一类用地的复杂性也千差万别，并非同一类地块对应的是同一种复杂性。例如老城住区型和大型住区型，虽然都以 R 类用地地块为主要构成，但两者在功能定位、服务对象上的差异，导致其复杂性也不同。

关联机理二：定位、需求、年代、区位等因素，导致同类用地的连绵分布对城市形态复杂性产生了双向影响。

诸如公共管理与公共服务用地（A 类）或商业服务业设施用地（B 类），其连绵分布的特征越明显，其城市形态的复杂性越高。例如多元混合型、核心商圈型的用地功能构成模式，其常见于新街口、夫子庙等老城区内的城市商业、公共服务中心，且建设年代差异较大，因此当其连绵分布时，容易形成不同建筑体量、建筑高度的差异化集中布局，导致单位面积内的建筑空间关系更为复杂，其城市形态的复杂性也更高，对城市形态的复杂性产生了正向影响。相反地，诸如居住用地（R 类）、工业用地（M 类）、物流仓储用地（W 类），其连绵分布的特征越明显，其城市形态的复杂性越低。例如大型住区型、工业生产型、城郊住区型的用地功能构成模式，其用地连绵程度要显著高于其他同类型的用地功能构成模式，但由于其所处区位为城市新城区或近郊区，大多处于同一轮城市规划阶段，因此建设年代较为接近、建筑风格较相似，因而对城市形态的复杂性产生了负向影响。

关联机理三：用地功能的外延过程促进了不同形态类型建筑在线性空间的紧密混合，进而提高了复杂性。

在研究中发现，在高、中复杂性城市形态的用地功能构成模式中出现了沿城市道路或绿地水系向外延伸形成城市的商业商务功能轴线或生活性廊道的情况，而在低复杂性城市形态的用地功能构成模式中则极为少见，这说明用地功能的外延过程容易提高城市形态的复杂性。这种外延一方面体现为大尺度视角下的城市指状外延，反映的是城市功能的纵向结构型延伸，通常是大体量的商业商务轴线或公共服务轴线，这种类型的轴线通常由大体量建筑构成，这就与周边的小体量建筑产生了建筑形态关系变化，从而提高了城市形态的复杂性；另一方面体现为中、小尺度视角下的小型商业轴线或生活性廊道，由于轴线两侧建筑的形态体量与周边配套功能建筑存在多个维度的差异，因此在线性空间中出现了大量差异较大的建筑空间关系，从而也提高了城市形态的复杂性。

关联机理四：用地功能需求的多样化导致了宗地权属的集约式布局和多类型交错，进而提高了复杂性。

从前面的研究中可以发现，当栅格内的地块数量越多、地块对街区的切分程度越高时，其城市形态的复杂性也越高，这一现象的实质是多样化用地功能需求导致的宗地权属的集约式布局和多类型交错特征。具体地，当某一地带的发展需求越多样化时，其职能定位也会随之多元化，用地功能组合也趋向于复合化，从而导致了街区被用地地块高度切分（例如新街口地区具有商业、办公、公共服务、教育、医疗、科研等多样化的发展需求，其用地功能更加复合、职能定位更加多元）。而在当前集约利用、存量发展的规划理念下，宗地的切分更加精细、街区内的宗地权属关系更复杂，这就导致了大量小尺度用地地块在街区内的高度集聚和功能交错布局，从而导致了大量不同功能建筑在街区内的混合式布局，导致建筑空间关系差异变大，进而提高了城市形态的复杂性。

6.4 南京中心城区城市形态复杂性的原型建构

城市形态复杂性的原型建构，并不是对城市形态的简化，也并不是对不同城市形态复杂性的简单分类，而是用拓扑、几何变形等科学语言来描述城市形态复杂性的一种认知方式和规律总结。原型的各类要素所反映的是导致城市形态复杂性产生差异化的若干影响因素，这些因素包含了外显、内隐等不同的类型，而原型结构则反映了这些要素对于城市形态复杂性影响的某种内在机制。城市形态作为动态演变且具有不确定性的一种复杂巨系统，我们无法通过简化城市形态来降低或消除它的复杂性，但是可以通过简单的语言和图形结构对这种复杂形态特征进行精确化的描述。我们称这种通过拓扑抽象后的简单语言和图形结构为“原型”，其核心就是各原型要素在一定秩序结构和组织方式下构成城市形态复杂性的拓扑结构模型[3]。

由于发展基础、经济社会、区位地形、人文变迁、山水环境等不同因素的影响，不同城市的城市形态复杂性原型各不相同，我们很难总结出符合所有城市自身形态特征的城市形态复杂性原型。因此，本书尝试将南京作为切入点，通过总结南京中心城区的城市形态复杂性原型，尝试窥探中国各大城市的城市形态构成特征，为城市形态复杂性研究提供方法借鉴及案例支撑。

6.4.1 原型的拓扑流程

对于南京中心城区城市形态复杂性原型的拓扑抽象，需要从其原型要素中提取出主要空间组织逻辑及核心结构规律，从而凝练出城市形态复杂性原型的拓扑结构。本书运用栅格定位并结合布尔运算[①]的方法建构其复杂性原型，目标是将复杂多变的城市形态的直觉图像信息转变为可以被结构化认知的抽象图案（图 6.24）。参照计算机图论、数字图像处理、几何拓扑等相关技术，将复杂的城市形态统一到统一尺度框架和形态拓扑规则下。本书以 73 号栅格为例，在栅格参照中通过图形之间的布尔运算进行绘制，主要分为以下三个流程基本步骤。

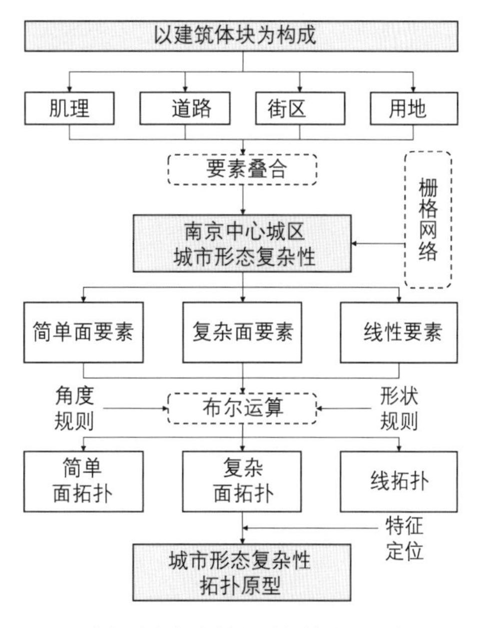

图 6.24 城市形态复杂性原型拓扑流程示意图

步骤一：原型要素数据叠合。统一肌理、街区、道路、用地等城市形态复杂性构成要素的经纬坐标系，将数据统一叠合至同一空间，并用不同颜色、纹理、线条来区分表达。由于在拓扑中肌理是建筑的外显特征，因此在拓扑过程中将建筑与肌理进行合并，用肌理来表达建筑体块的构成。其中道路用线条的粗细、样式来区分不同等级的路网；建筑体块用黑色来表达，只保留建筑的边界，去除冗余的细节特征；街区保留其轮廓，用灰色闭合多段线来表达；用地采用《城市用地分类与规划建设用地标准》（GB 50137—2011）的颜色分类方式，从而得到城市形态复杂性原型的构成要素叠合图，如图 6.25 所示。

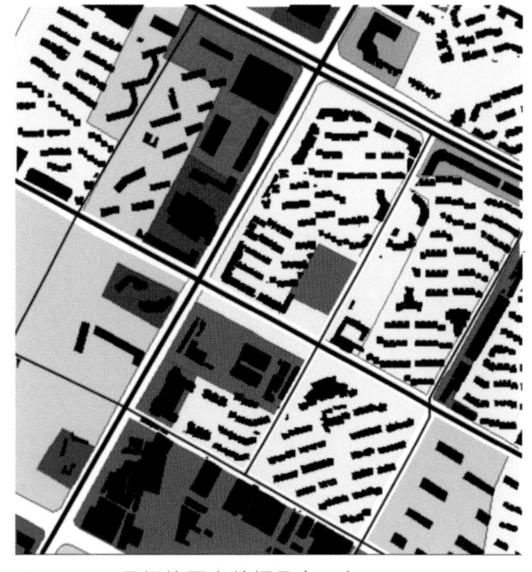
图 6.25 73 号栅格要素数据叠合示意图

步骤二：建构栅格网络。以 1000 m×1000 m 的栅格几何中心为原点，在南京中心城区城市形态数据库中，绘制均质化的正交网格参考线，建立栅格参照网络。对于本书的街区尺度及栅格大小，选取 50 m 作为栅格绘制的间隔，以覆盖栅

① 布尔运算：是数字符号化的逻辑推演法，包括联合、相交、相减。在图形处理操作中通过逻辑推演可以有效使得平面图形的基本构成在演算过程中产生新的组合模式，具体包含 3 种布尔运算方式：并集、交集和差集。

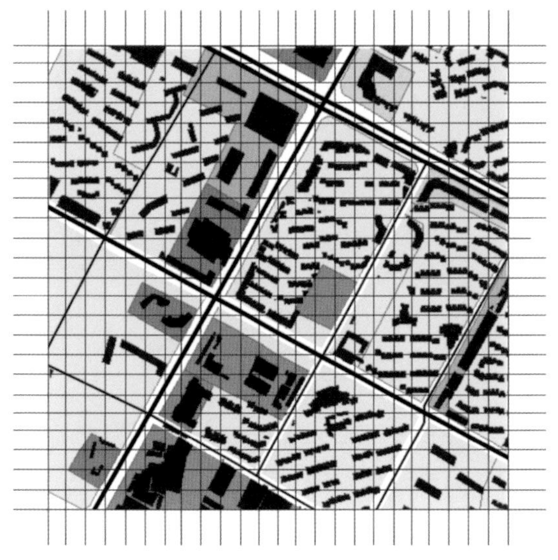

图 6.26 73 号栅格要素叠合栅格网络参照体系

格全部空间为准则。基于栅格网络可以准确定位原型中起到框架性作用的点、线、面等城市形态复杂性原型的构成要素，以此以栅格为依据进行步骤之中的布尔运算，如图 6.26 所示。

步骤三：各要素布尔运算及特征定位。在建构栅格网络参照体系的基础上，将原型的“肌理”“街区”“道路”“用地”四个要素（在拓扑中肌理是建筑体块的外显特征，因此在拓扑过程中将肌理与建筑进行合并）划分为线性要素、简单面要素和复杂面要素，分别进行布尔运算。其中，道路要素是线性要素，街区和用地是简单面要素，肌理是复杂面要素。这一过程可按照拓扑道路线形、拓扑街区用地面域、拓扑肌理面域三个子步骤分别展开，下面以 73 号栅格为例具体阐述拓扑的流程步骤（图 6.27）。

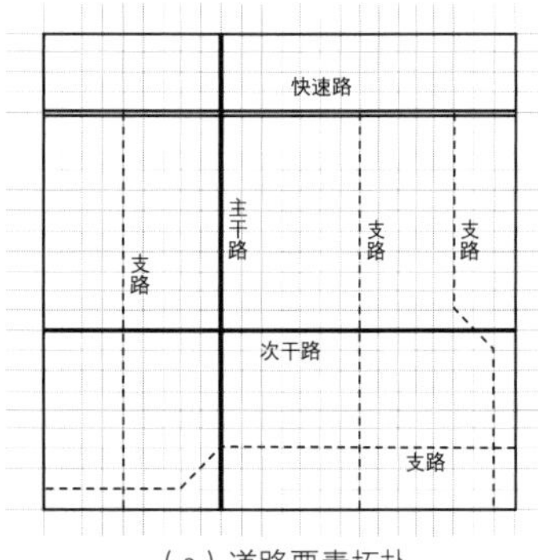

（a）道路要素拓扑

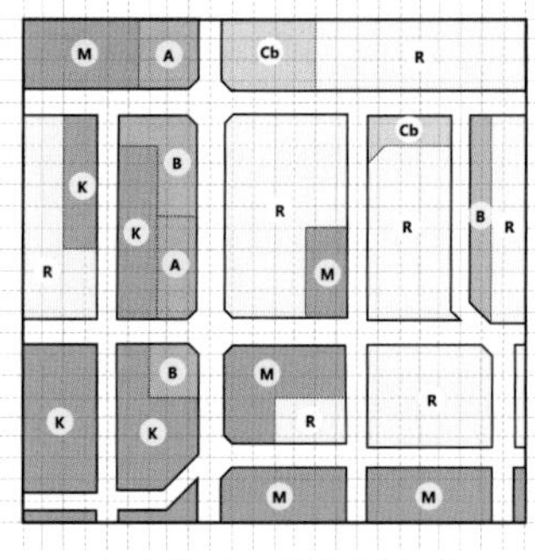

（b）街区、用地要素拓扑

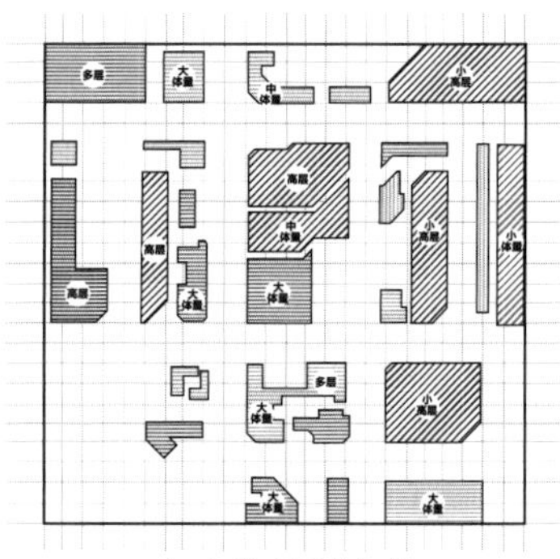

（c）肌理要素拓扑

图 6.27 73 号栅格的各要素布尔运算及特征定位

首先是道路的线性要素拓扑。其拓扑目标是去除道路网格中一些细小的道路曲折特征、粗细变化特征以及细微的道路方向差异，并保留道路的基本走向和道路交叉口联系。所有道路方向均按照水平、垂直或斜对角方式外延，原则上只保留正交和斜 45° 的方式进行拓扑和绘图。同时，在去除道路细微粗细变化的基础上保留道路的等级划分，并且由栅格中心原点向外延伸。若同一条线上的道路发生等级变化，则统一将变化节点设置为道路的交叉口，以去除冗余信息，保留道路网络的核心特征，进而将各路网等级通过文字形式对道路特征进行空间定位。

其次是街区和用地的简单面要素拓扑。其拓扑目标是去除街区和用地中一些细小的曲折变化，保留面要素的基本拓展方向以及空间位置关系，将形态各异的街区和用地数据图像通过基本图形的相互组合、切割形成新的规律化形状，但同时保留街区、用地的基本特征。简单面要素的拓扑主要遵循下述原则：仅以正方形或矩形作为基础图形，每条边的长度均为栅格最小单位的倍数，在核心道路交叉口、道路的 45° 斜角处允许出现与之平行的 45° 切角，或在部分用地与用地相交处可以出现 45° 切角。通过多次布尔运算的相交、相减，创建街区和用地的边界并将对应的用地功能通过文字形式进行特征定位。

最后是肌理的复杂面要素拓扑。其拓扑目标是将同类型建筑归并成同一个面域，保留肌理的核心特征和建筑组团，同时保留每个建筑组团的高度、朝向、间距等形态特征。采用正交或斜 45° 的方式将同类形态的建筑组团划为一个面域，对同类建筑进行归并；进而在内部填充不同颜色、不同方向、不同疏密程度的线条，其中颜色深浅代表了建筑组团的高度特征，线条方向代表了建筑组团的整体朝向（同样采用正交或斜 45° 的方式），线条的疏密则代表了建筑间距特征，线条越密集说明建筑间距越小、建筑分布越密集。另外，采用文字对每个建筑组团的建筑体量和高度进行标注，分别包含了“大体量”“中体量”“小体量”三种体量大小，以及“高层”“小高层”“多层”三种高度特征。

在对 73 号栅格的道路线要素，街区、用地简单面要素，肌理复杂面要素分别进行几何拓扑的基础上，将上述拓扑图像进行空间叠合，并对各要素的形态、轮廓边界、文字标注进行轻微调整以实现清晰的显示效果，如图 6.28 所示。最终得到 73 号栅格的城市形态复杂性拓扑原型图像，通过突出结构性要素以及要素之间的相互组合关系，尤其是道路网络的等级布局、街区形态、肌理轮廓、建筑组团特征、用地与肌理的位置关系等，各要素之间保持相互耦合的形态关系，使得 73 号栅格的城市形态复杂性原型具有一定的可读性，同时保证其每个要素的惯性特征和相互空间关系在拓扑过程中得以保留，并去除了细微挪动、角度变化、线性不规则等冗余信息的干扰。

6.4.2 原型的要素体系

城市形态复杂性的原型拓扑与城市形态复杂性本质上具有一致性，包含了多个层次和层级，由各个局部要素构成城市形态复杂性原型的整体，各个局部之间又相互关联、相互制约、相互影响，对整体产生影响；同时原型的局部构成不仅可以是单一要素，还可以是原型整体的某个构成层面、要素之间的相互组合关系等。

因此，城市形态复杂性原型可以看作各个原型要素组成的整体，也可以被理解为不同

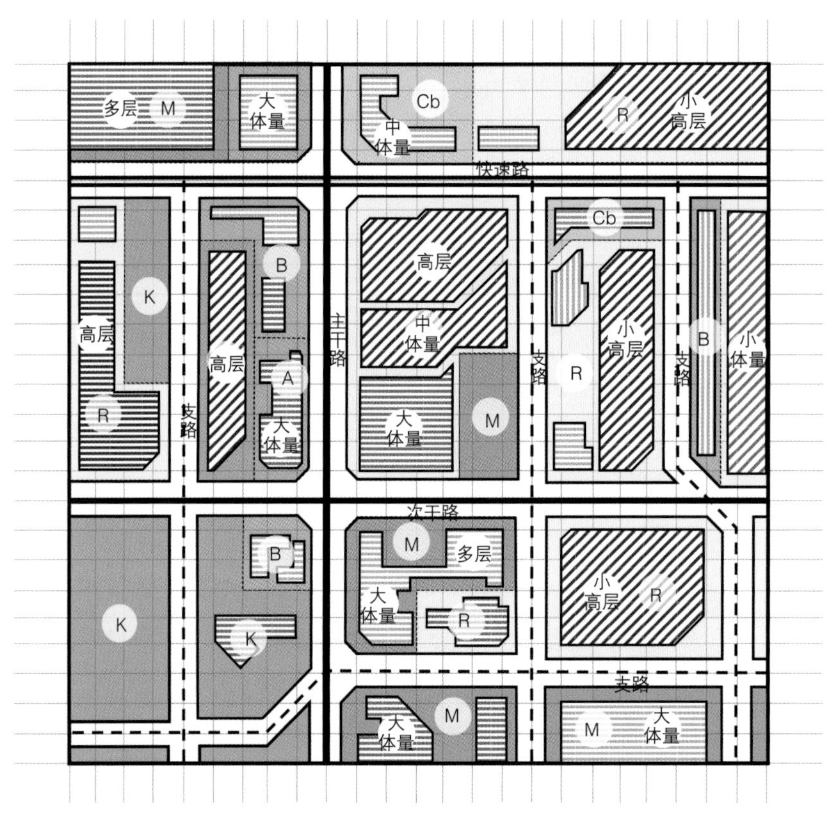

图 6.28 73 号栅格的城市形态复杂性拓扑原型图

等级、层面相互组合的整体。根据前文对于南京中心城区城市形态复杂性的特征以及影响因素的解析，本节将南京中心城区的城市形态复杂性原型归纳为五种核心要素、三个影响等级、二元对立的城市形态复杂性要素集等级体系，如图 6.29 所示，尝试推演和阐释城市形态复杂性的构成要素关联机理、相互影响机制及组合模式，进而为南京中心城区的城市形态复杂性原型归纳及不同复杂性的分类模式总结提供理论和方法依据。

从城市形态复杂性与城市空间的内在关联机理中凝练抽象出以下五个要素：建筑体块、空间肌理、城市道路、城市街区及用地功能。其中建筑体块是构成本书所述的城市形态复杂性的核心要素，其余的四个要素是影响建筑体块在城市空间中的布局和形态特征的重要关联要素，最终形成如图 6.29 所示的“1+4”的要素体系。

五要素的基本特征：建筑体块是街区尺度下城市形态复杂性的核心构成要素，直接影响城市形态的复杂性；肌理即空间肌理，由建筑的肌理以及开放空间肌理这一对黑白图底转换关系组成；城市道路指的是街区尺度下的城市路网体系，主要由反映城市外部形态特征的快速路、主次干路、支路网构成，不包含地铁等隐性路网；城市街区与城市道路是一对伴生关系，即道路围合生成街区、街区拼合体现道路；用地功能是划分城市形态布局、

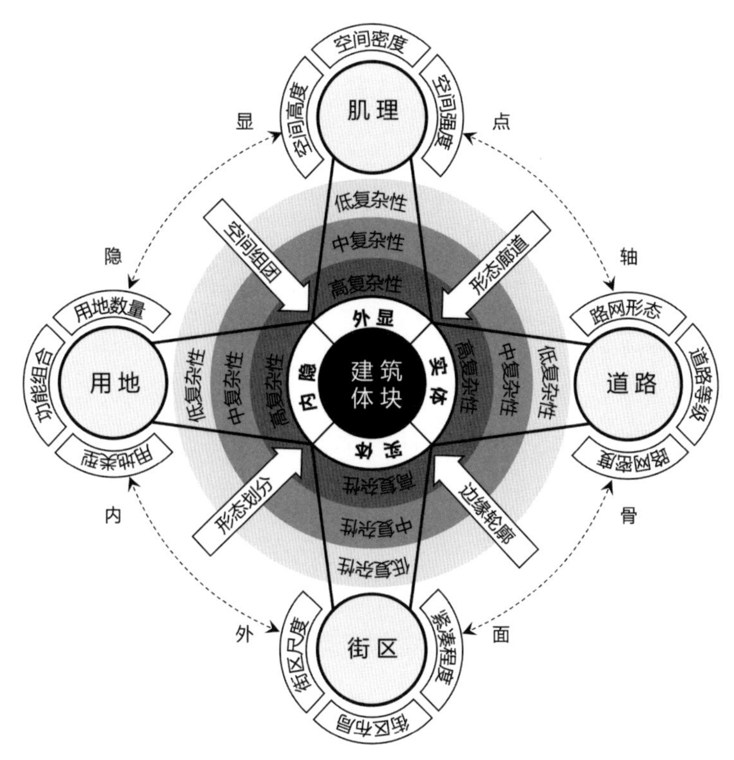

图 6.29 南京中心城区城市形态复杂性原型要素及关联体系

区分建筑形态组团的重要因素，也是反映城市职能和区分区位特征的重要特征。

五要素的内在含义：建筑体块对城市形态复杂性的影响体现为建筑与建筑之间的空间关系，包含建筑体量关系、建筑间距关系、建筑朝向关系以及建筑高度关系，其也是城市形态复杂性的主要构成要素；空间肌理是建筑体块在空间（包含三维空间）上的“外显”要素，不同的建筑体块构成和布局都会以空间密度、空间强度、空间高度等肌理形式来体现；城市道路是围合和影响建筑布局走向的“实体”要素，不同的路网密度、道路等级、路网形态都会对城市形态复杂性造成影响；城市街区是划定建筑布局边界的“实体”要素，街区的紧凑度、街区尺度和街区布局形式也会对城市形态复杂性造成影响；用地功能是造成建筑体块形态特征差异化的“内隐”要素，不同的用地类型、用地数量和功能组合模式，都会以不同复杂性的城市形态来呈现。

6.4.3 原型的特征结构

1）原型构成要素之间的二元对立统一关系

从原型的构成关系来讲，建筑体块是城市形态复杂性的核心构成要素，肌理是建筑体块的外在表现，道路是建筑布局走向的限定条件，街区是建筑形态格局的制约因素，而用地则是建筑组团划分和形态特征的内在影响因素。在对立统一关系上，肌理、道路、街区、用地代表了城市形态复杂性的不同方面，同时也构成了原型这一统一整体，彼此之间又相互影响、相互制约。原型的二元性体现为四种要素之间的点轴、骨面、内外、显隐四种对立统一关系。

肌理与道路的点轴关系：城市形态复杂性原型中包含了点要素和轴要素两个对立面，两者的存在形式具有本质区别。以建筑为构成的空间肌理在街区尺度下可以被理解为一种点要素，体现为不同建筑形态组群的空间位置分布；而以线性路网为构成的城市道路则可以被抽象为轴要素，反映了城市形态的延伸方向和发展脉络。同时，点、轴要素之间又相互影响、互为统一，空间肌理的生长方向和划分边界通常以城市道路为切分，而城市道路的走向和等级分配又以空间肌理所体现的形态差异为依据，两者共同作用形成城市形态的形态廊道。

道路与街区的骨面关系：城市形态复杂性原型中包含了骨要素和面要素两个对立面，两者的形态特征存在本质区别。城市道路撑起了城市形态的骨架，骨架的变化、等级差异都会影响城市形态的复杂性；街区则是城市形态的主要物质空间载体，街区的尺度变化、差异也会影响城市形态的复杂性。同时，骨、面要素之间又互为影响，形成一种伴生关系，即道路围合生成街区、街区拼合体现道路，两者相互联系框定城市形态边缘、制约城市形态布局和建筑走向，共同作用形成城市形态的边缘轮廓。

街区与用地的内外关系：城市形态复杂性原型中包含了内和外两个对立面，两者的空间关系存在本质对立。街区对城市形态复杂性的影响主要体现为街区与街区之间建筑形态的划分以及建筑的空间位置关系；而用地对城市形态复杂性的影响则体现为对街区内部形态的划分以及建筑组团的差异化。同时，内、外之间又互为影响，街区的尺度、密度、区位决定了其内部的用地构成，而用地对于街区的切分程度、用地组合类型也影响了街区在空间中承担的职能，两者相互作用对城市形态起到了形态划分的作用。

用地与肌理的显隐关系：城市形态复杂性原型中包含了显和隐两个对立面，两者的空间感知维度存在本质对立。肌理是城市中能够被人所感知、形态特征能够被直接获取的显性要素，而用地则是需要被人为定义、隐藏在物质空间形态之下的隐性形态要素，两者对于城市形态的呈现形式是对立的。同时，显、隐之间又互为影响、互为关联，用地类型、组合模式决定了肌理的高度、密度、强度等特征，而肌理的外显特征又以建筑组团的方式映射了其用地功能，因而两者相互作用形成城市形态的空间组团。

2）原型构成要素之间的组合特征

要素组合特征 1："肌理 + 道路"的形态廊道特征。不同体量的建筑会随着不同等级的路网分布，并且在中、高复杂性的城市形态中，经常出现大、中体量建筑沿城市道路呈十字形延伸，进而在这一过程中出现了高强度建筑簇群或高层建筑轴线，形成了城市形态廊道。这些簇群和轴线将形成城市或片区级别的城市职能中心，并且当这些簇群与周边普通中低层建筑相结合时，巨大的建筑体量差异、高度差异，导致建筑空间关系发生变化，即矩阵波动振幅提高，从而导致了城市形态的高复杂性特征。

要素组合特征 2："道路 + 街区"的边缘轮廓特征。道路网格的密度决定了街区的尺度，而街区尺度差异会导致建筑形态布局的紧凑度差异，进而影响城市形态的复杂性。街区的尺度大小、相邻街区的尺度差异均会影响建筑的布局，因此，道路和街区对城市形态具有显著的轮廓框定作用。同时，道路和街区对于建筑朝向具有显著的强制约性，路网和街区的形态越不规则，建筑朝向也越会呈不规则变化，从而对城市形态的复杂性造成影响。

要素组合特征 3："街区 + 用地"的形态划分特征。街区是城市形态复杂性划分的最小单元，而内部的用地边界则是切分建筑形态组团的重要边界，因此街区和用地的组合能够对城市形态起到划分复杂性的作用。街区对城市形态复杂性的划分主要体现为不同街区的区位、尺度、地形等因素的差异导致的形态差别；用地对城市形态复杂性的划分主要体现为不同功能建筑本身的形态差异。

要素组合特征 4："用地 + 肌理"的空间组团特征。用地和肌理的显隐关系反映了用地与肌理之间的联动效应，不同用地功能决定了其地上建筑的不同形态，以及同类建筑组合形成的空间组团。如果同类用地连绵分布，那么会在城市中心对复杂性造成正向影响，在城市外围对复杂性造成负向影响。反之，如果用地划分多样化，那么会因为宗地权属集约式布局和多类型交错，建筑组团之间形态差异更大，从而导致不同空间组团的复杂性产生差异。

6.4.4 原型的完型模式

在对南京中心城区的 212 个栅格进行原型几何拓扑的基础上，进一步总结南京中心城区城市形态复杂性原型的完型模式。所谓完型模式，指的是在每个栅格原型基础上的进一步拓扑变形和特征归纳，本书将其划分为高、中、低三种不同复杂性强弱所对应的城市形态复杂性原型，每一种原型涵盖了该类复杂性下大部分栅格的共性规律和形态特征。从各栅格原型到原型的完型模式转变，包含以下四个步骤。

步骤一，道路网格化。在对道路的线性要素进行拓扑后取消 45° 切角，仅保留正交的路网形式，同时将高架、过道等路网统一用快速路的形式来表达，进而将路网等级概括为快速路、主干路、次干路、支路四种等级，并且将路网间距进一步均质化，以去除细小的路网间距差异。其中快速路居于原型正中间，其他路网穿插布局，不同等级路网数量依据该类复杂性对应城市形态的路网比例来建构，如图 6.30 所示。

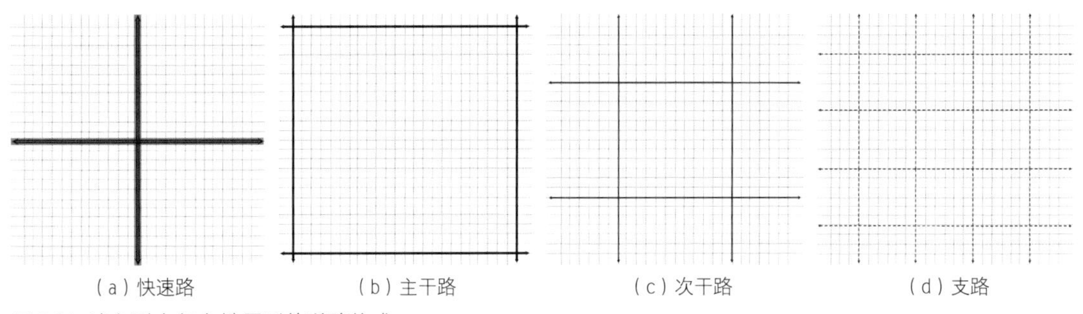

图 6.30 城市形态复杂性原型的道路构成

步骤二，将街区尺度统一为三种类型。每个栅格的街区经过简单面要素拓扑，已经将不规则的街区形态转变为以正交直线和 45° 斜线为构成的规律化几何图形，但是其街区尺度仍然呈现出不规律的特征。在前面的分析中可以发现除了街区形态，街区尺度也是影响复杂性的重要因素，因此在建构原型的完型模式时将街区尺度统一为大尺度、中尺度和小尺度三种固定模式，如图 6.31 所示。

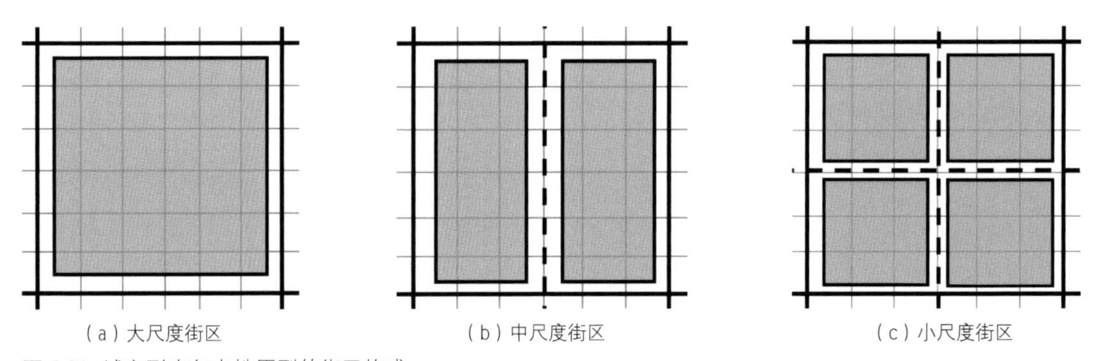

图 6.31 城市形态复杂性原型的街区构成

步骤三，同类用地合并。由于用地类型多样，同类复杂性下的用地构成类型具有明显的差异（详见表 6.9—表 6.11），因此在大类的基础上对用地进一步归类，将其涵盖为以下四种用地类型。第一种为商业服务类，包含公共管理与公共服务用地（A 类）和商业服务业设施用地（B 类）；第二种为商住混合类，以商住混合用地（Rb 类）为主要构成；第三种为居住类，以居住用地（R 类）为主要构成；第四种为其他类，包含了工业用地（M 类）、物流仓储用地（W 类）、绿地与广场用地（G 类）、水域（E1 类）等城市中常见的其他用地类型，如图 6.32 所示。

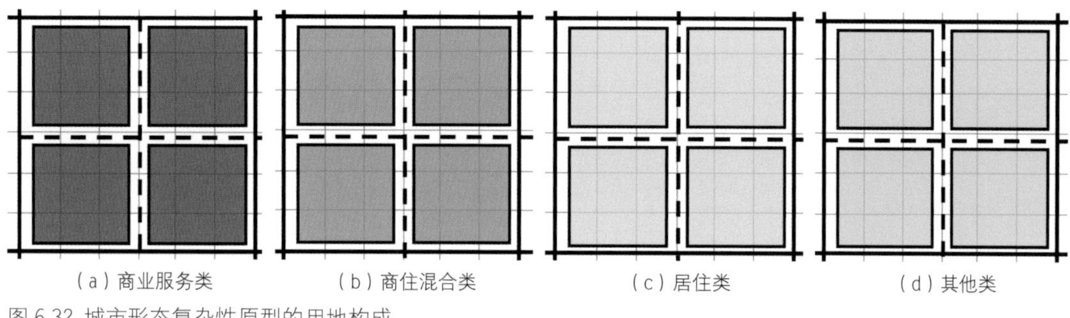

图 6.32 城市形态复杂性原型的用地构成

步骤四，将肌理统一为固定形式组合。经过复杂面要素拓扑，已经将不规则的肌理及其对应的建筑组团转变为以正交直线和 45° 斜线为构成的规律化几何图形。在完型模式下需要将肌理特征进一步抽象化。在第 4 章的城市形态复杂性测度中将建筑组团的形态特征概括为建筑体量、建筑间距、建筑朝向和建筑高度四个方面，基于此，在完型模式下将肌理统一为以上四个层面的固定形式组合。其中建筑体量包括大体量、中体量、小体量三种形式，通过矩形的面积大小进行区分；建筑间距包括高间距、中间距、低间距三种形式，通过矩形内线条的密集程度进行区分；建筑朝向包括东西朝向、南北朝向、混合朝向三种形式，通过矩形内线条的纹理走向进行区分；建筑高度包括高层（11 层以上）、小高层（7—11 层）、多层（6 层及以下）三种形式，通过矩形内填充颜色的深浅进行区分。在完型模式的建构中，肌理的表达结合上述四个层面的 12 种固定形式进行有机组合，以表达不同体量、间距、朝向、高度的肌理类型，进而通过肌理反映建筑组团的空间布局和形态特征差异，如图 6.33 所示。

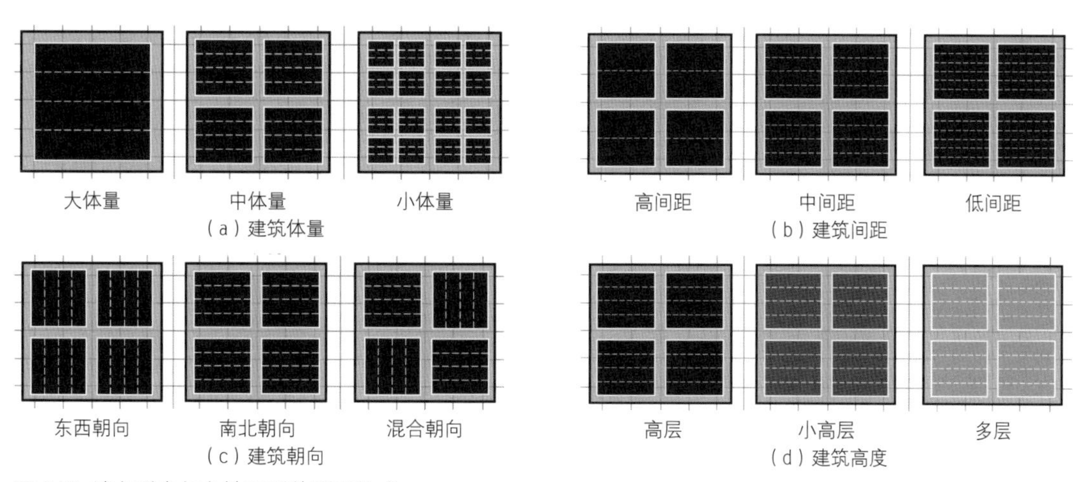

图 6.33 城市形态复杂性原型的肌理构成

1）高复杂性城市形态原型的完型模式：形态“混合化”

基于高复杂性栅格的原型拓扑，总结其肌理、道路、街区及用地的空间组合形式，本书尝试建构南京中心城区高复杂性城市形态原型的完型模式。可以发现高复杂性城市形态原型在空间构成、组合模式上具有极高的复杂性，且空间集聚程度极高，无论是街区、用地还是建筑都呈现出密集分布的特征，如图 6.34 所示。本书结合前文高复杂性城市形态与空间要素的内在关联，总结出以下三个核心特征：

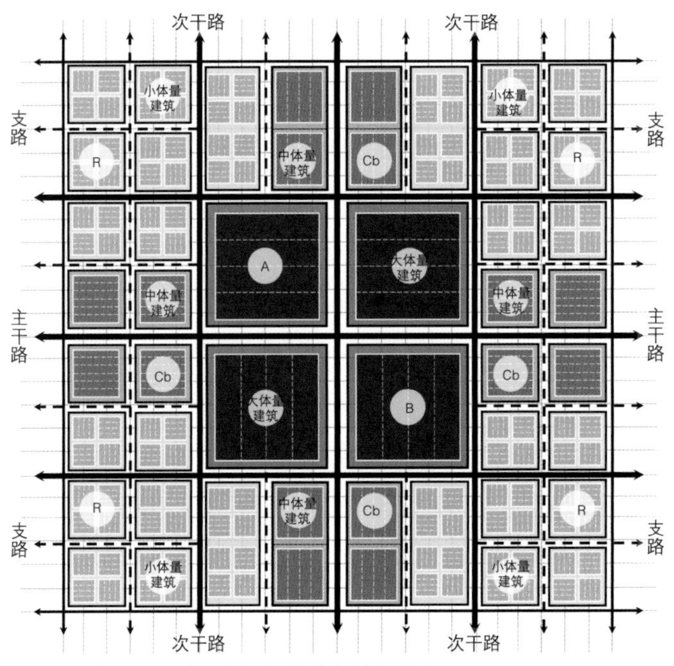

图 6.34 南京中心城区高复杂性城市形态原型

特征一，圈层式三阶向心集聚。高复杂性城市形态呈现出由中心向外的三阶生长特征，一阶中心是最高等级空间，承担城市或片区的核心职能，其城市形态的复杂程度最高；二阶是连接一阶中心与周边地段的过渡地带，无论是建筑高度、密集程度还是用地布局等，都仅次于一阶中心，但高于周边地带，呈现出一种发展、指状延伸的态势；而三阶则是由二阶向外延伸生成的城市一般地段，但是建筑形态、体量等方面的差异，导致其维持了该栅格空间的高复杂性特征。

特征二，空间组团高度混合。空间整体呈现出一种高度混合的态势，这种混合不仅体现为建筑体量、形态上的巨大混合差异，同时还体现为路网形态、用地功能、街区尺度等多个层面上的巨大差异和混合化布局。同时，不同空间组团之间的相互挤压、相互制约，导致由同类形态特征构成的空间组团连绵程度较低，连绵规模也较小，空间呈现零碎化布局的特征。

特征三，形态组合无秩序化。在空间组团高度混合的同时，组团内部以及组团之间都呈现出一种形态组合高度无秩序化的特征。例如相邻建筑在体量和朝向上的差异、相邻用地的功能差异、相邻街区的功能差异等。借用信息熵的表述，即空间中的各类要素在横向、纵向或任意方向上的排列秩序没有显著特征，空间整体呈现出一种无秩序化的发展趋势。

除了空间整体的复杂特征以外，高复杂性城市形态原型的各要素构成也呈现出一种高度复杂化的趋势。其道路网络主要由主次干路和支路网构成，呈现出不均匀分布的总体特征，中心由主次干路支撑起整体的路网骨架，而外围则由高密度支路网编织而成，且路网密度由中心向外逐渐递增，如图 6.35 所示。其街区形态呈现出大、中、小街区混合分布的特征，大尺度街区主要集中在主次干路的交叉口，呈向心式分布，中尺度街区由中心向外沿主干路线性延伸，小尺度街区则主要分布于中尺度街区两侧，呈小规模的连绵分布，如图 6.36 所示。其用地分布与街区呈现出较高的耦合性，公共服务和商业办公类用地集中在主次干路交叉口，且用地的切分程度要显著低于周边地区，进而以商住混合功能为主的线形用地向外延伸，两侧配套有一定规模的居住用地，且居住用地对于街区的切分度极高，如图 6.37 所示。其肌理呈现出高度混合的特征，包括建筑体量、朝向、间距和高度的混合式布局，这种混合不仅体现为相邻建筑组团的形态差异较大，同时还体现为建筑组团内部的形态差异较大，并且在居住用地空间更为明显，如图 6.38 所示。

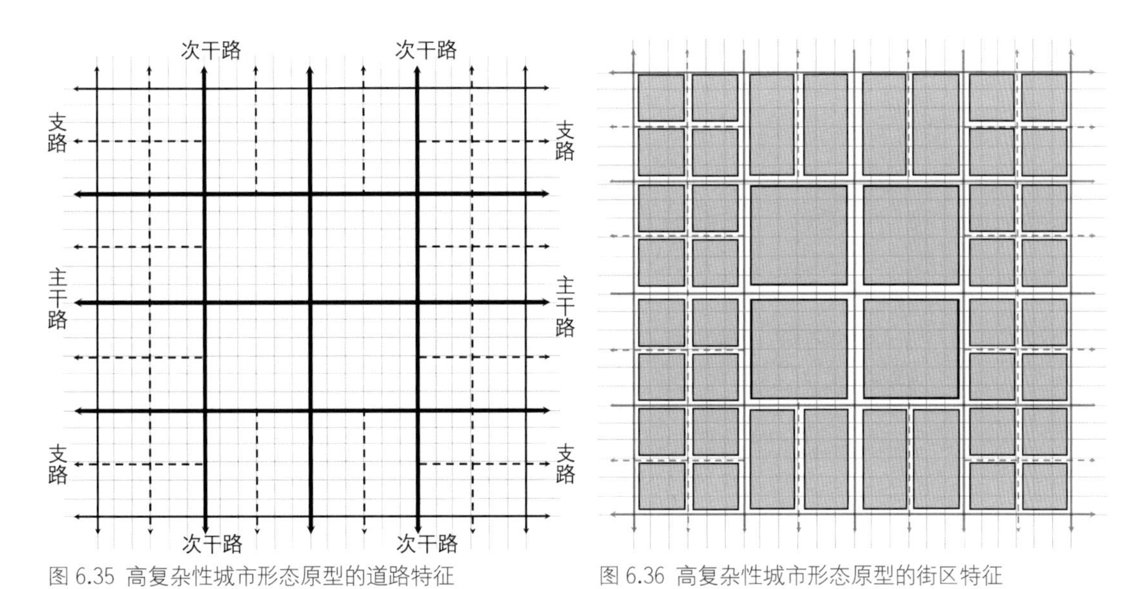

图 6.35 高复杂性城市形态原型的道路特征

图 6.36 高复杂性城市形态原型的街区特征

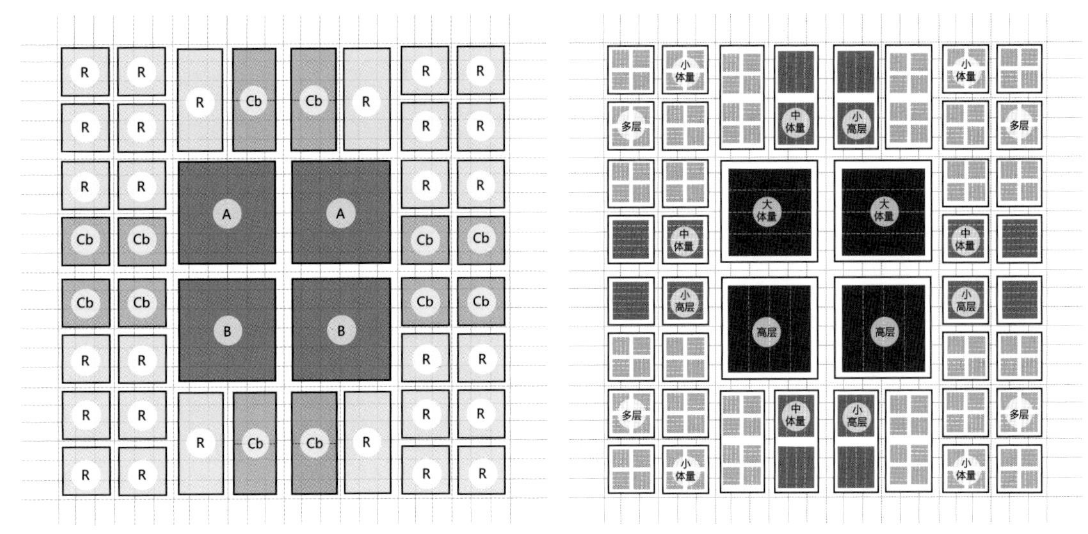

图 6.37 高复杂性城市形态原型的用地特征　　图 6.38 高复杂性城市形态原型的肌理特征

2）中复杂性城市形态的原型的完型模式：形态“均质化”

基于中复杂性栅格的原型拓扑，总结其肌理、道路、街区及用地的空间组合形式，本书尝试建构南京中心城区中复杂性城市形态原型的完型模式。可以发现中复杂性城市形态原型在空间构成、组合模式上具有一定的复杂性，且无论是街区、用地还是建筑都呈现出局部密集分布的特征，如图 6.39 所示。本书结合前文中复杂性城市形态与空间要素的内在关联，总结出以下三个核心特征：

特征一，轴带式线性集聚。与高复杂性的城市形态不同，中复杂性的三阶集聚特征逐渐削弱，由中心向外的圈层式三阶生长转变为由中心向外的轴带式线性生长，并且同样在中心处形成一阶中心。与高复杂性的城市形态原型相比，其一阶中心规模显著减小，呈现出与二阶相融合的趋势；二阶由十字形的放射状生长转变为单一轴线式生长，其规模也在缩减；然而三阶的城市一般地段规模却进一步扩大，并且建筑形态、体量等方面差异的缩小，导致其整体复杂性下降。

特征二，空间组团高度集聚。空间内呈现出明显的组团分布，同类用地、建筑或同尺度街区呈组团状分布，并且具有显著的同类组团集聚特征，进而导致空间内的形态组团分割板块明显。例如中心为商业公共服务混合组团，以沿街朝向分布的中体量高层建筑为主；沿快速路形成中体量小高层的建筑组团集聚，而三阶空间则为小体量多层建筑组团的分块式集聚。相比于高复杂性原型，该类原型的空间零碎化布局特征削弱，板块分割特征加强。

特征三，同类形态的大规模连绵分布。与高复杂性城市形态原型相比，该类原型的空间秩序性显著提升，呈现出同类形态组合的大规模连绵分布，组团内部以及组团之间都呈现出一种形态组合的有序性特征。并且这种同类形态连绵分布不仅包含了建筑朝向、高度等肌理的连绵分布，同时还涵盖了同尺度街区、同类型用地的连绵分布，即各类要素在横向、纵向或任意方向上的排列呈现出明显的秩序性，但是在不同形态的连绵区之间却存在一定的形态差异，进而导致其复杂性处于中等水平。

除了空间整体的复杂特征以外，中复杂性城市形态原型的各要素构成也呈现出整体差异化、局部规律化的总体特征。其道路网络主要由快速路、主次干路和支路网构成，呈现出相对均匀分布的总体特征，中心由十字形快速路支撑起整体的路网骨架，由主次干路围绕形成边界轮廓，内部由支路网体系构成，并且路网密度由中心向外逐渐递减，如图 6.40

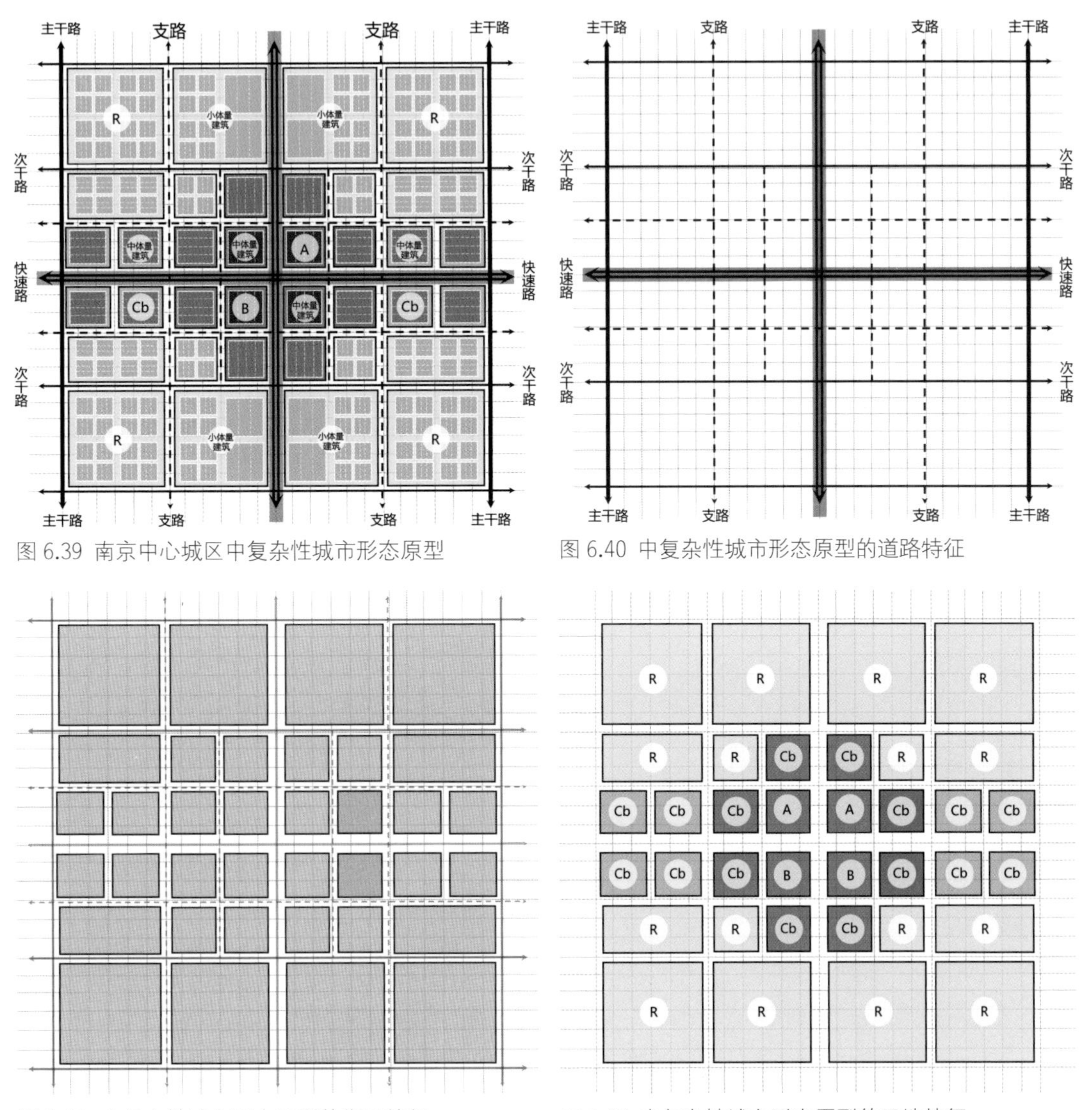

图 6.39 南京中心城区中复杂性城市形态原型

图 6.40 中复杂性城市形态原型的道路特征

图 6.41 中复杂性城市形态原型的街区特征

图 6.42 中复杂性城市形态原型的用地特征

所示。其街区形态呈现出大、中、小街区混合分布的特征，并且分布规律与高复杂性原型相反，大尺度街区主要集中在外围的三阶空间，中尺度街区由外向内延伸，连接中心与周边一般地区，小尺度街区则主要集中于快速路和主干路交叉口，并呈线性延展分布，如图 6.41 所示。其用地分布与街区呈现出较高的耦合性并呈组团状分布，公共服务和商业办公类用地集中在主次干路交叉口且规模较小，向外延伸较大规模的商住混合功能用地，两侧配套有一定规模的居住用地，且居住用地普遍规模较大，对街区的切分度较低，如图 6.42 所示。其肌理呈现出组团分布特征，并且组团的连绵程度较高但组团之间的差异性较为明显，在整体形态上呈现出中心高四周低、中心大四周小、中心沿道路朝向、四周规律朝向的特征，如图 6.43 所示。

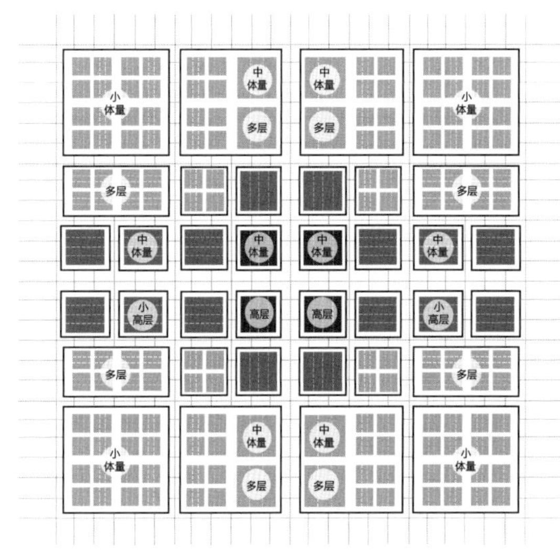

图 6.43 中复杂性城市形态原型的肌理特征

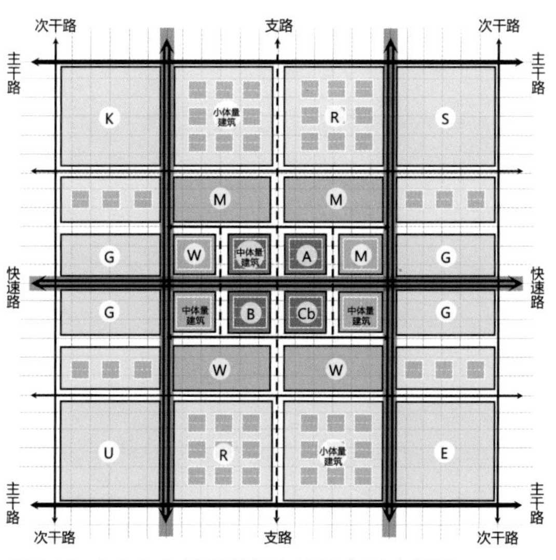

图 6.44 南京中心城区低复杂性城市形态原型

3）低复杂性城市形态原型的完型模式：形态“离散化”

基于低复杂性栅格的原型拓扑，总结其肌理、道路、街区及用地的空间组合形式，本书尝试建构南京中心城区低复杂性城市形态原型的完型模式。可以发现低复杂性城市形态原型在空间构成、组合模式上均呈现出简单、规律分布的特征，集聚程度显著低于高、中两类原型，并且各要素在空间上的分布较为离散，如图 6.44 所示。本书结合前文低复杂性城市形态与空间要素的内在关联，总结出以下三个核心特征：

特征一，交错式沿路伸展。与中、高复杂性的城市形态原型不同，低复杂性城市形态原型不存在显著的三阶特征，空间形态由中心向外的扩散生长转变为沿主干路和快速路两侧的交错式布局，在局部形成社区规模的职能中心，其余空间均由住区、工业园区或开放空间构成，并且彼此之间沿道路两侧呈叉字形的交错布局。

特征二，空间组团离散布局。空间内存在一定规模的组团分布，同类用地、建筑或同尺度街区呈组团状分布。与前两种原型的不同之处在于，一方面低复杂性城市形态原型的空间组团规模差异更大，同时包含了大、中、小等不同规模的组团，另一方面组团内的建筑数量、用地类型等，通常以单一类型为主。同时，建筑与建筑之间、组团与组团之间均呈现出离散分布的趋势，整体的建设量显著降低。

特征三，虚实空间板块拼贴。该类空间中同时存在较大规模组团集聚的实空间（即由建筑所构成的空间）以及虚空间（即由开放空间所构成的空间），空间整体呈现出大疏大密的特征，虚实空间围绕城市快速路、主干路两侧呈板块拼贴。同时空间的连绵程度显著降低，即各类要素在横向、纵向或任意方向上的排列呈现出局部的秩序性和整体的无序性，但是整体建筑数量的减少导致其复杂性较低。

除了空间整体的离散特征以外，低复杂性城市形态原型的各要素构成也呈现出整体离散化、局部规律化的总体特征。其道路网络主要由快速路和主次干路构成，支路网的密度显著低于中、高复杂性空间，纵横的多条快速路支撑起整体的路网骨架，由主次干路围绕形成边界轮廓，并且路网密度由中心向外逐渐递减，如图 6.45 所示。其街区形态呈现出大、中、小街区的差异化分布特征，且以大尺度街区为主要构成，在大尺度街区的中心存在小规模的中、小尺度街区，并呈现出局部的线性延展特征，如图 6.46 所示。其用地分布与街区的耦合性显著低于中、高复杂性空间，在中心处形成社区规模的商业、公共服务或商

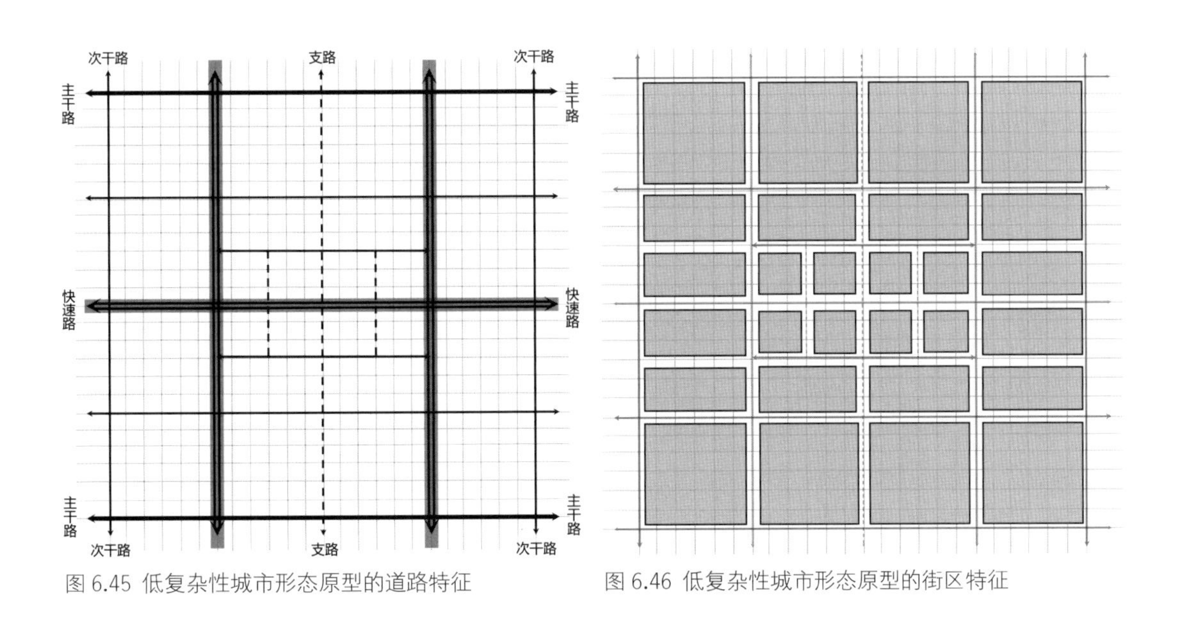

图 6.45 低复杂性城市形态原型的道路特征　图 6.46 低复杂性城市形态原型的街区特征

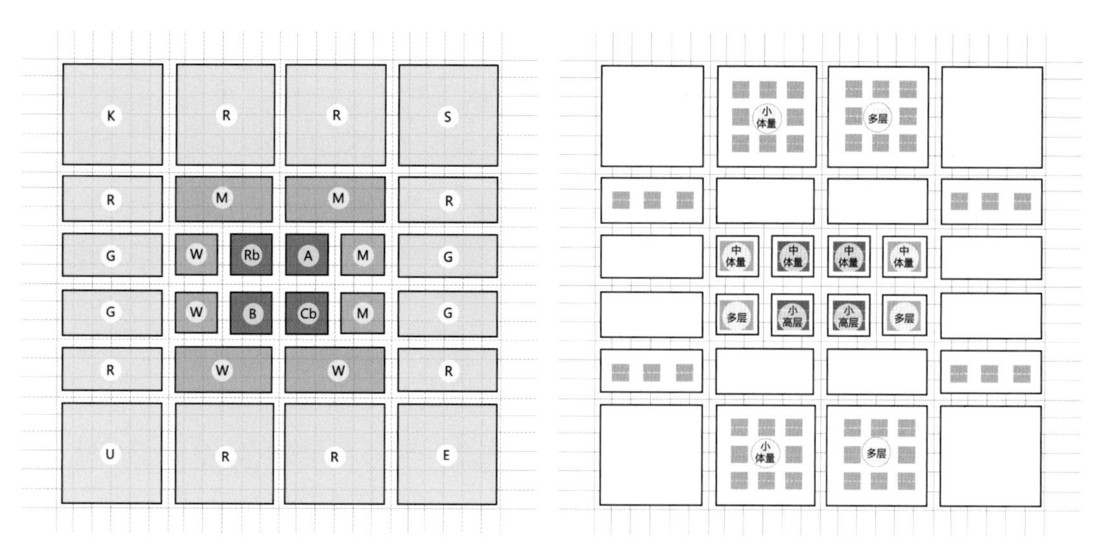

图 6.47 低复杂性城市形态原型的用地特征

图 6.48 低复杂性城市形态原型的肌理特征

住混合用地，周边配有大规模的居住、工业物流用地以及大型绿地水系，且用地对于街区的切分程度极低，如图 6.47 所示。其肌理呈现出明显的组团分布特征，并且组团的连绵规模较小，且组团与组团之间被大型的开放空间或建筑所间隔，在整体形态上呈小体量建筑稀疏布局的特征，且组团之间的建筑密度差异较大，如图 6.48 所示。

6.4.5 原型的亚型模型

基于各个栅格的拓扑原型以及不同复杂性对应的空间要素关联机理，建构南京中心城区城市形态复杂性原型的完型模式。在此基础上，根据前文中各个复杂性对应的肌理、道路、街区、用地的多种构成模式，总结归纳出不同城市形态结构下衍生出的原型亚型模式，它们是在完型基础上的变形和组合，在保留完型模式的核心特征的同时相互之间又有所区分，呈现出不同的形态组合特征。

1）高复杂性城市形态原型的两种亚型

亚型一：疏密交错混合型。该类亚型最大的特征在于其中心的一阶空间由高度复杂的核心职能片区转变为大中型开放空间，如图 6.49 所示。通常为城市内的绿地公园、湖泊等自然生态空间，例如位于老城区内的 91 号、105 号等栅格，而原本的公共服务、商业类核心职能向外拓展，围绕开放空间呈紧密布局，并且由大体量形态组团转变为中体量形态组团。其空间整体上呈现出疏密交错的空间组团布局，以及组团与组团之间呈现高度差异和混合式布局。并且，建设空间被进一步压缩，导致不同空间组团之间相互挤压、相互

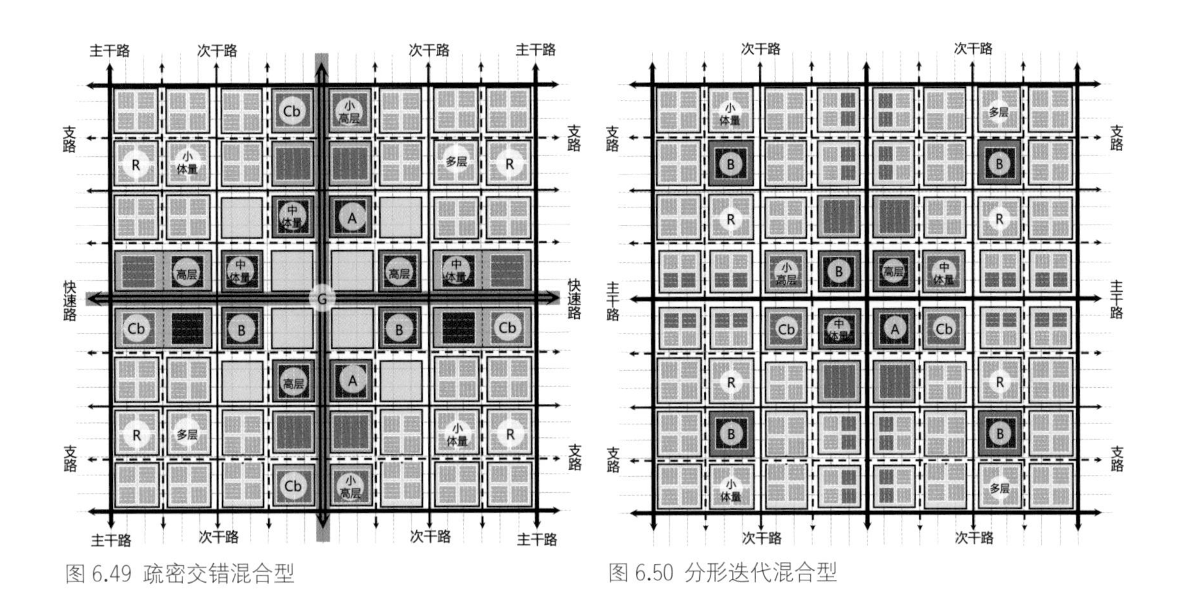

图 6.49 疏密交错混合型　　图 6.50 分形迭代混合型

制约的现象更为明显。除了居住区以外的其他空间中同类形态特征构成的空间组团，其连绵程度极低，连绵规模也极小，只在主干路和次干路沿线形成小规模的线性延展。由于存在开放空间，即使建筑数量有所减少（即建筑空间关系的类型减少），建筑空间关系也复杂多变，建筑间距、建筑朝向关系差异更大，从而导致建筑空间关系的矩阵波动振幅提高，在横向、纵向或任意方向上的排列变化幅度也提高，因此其城市形态同样呈现出高度复杂的特征，空间整体上呈现出一种无秩序化的发展趋势。

亚型二：分形迭代混合型。该类亚型最大的特征在于其城市形态呈现出分形与迭代的特征，如图 6.50 所示。具体地说，其中心的一阶空间规模和等级被压缩，但是在周边的各个居住组团内形成小规模的一阶空间，由二阶的商住混合用地等过渡空间进行连接。例如 77 号、119 号等栅格，整体上来看，该空间以商业、公共服务设施为中心，周边配套有多个生活性形态组团；从每个生活组团来看，其空间仍然是以商业、公共服务设施为中心，配套居住设施围绕其呈圈层式布局，形成 1/4 个初始图形，并且在每个组团内部又呈现出分形迭代的趋势。这种分形和迭代现象导致其整体城市形态和局部城市形态极为相似，使得城市形态在迭代过程中彰显其无限精彩的魅力以及高度的混合特征。同时，根据这一亚型可以推测，城市形态不仅在街区尺度，而且在更大的尺度上也会呈现出这种多轮迭代的分形特征，在由多个栅格组合成的城市形态中或许存在更高阶的形态中心，其肌理形态、规模、等级等将高于一阶空间，这种分形和迭代构建出了城市形态局部和整体的相似性特征，反映了城市发展过程中的城市形态演化规律和生长机理。

2）中复杂性城市形态原型的两种亚型

亚型一：住区多元均质型。该类亚型最大的特征在于其由一阶空间向外线性延展转变为环绕一阶中心的圈层式布局，如图 6.51 所示。例如 45 号、56 号等大型居住栅格，其三阶圈层式延展的特征极为明显，与高复杂性城市形态原型的完型和分形迭代混合型具有相似的圈层式结构，中心为形态高度复杂的商业或公共服务职能地带，周边围绕着商住混合空间，外围被多个居住组团环绕，呈现出中心高四周低、中心大四周小的特征。但是不同之处在于，该类城市形态亚型多分布于大型居住区地带，其居住区呈大面积的连绵分布，且一阶中心的规模要显著小于高复杂性城市形态原型。并且，其空间组团的形态呈高度的均质化，这种均质化一方面体现为每个组团内部建筑高度、朝向、间距、体量等建筑特征的均质化布局，另一方面体现为组团与组团之间肌理的差异较小，没有显著的高低起伏、体量骤变等形态差异，整体呈现出小幅变化、平缓过渡的形态差异。同时，大型居住区的存在，导致其路网对于形态的切分度下降，支路网密度降低，栅格空间呈现出整体均质化、局部多元化、大规模组团连绵圈层式分布的特征。

亚型二：园区拼贴均质型。该类亚型最大的特征在于栅格空间内有中、小型开放空间或绿地呈带状穿过场地，并且空间形态呈板块拼贴状，如图 6.52 所示。例如 80 号、139 号栅格，其栅格内以滨水或跨水而建的主干路为道路形态的主要特征，水体占空间整体的 1/7 到 1/5，空间被水系一分为二，由商业、公共服务构成的一阶空间与商住混合功能的二阶空间沿着水系两侧呈滨水集聚分布，外围则是大规模的居住空间或工业园区空间。与同复杂性的完型模式及住区多元均质型亚型相比，该类亚型的离散程度较大，街区形态和

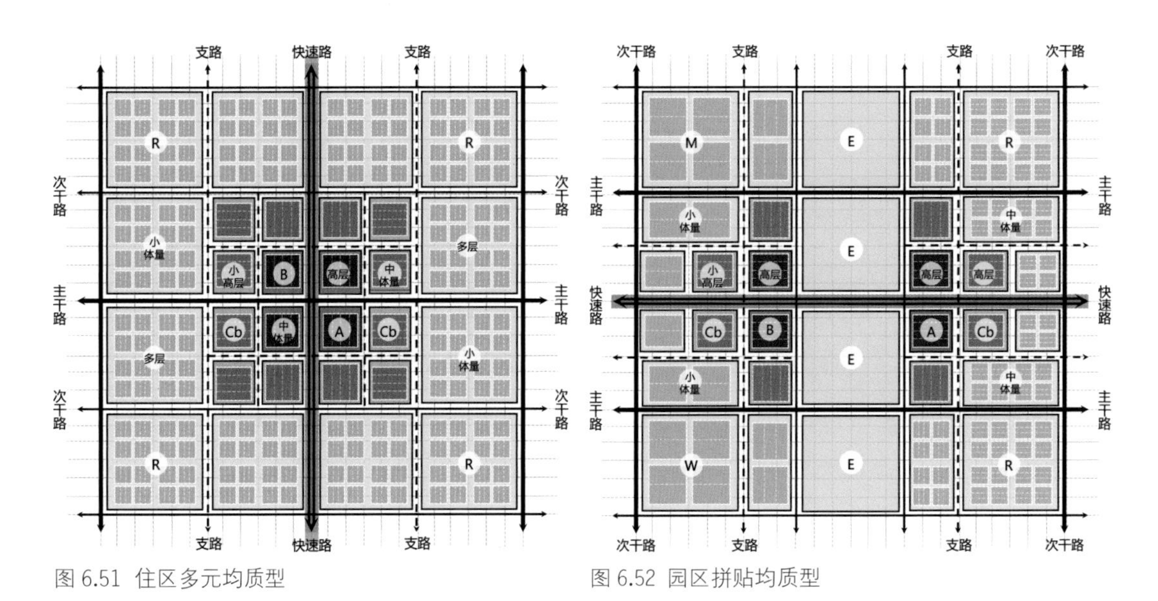

图 6.51 住区多元均质型　　图 6.52 园区拼贴均质型

建筑朝向更为多变，呈现出沿河流曲折变化的总体特征。同时，其空间组团的形态差异更为明显，这种差异并非体现为相邻组团的巨大差异，而是体现为水系两侧的形态差异化，一侧以小体量多层、小高层建筑密集均质排布的大型居住街区为主，另一侧则以大体量多层建筑均质排布的工业园区为主。虽然其空间关系更为均质化，但是存在板块之间的较大形态差异，以及建筑朝向的变化，因此其复杂性同样处于中等水平。

3）低复杂性城市形态原型的两种亚型

亚型一：城郊住区离散型。该类亚型最大的特征在于以分布于城市近郊区的住区为主要构成，并且居住组团形态呈差异化和离散式布局，如图 6.53 所示。例如位于城市新城外围或近郊区的 16 号、83 号、190 号等栅格，空间整体上呈现出环状离散分布的特征。在快速路或主次干路的交界处形成小规模的公共服务、商业或商住混合类的空间组团。向外则环绕大中型的开放性绿地、水系或在建用地，这一空间内的建筑数量极为稀少，成为内外两环之间的大型空白地带。外环则以居住组团为主要构成，每个组团内部的肌理形态较为均质化，但是相较于中复杂性原型的均质化特征而言，该类组团的均质化程度较低，存在局部的无规律布局或零碎式建筑分布。同时，组团与组团之间存在一定的形态差异和空间距离，这种形态差异主要体现为建筑间距上的差异（主要是新建建筑和老旧棚户改造建筑的间距差异）；而空间距离则体现为组团与组团之间的离散式分布，通常每个组团之间被中小型的开放空间所间隔。

亚型二：自然生态离散型。该类亚型最大的特征在于栅格空间内有大型开放空间或绿

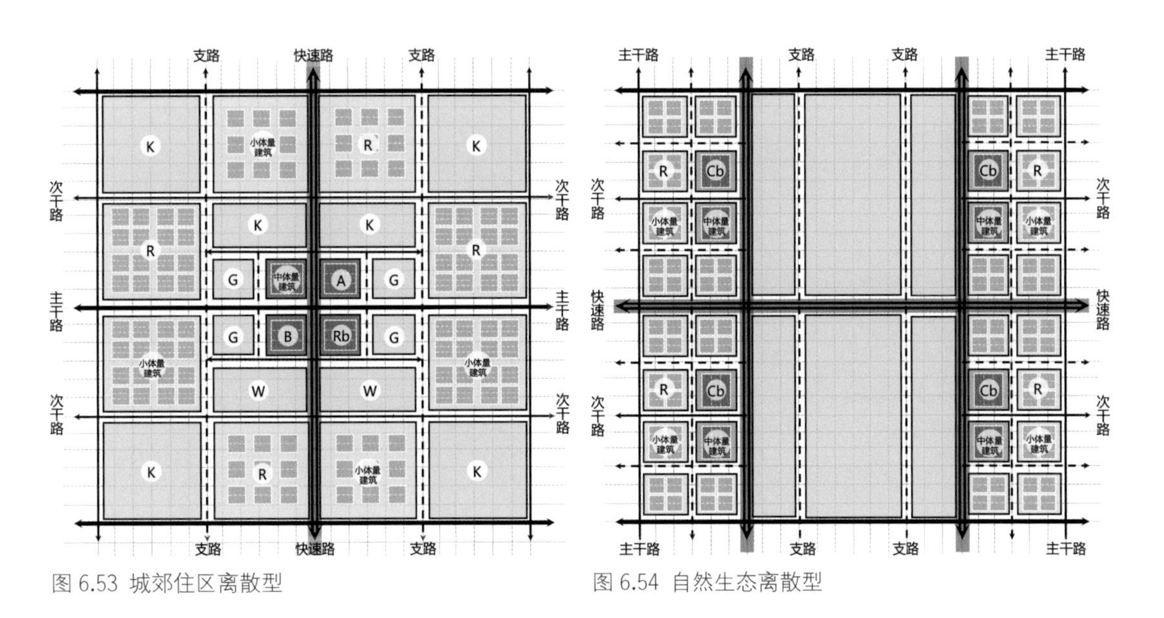

图 6.53 城郊住区离散型

图 6.54 自然生态离散型

地呈带状穿过场地，并且空间组团内部呈离散分布，如图 6.54 所示。例如 39 号、137 号、165 号栅格，水体占据了 1/3 以上的空间，两侧道路走线顺应水岸向外延伸，并在局部形成小规模的商住混合空间集聚，以承担片区的日常服务职能；向外则是小规模的居住组团呈离散式分布，极少存在大规模的工业、物流等园区组团。相比于低复杂性城市形态的完型模式及城郊住区离散型，该类亚型中极少存在小高层、高层建筑，以多层、小体量建筑为主要构成。河流形态的不规则性导致街区形态较不规则，紧凑度也较低，街区尺度差异更大，并且用地类型及其对应的空间组团对于街区的切分程度更低。此外，发展空间受限，导致该类亚型中极少存在向外延伸的商业性轴线或生活性廊道，而是以组团状在内部形成功能集聚。

参考文献

[1] RODGERS J L, NICEWANDER W A. Thirteen ways to look at the correlation coefficient[J]. The American Statistician,1988, 42(1): 59-66.

[2] 卢锐，朱喜钢．城市新区规划中空间紧凑测度方法研究：以黄石、宁波、南京新区规划为例 [J]. 上海城市规划，2015(3): 87-93.

[3] 陆小波．基于城市空间大数据的中国特大城市形态定量研究初探 [D]. 南京：东南大学，2019.

·7· 结语

城市形态复杂性及其原型模式反映了城市形态的布局特征和建筑排列规律，不同功能类型的城市空间通常会产生与之相对应的城市形态复杂性数值，而同一功能类型的城市形态复杂性具有一定的相似度和数值区间（例如住宅类街区，由于其空间布局较为规整，因此其复杂性通常要低于商业街区的复杂性），因此对城市形态复杂性的强弱判定可以用于城市用地功能识别以及城市形态方案自动生成等实践中。除此以外，城市形态复杂性及其原型也是一种对城市形态的综合判定方式，反映了城市空间的秩序与否、规律与否的空间特征，因此也可以对城市空间的建设水平和发展质量进行综合评估。综上所述，本书将从城市更新设计、用地功能自动识别、人工智能城市设计三个领域探讨城市形态复杂性的应用途径。

7.1 城市更新设计的应用

随着中国城镇化快速发展，存量更新成为城市发展的重点，城市更新单元边界的划定作为更新规划实践的重要步骤，可以为城市更新改造规划的编制与实施提供基础。城市更新单元边界是指实现空间资源配置、城市用地、资产、资本一体化管理的更新单元范围边界线。目前常用的城市更新单元边界识别方法，一种是基于现状图斑、建筑年代等单一因素资料进行自上而下的划分，并依靠规划人员现场实地调研进行主观校核；另一种则是综合对片区经济、社会、文化的多要素专题评估，结合地理信息系统软件平台进行更新单元边界的划定。上述方法都会受到主观判断、识别范围有限、人力成本高等的限制。

结合城市形态复杂性及其原型模式，可以有效提高各类型城市更新潜力单元边界的识别精度和识别效率。其原理在于，需要进行城市更新的用地单元，在城市形态上通常会呈现出建筑布局杂乱、建筑体量不一、用地组合不合理等特征，而城市形态复杂性强弱可以有效反映上述特征的差异。因此，当某个单元需要进行城市更新时，其城市形态复杂性及其原型模式必然会与同类型单元的复杂性数值存在差异，进而为城市更新潜力单元边界的识别提供依据。

综合前文中城市形态复杂性与空间高度、空间密度、空间强度等肌理形态的相关性，本书尝试探讨一种基于城市形态复杂性及其原型的城市更新潜力单元边界的识别方法：首先，将城市形态数据根据不用的用地类型进行划分，得到不同类型用地对应的城市形态数据库。其次，结合国土空间规划等上位规划成果，提取出其中已编入更新计划且在后续建设中需要进行更新重建的空间单元（简称既有更新单元），测算其复杂性数值及对应的空间高度、空间密度、空间强度等肌理特征指标，并结合人工智能深度学习，将上述数值的函数关系进行学习得到训练集。该训练集包含了各类用地对应的既有更新单元，以及其不同城市形态复杂性数值所对应的空间高度、空间密度、空间强度等指标的阈值。然后，将城市中其他非既有更新单元按照用地类型进行分类，计算其城市形态的复杂性并输入训练集，根据用地类型及复杂性数值进行条件匹配，筛选出与训练集中空间高度、空间密度、空间强度等指标阈值相符合的空间单元。最后，将上述筛选出的空间单元抽象为城市形态复杂性原型，并与既有更新单元的原型进行比对，并结合实地调研和现场校核，最终生成城市更新潜力单元的边界。

除了城市更新潜力单元边界的识别以外，还可以采用相似的方法将城市形态复杂性及其原型模式与城市空间中的步行路径、建筑立面、建筑色彩、行道树、景观小品等要素相结合，对诸如公共空间、社区空间、住宅空间等不同类型空间进行城市更新潜力评估，发现城市中的慢行体系升级类高潜力单元、风貌整治类高潜力单元、景观完善类高潜力单元等，为实现精细化、人本尺度下的城市空间更新潜力评估提供依据。

7.2 城市用地功能自动识别的应用

城市的用地功能是统筹城乡发展，实现集约节约、科学合理地利用土地资源的重要工具，厘清城市用地功能的各种使用类别，成为城市规划编制工作的必要条件。然而，城市经济水平提高引发的业态多元，导致中国城市出现超大规模和高复杂性的用地类型集聚，如何高效科学地识别大规模空间用地类型，不仅成为各城市规划编制过程中的一大难点，而且也是科学监测城市发展状态的基础。目前，手机定位[1]、地铁刷卡[2-3]、遥感影像[4-5]等大数据自动识别城市用地功能是最常见的方法，但是在准确率和精细度上仍有待提高；

此外，也有通过业态 POI 大数据识别城市用地功能的方法[6-7]，但是单一的业态数据对于功能混合、业态多元的地块，特别是商住混合、商办混合等公共服务类地块，仍无法做到准确识别。

如果将城市形态复杂性及其原型模式与业态数据相结合，那么可以有效提高识别的准确性。其原理在于，不同用地功能对应的城市空间通常有着不同的建筑布局形态，例如住宅类空间，由于其空间布局较为规整，因此其城市形态复杂性通常较低；而商业、办公、公共服务类空间，由于其建筑体量、间距等方面存在较大差距，因此其城市形态复杂性通常较高。同时，Martin 等也从不同城市案例中证明了城市用地功能对街区内建筑三维布局形态的影响[8-9]。

综合前文中城市形态复杂性与用地功能的相关性，本书尝试探讨一种基于城市形态复杂性及其原型的城市用地功能自动识别方法：首先，以街区为单元计算每个街区的城市形态复杂性，并将业态点数据通过坐标定位与街区相关联，得到包含每个街区城市形态复杂性数值及业态点属性数据的数据库。其次，采用 SVC、Lasso、GBDT 等有监督分类学习方法基于业态点数据实现对每个街区用地功能的初步识别，由于该步骤在众多文献[10-11]中已经阐述得较为清楚，因此本处不再赘述。然后，通过城市形态复杂性及其原型对识别结果进行进一步校准，这是本方法的核心步骤，也是提高识别效率的关键步骤。具体地，将每个街区的城市形态根据 6.4.1 节中的拓扑抽象方法抽象为原型模式，并计算每个栅格的复杂性数值和对应的四个行向量数值（行向量 ***X*** 为建筑形态关系差异性的平均值，行向量 ***Y*** 为建筑间距关系差异性的平均值，行向量 ***Z*** 为建筑朝向关系差异性的平均值，行向量 ***W*** 为建筑高度关系差异性的平均值），以上原型、复杂性数值及行向量数值表征了城市形态的整体复杂性特征以及各个构成的复杂性特征。最后，对既有用地及街区数据有监督机器学习，学习用地与街区在各项指标上的函数关联，最终生成训练集，并用于自动识别和校准前一步中的识别结果。

与目前已有的通过 POI 大数据识别城市用地功能的方法相比，本书的突破点在于综合建筑形态布局特征，能够将用地功能类型精确识别至中类或小类，而非局限于居住、商业、办公等城市用地大类，识别准确性和识别精细度进一步提高。

7.3 人工智能城市设计的应用

近年来，人工智能城市设计的研究取得了突破性进展，为建筑群体形态生成提供了新的解决思路[12]。通过诸如神经卷积网络、决策树模型等智能方法，可以有效挖掘城市设计规律，并结合计算机进行城市形态方案的自动生成，将设计原理转化为智能化规则并交给计算机，将人的精力更多放至设计决策中，形成一种人机交互的城市设计模式。然而，现有的人工智能技术过度依赖机器学习，而机器学习方法本质上是一种“黑箱”技术，无法对内部的计算规律做出合理化的解释，只能将生成的方案无限接近于规划师所设计的方案，这就容易导致生成的方案无法用于规划实践。其原因在于机器学习过程中过度依赖空间高度、空间密度等整体性指标，缺乏更高阶的形态特征描述，从而无法精准学习城市形态的复杂特征，造成所生成方案的形态特征与其自身功能不相匹配，例如生成的住区方案缺乏规律性的组团特征、生成的商业步行街布局过于机械化导致城市形态缺乏趣味性等。

结合城市形态复杂性及其原型模式，可以有效提高城市设计方案生成的质量和准确性，使其城市形态特征与其自身功能更为相符。其原理在于，城市形态复杂性及其原型模式不同于传统的高、密、强等概括性简单指标，是对城市形态特征描述的一种维度更高、涵盖面更广、描述其形态整体规律和秩序特征的更高阶量化方式，可以将城市形态的“有秩序”“有趣味”“行列式”“组团布局”等传统只能定性描述的特征以量化数值的方式予以表达，因此可以有效提高人工智能城市设计的准确性。

综合前文中城市形态复杂性与空间肌理、用地功能的相关性，本书尝试以形态高度秩序化的居住区为例，探讨一种基于城市形态复杂性及其原型的城市住区形态自动生成方法:首先，筛选出城市中的 R 类用地及其对应的建筑数据，并将其中一部分作为学习样本，另一部分作为生成方案的对照数据。其次，采用机器学习技术对样本数据进行学习，并自动生成住区形态方案，该方法已经形成相关技术体系[13]，因此本书不再赘述。然后，通过城市形态复杂性及其原型对识别结果进行进一步校准，具体地，将样本数据中每个住区抽象为原型模式，计算每个栅格的复杂性数值和对应的四个行向量数值，并通过机器学习计算不同高度、强度住区所对应的常见原型模式、复杂性阈值及四个行向量的阈值，生成方案特征参照集。最后，计算生成方案的原型模式，计算每个栅格的复杂性数值和对应的四个行向量数值，并将其与方案特征参照集进行对照，如果超出阈值，那么可对对应的形态特征及其参数做出调整，进而生成更为合理的住区方案。

7.4 研究局限与展望

城市形态复杂性是社会、经济、历史等因素共同作用的产物，复杂性背后反映的是城市的发展阶段、发展水平、社会空间职能与经济文化特色，研究城市形态复杂性的测度方法与建构机理，对于时代政策、理论发展和研究实践都具有重要意义。然而，精细化的城市形态研究滞后于当下实践需求，过于宏观、定性的城市形态认知束缚了城市空间的高品质、精细化发展。因此，本书将研究视角聚焦于街区尺度，研究以建筑体量为构成要素的城市形态复杂性的测度方法与建构机理，旨在挖掘小尺度空间下城市空间要素对城市形态变化的作用机理，厘清城市形态复杂性的强弱变化规律，同时突破传统“唯非线性论”的复杂性研究方式，在确保城市形态复杂性的研究与测度符合其非线性特征的同时，保证研究和测度结果的可解释性。面对如此复杂多变的城市形态，以及其内部的复杂形态规律，本书尚存在诸多不足。

本书提出的城市形态复杂性测度模型，仅局限于以建筑体量为构成要素，尚未融入其他形态要素。本书提出的测度模型以建筑体量为城市形态的构成要素，提出了基于建筑体量空间关系、建筑间距空间关系、建筑朝向空间关系和建筑高度空间关系的城市形态复杂性测度方法。但是在真实的城市三维空间中，城市形态还包含了广场、绿地、行道树、广告牌、建筑立面等诸多形态细节，仅以建筑体块搭建三维城市形态模型始终与真实形态场景存在差异，因此复杂性的测度结果也具有一定的局限性。在未来研究中重点攻克多类形态要素融合测度的难题，包括各类形态要素的复杂性测度方法以及各类要素对于复杂性的影响如何融合于同一测度模型中。

本书局限于建筑、肌理、道路、街区、用地等五类要素及其内在机理，还有其他要素待发掘。本书通过研究南京中心城区城市形态复杂性的空间分布特征规律，进而提出城市形态复杂性与肌理、道路、街区、用地的关联猜想并进行论证分析，但是城市的物质空间要素不仅局限为上述几类，还包含三维地形、自然生态环境等其他物质空间要素。在后续研究中还需要融入更多要素进行分析和验证，这样才能提高城市形态复杂性建构机理的准确度和有效性，才能深入研究局部特征规律。

本书的狭义城市形态复杂性对于城市中的非物质形态考虑不足，欠缺对于城市形态复杂性演变的动态分析。本书是基于城市空间中各有形的物质空间要素在相对位置关系、形态布局结构等三维几何形态上所呈现的秩序性特征的研究，在未来还需要加强对社会、经济、文化、人群等大量非物质形态要素的思考分析，这些非物质形态要素同样对城市形态复杂性产生了重要的影响。此外，本书是一种基于某一特定形态数据的切片式研究，忽略了城市形态复杂性的动态演变过程，因此需要以历史的眼光，从发展、变化的视角审视城市形态的复杂性测度方法及建构机理。

本书的研究样本局限于南京中心城区，总结的城市形态复杂性特征规律和原型模式无法适用于所有城市。本书以南京为案例对其中心城区的城市形态进行测度并分析复杂性特征规律，虽然本案例在山水格局、地形、城市规模、发展规律方面在我国大部分城市具有一定的代表性，但始终无法涵盖所有城市的形态特征，导致本书总结的城市形态复杂性特征规律和原型模式具有一定的特殊性和个案性。因此，在未来的研究中将进一步扩大案例城市数据库，为城市形态复杂性研究提供更多案例支撑。

城市形态是动态的、变化发展的，未来对于城市形态复杂性的研究不应局限于街区尺度或以建筑体量为构成要素，分析的范围可以向更大尺度的城市市域形态和城乡形态拓展，同时也向更小尺度的建筑群落、空间组团深入研究，甚至以动态发展的眼光去看待城市形态的演化历程，剖析其内在的动力机制。此外，还需要加强分析城市形态复杂性原型要素之间的相互制约和影响机制，精细化定量测算不同等级规模的城市形态的复杂性特征规律，创新基于城市形态复杂性的实践路径。对于城市形态的复杂性研究需要一套成体系、全尺度的定量测度和研究方法，本书提供的以建筑体量为构成要素的城市形态复杂性测度方法和建构机理或许能够引发一些更深层次的思考和讨论：城市形态的复杂性该如何定义？如何加强城市形态的复杂性及其测度方法的可解释性？城市形态的复杂性是否存在固定的形态基因？城市形态的复杂性能否与当下的大数据、人工智能等先进技术结合并应用于国土空间规划实践？这些问题都有待我们进一步探索。

·附录·

附录 A　南京中心城区 212 个空间栅格及编号

1	2	3
4	5	6
7	8	9
10	11	12
13	14	15

续表

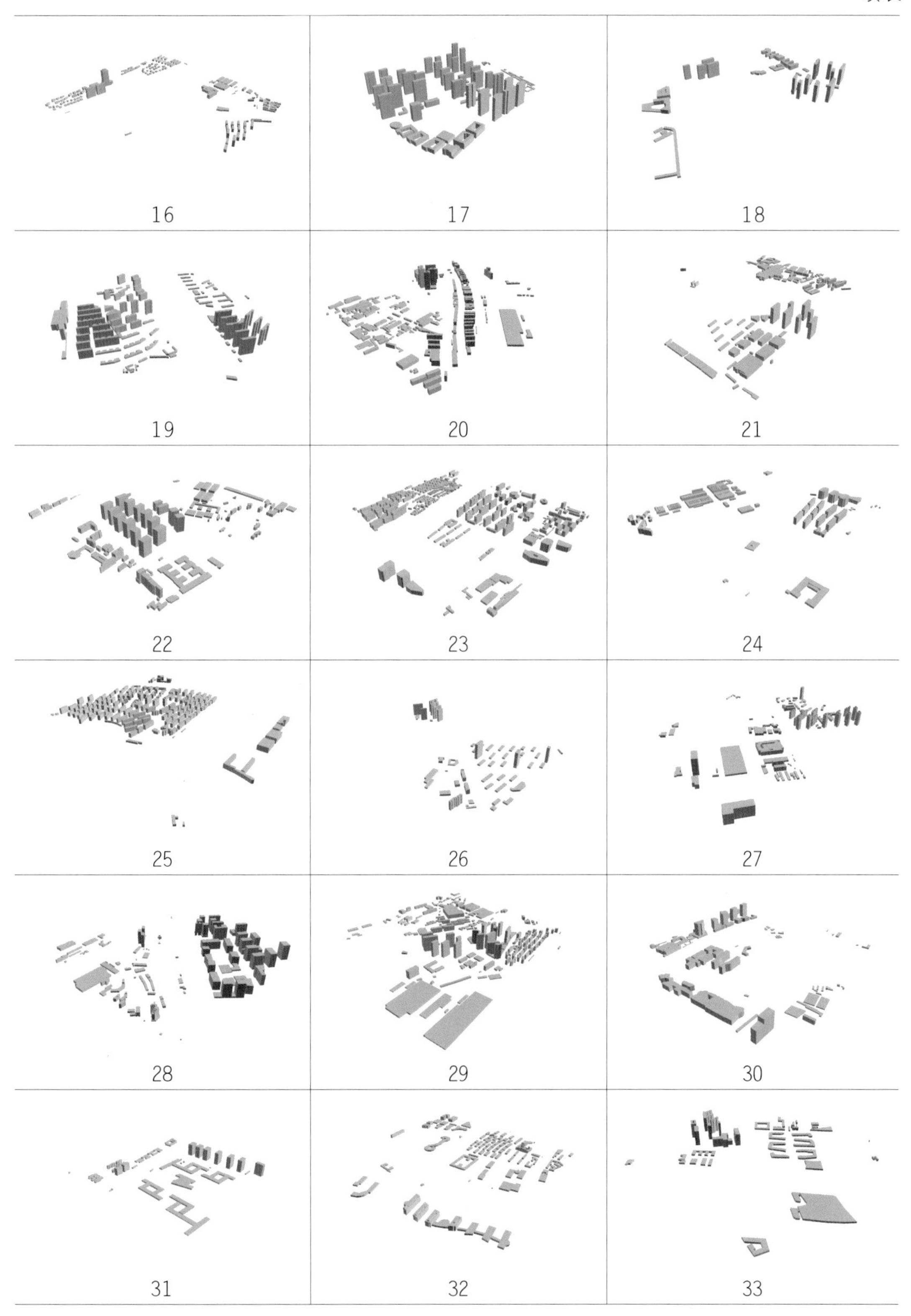

续表

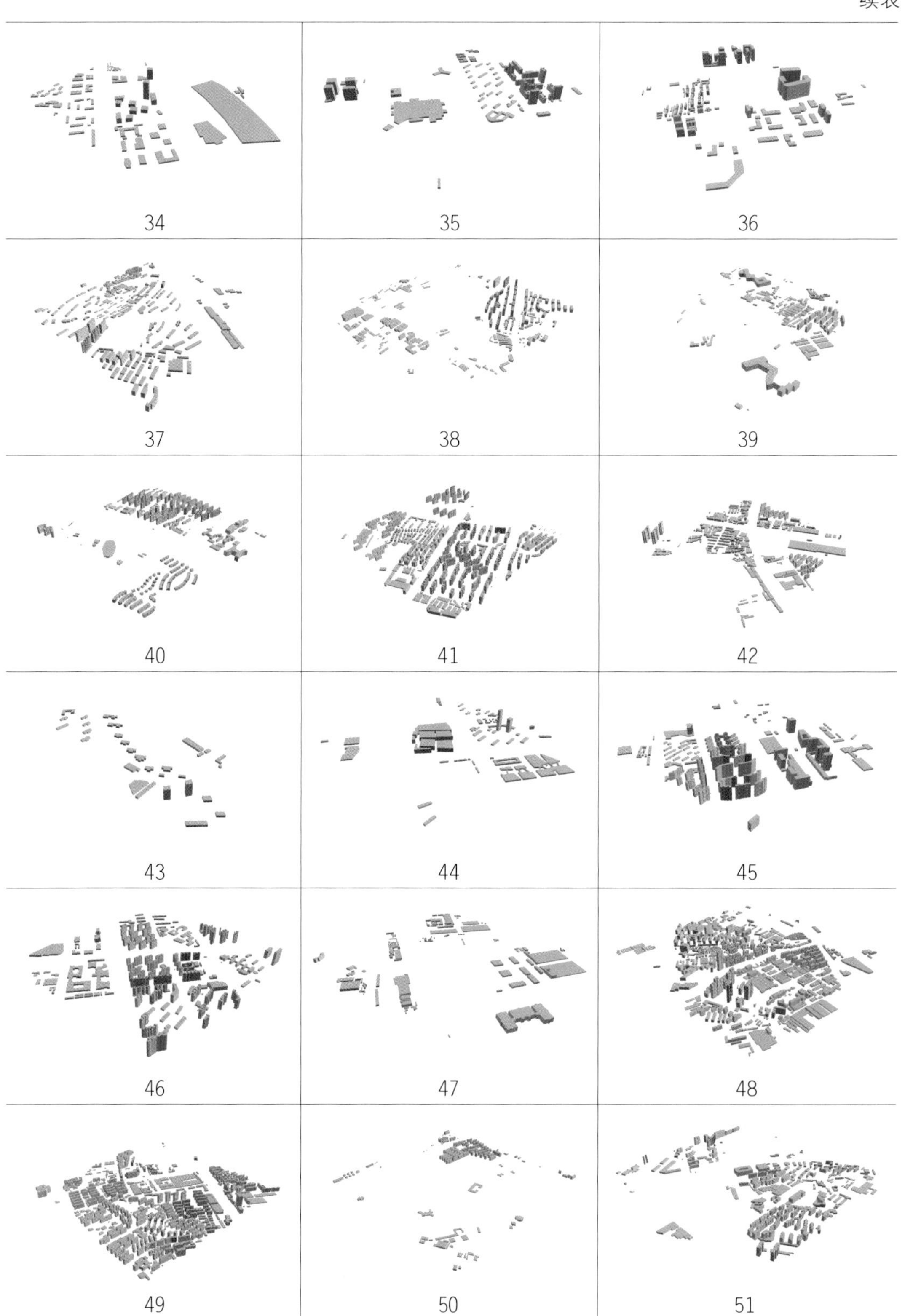

续表

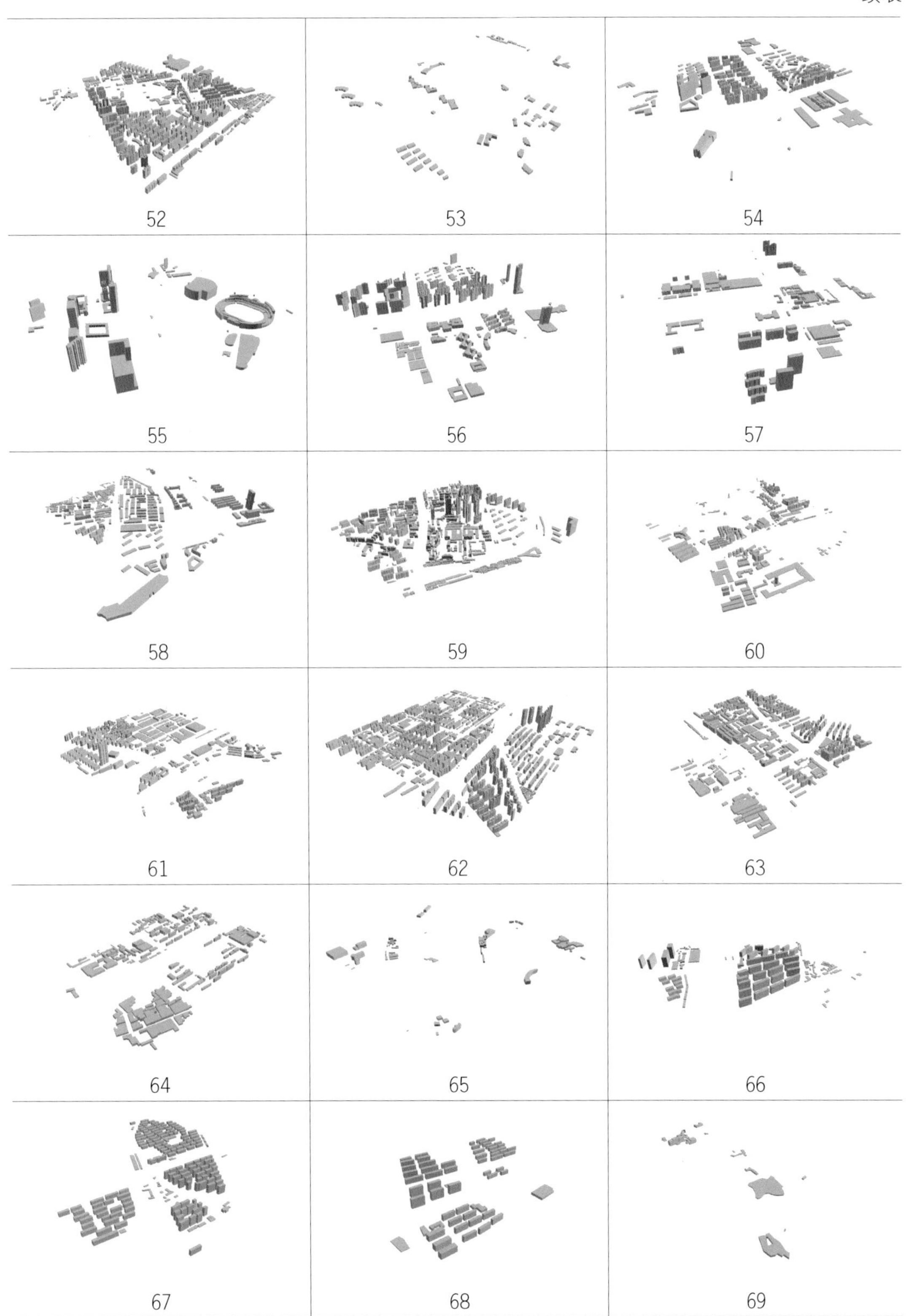

续表

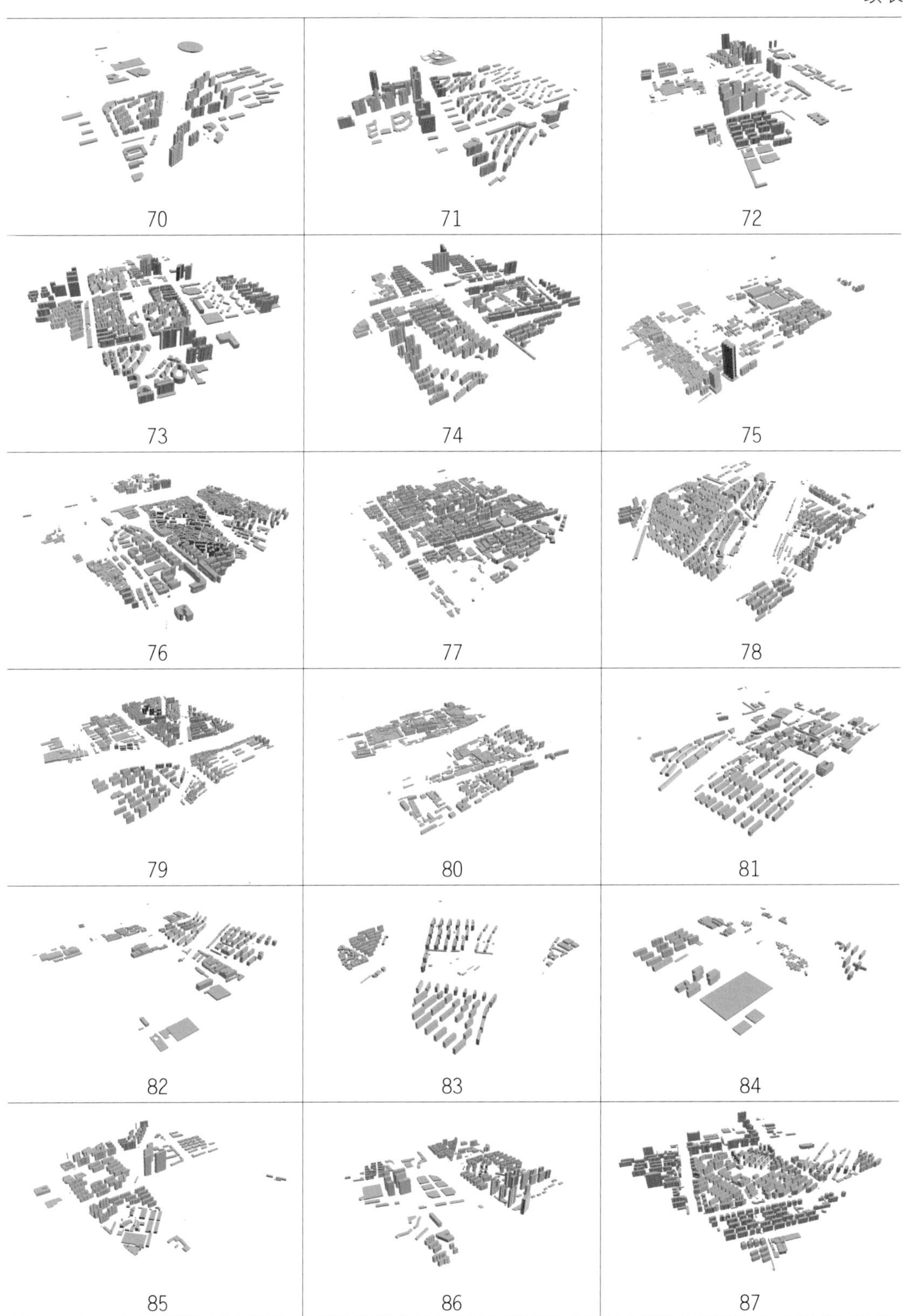

续表

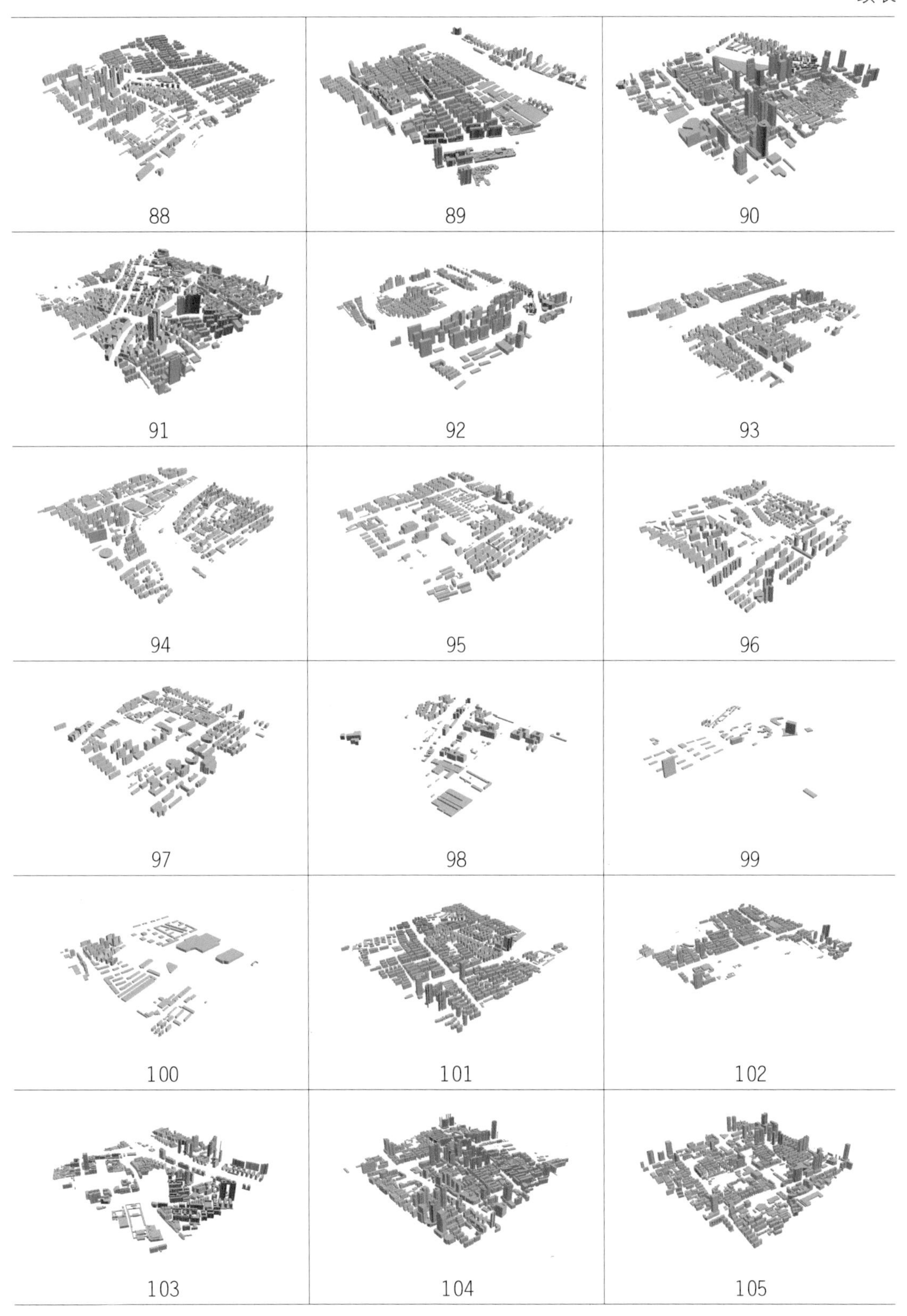

续表

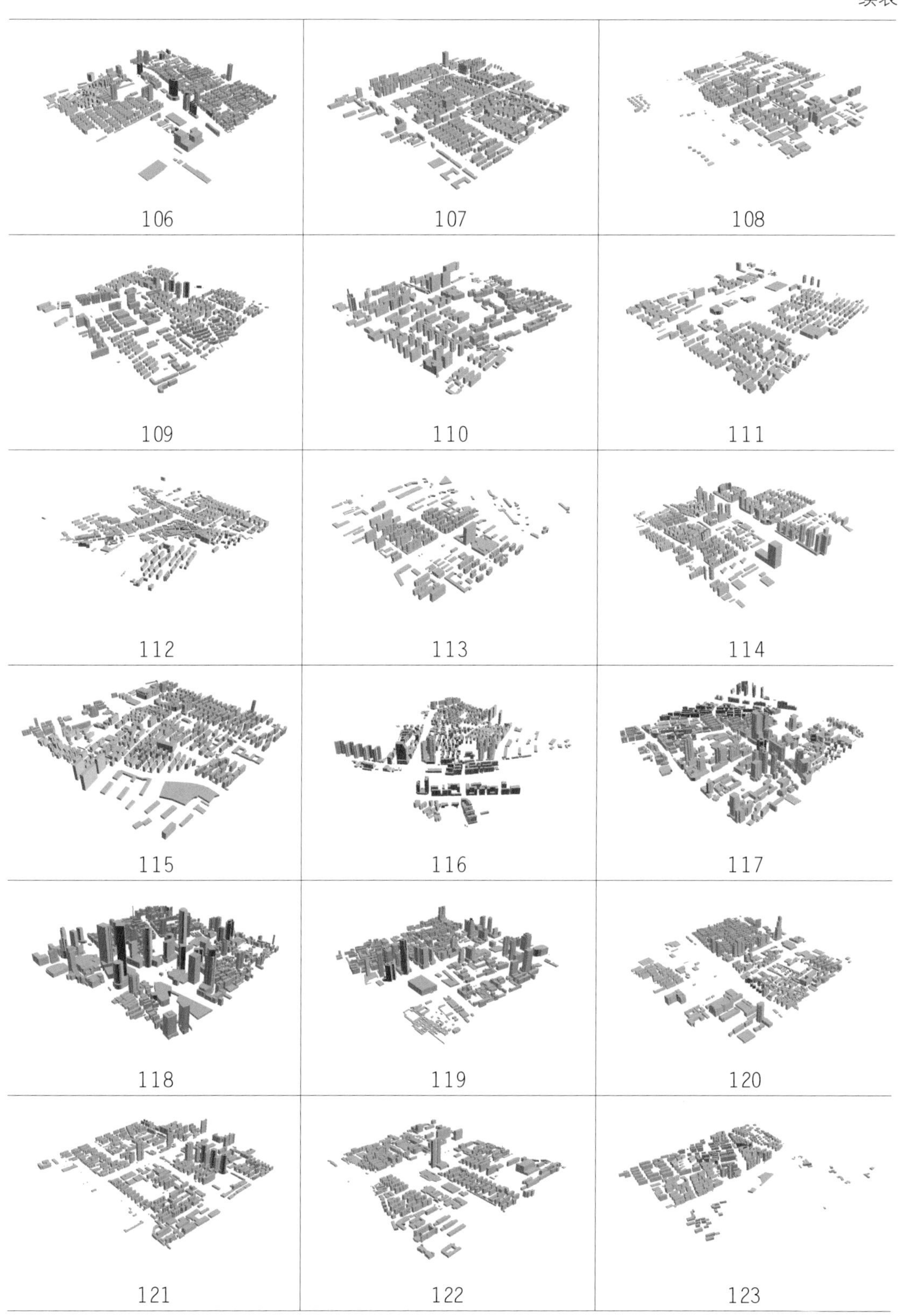
106
107
108
109
110
111
112
113
114
115
116
117
118
119
120
121
122
123

续表

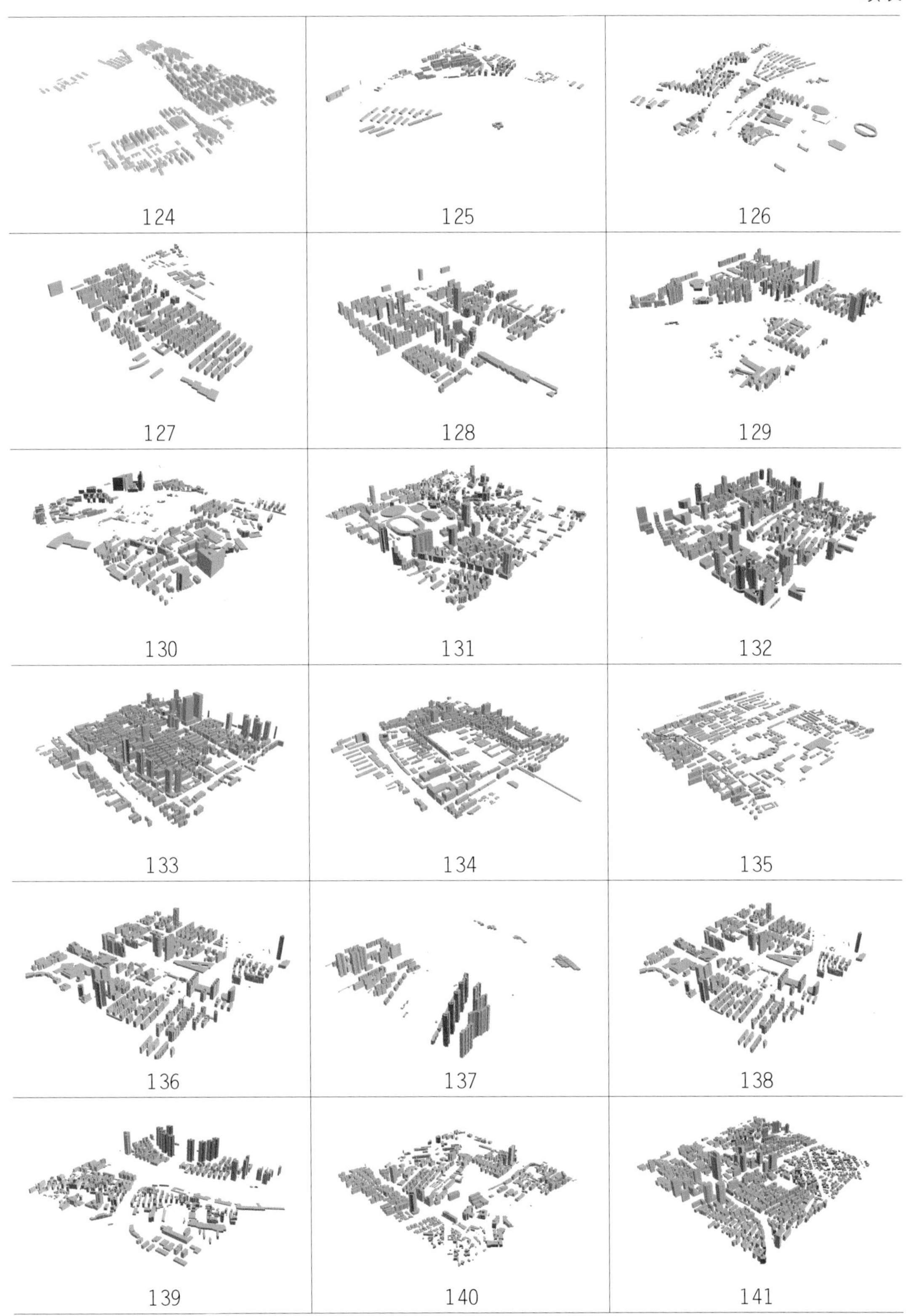
124
125
126
127
128
129
130
131
132
133
134
135
136
137
138
139
140
141

续表

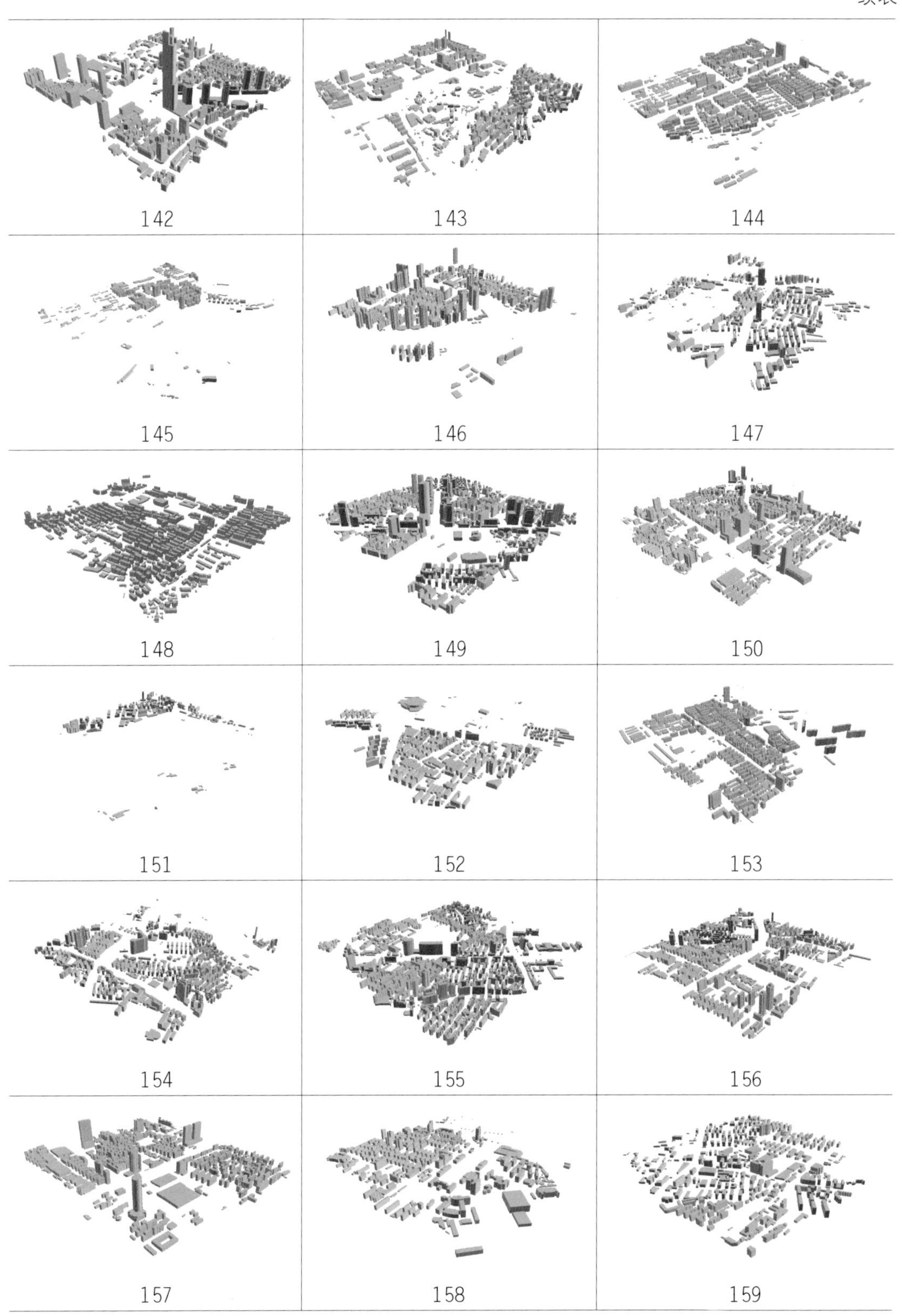
142
143
144
145
146
147
148
149
150
151
152
153
154
155
156
157
158
159

续表

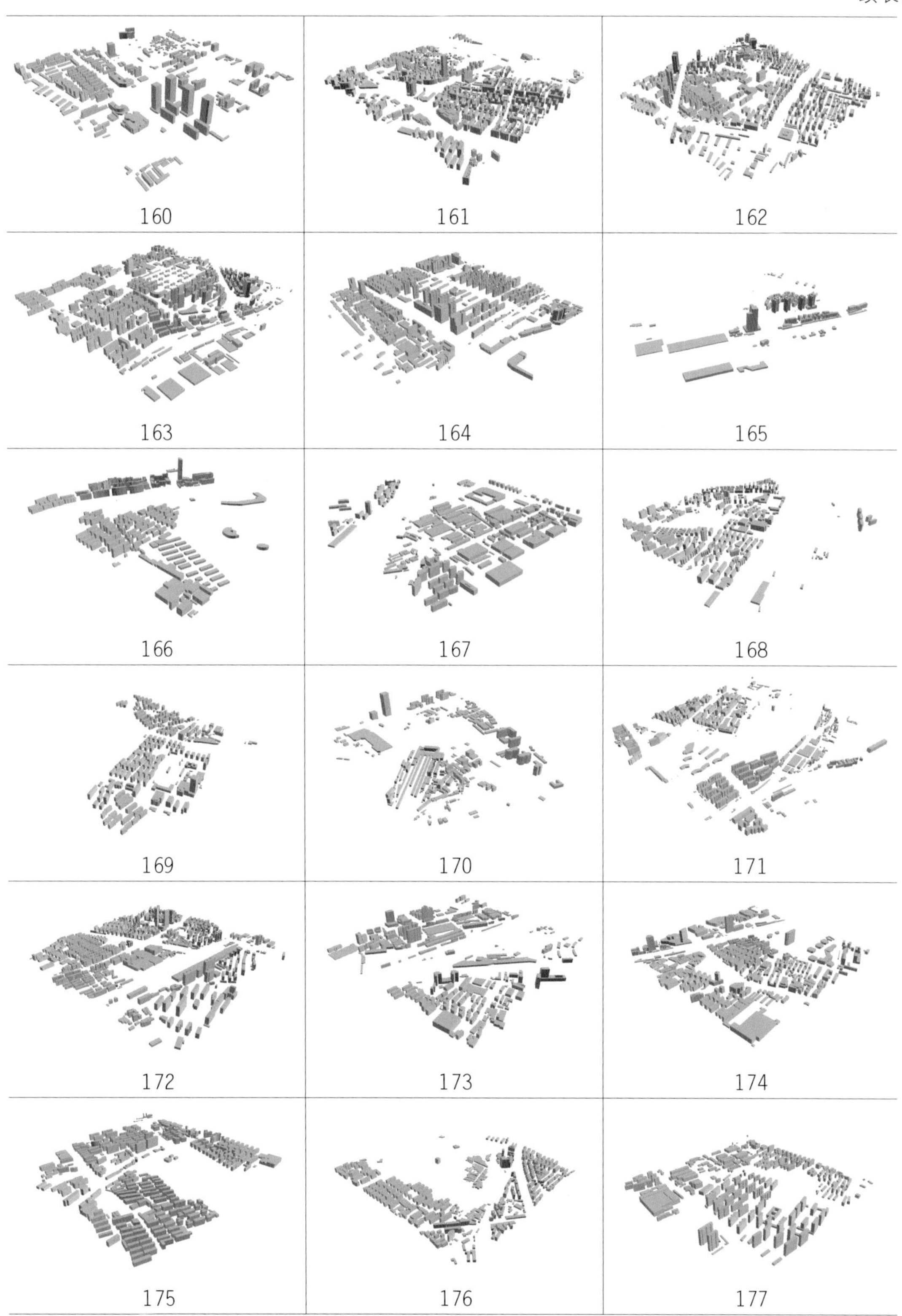
160
161
162
163
164
165
166
167
168
169
170
171
172
173
174
175
176
177

续表

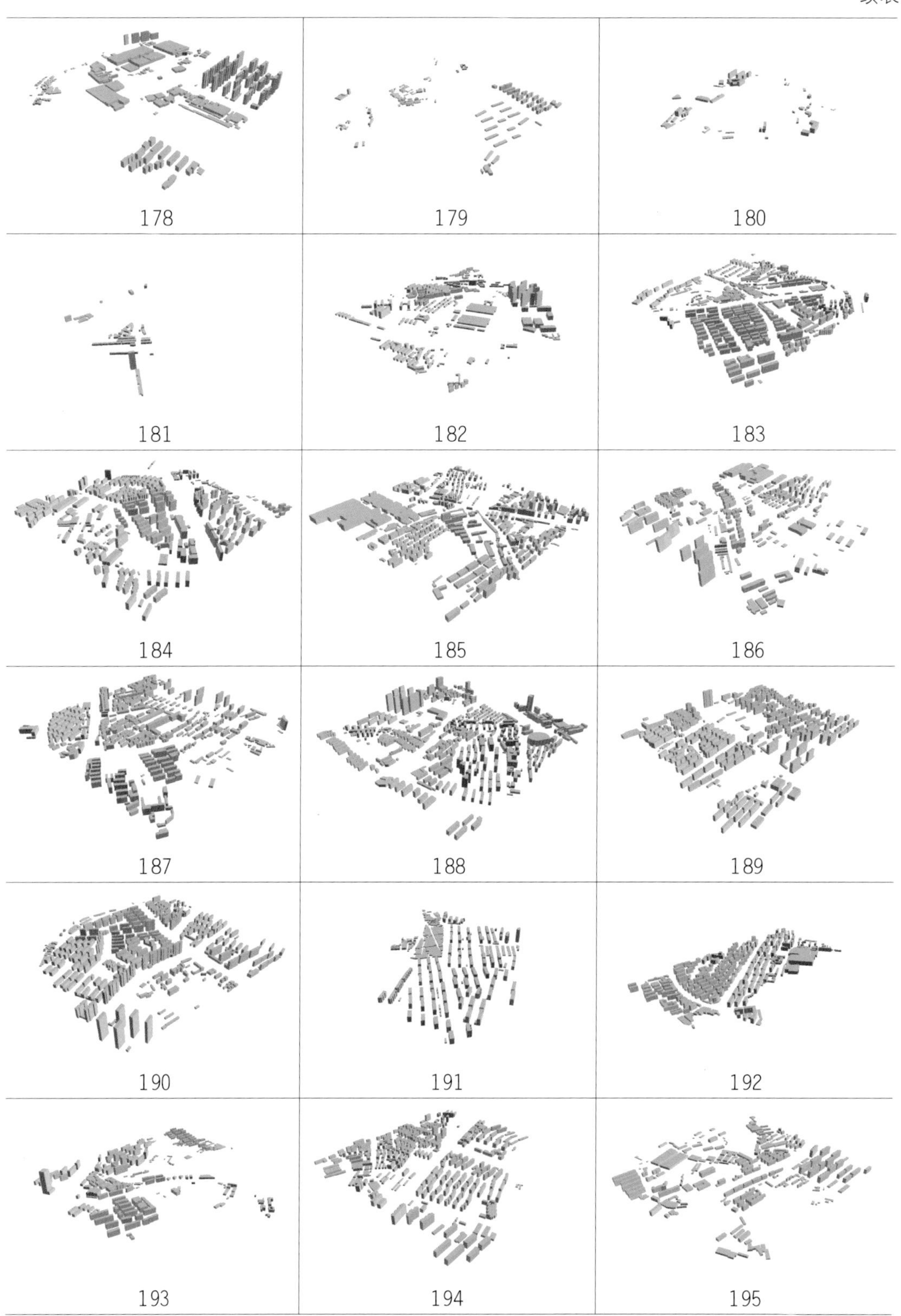
178
179
180
181
182
183
184
185
186
187
188
189
190
191
192
193
194
195

续表

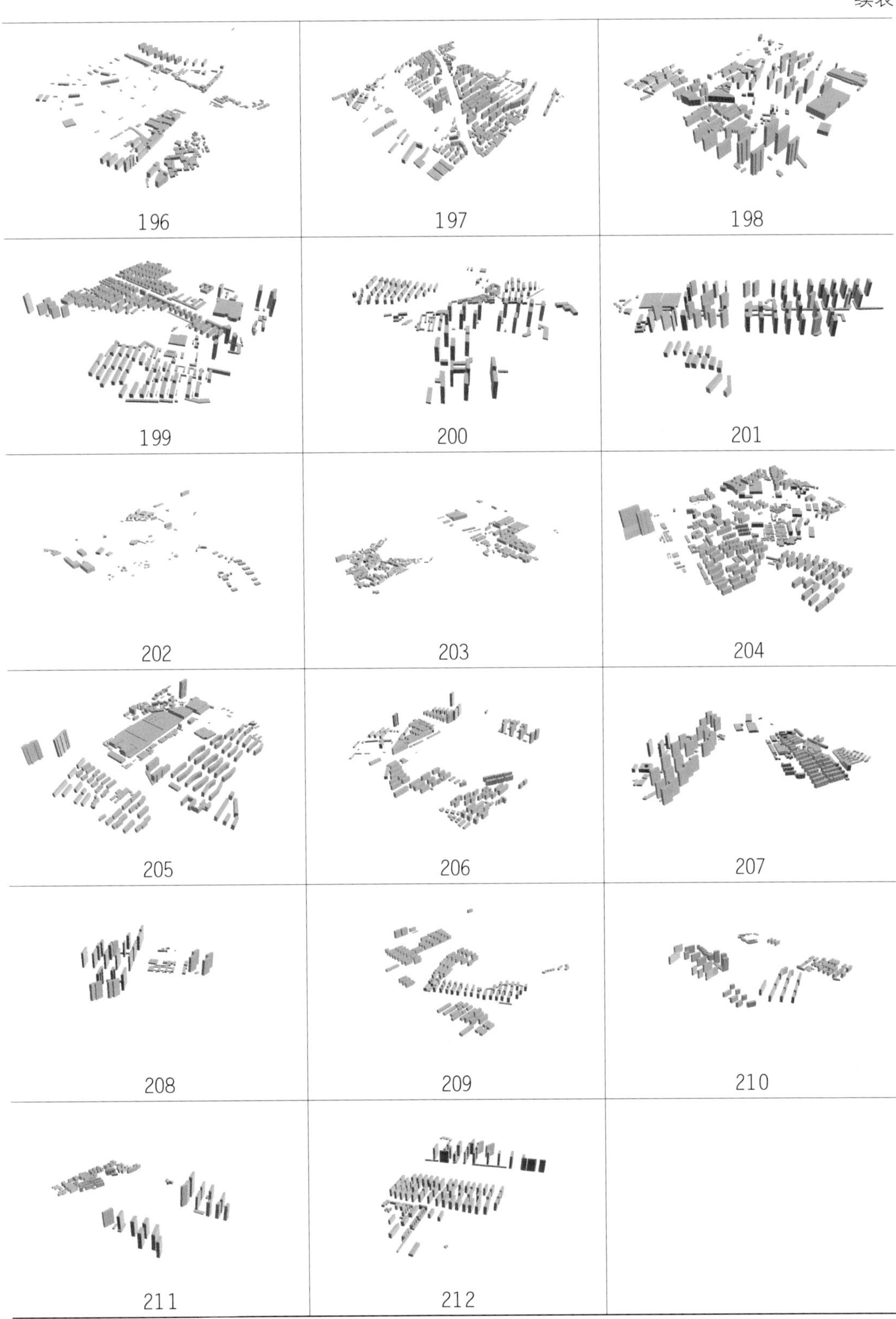

注：以下栅格均为东南视角。

附录 B　南京中心城区城市形态复杂性测度结果

编号	行向量 X 差异平均值	行向量 Y 差异平均值	行向量 Z 差异平均值	行向量 W 差异平均值	矩阵波动振幅（振幅 $S_{A,B}$）	矩阵波动频率（T_g）	城市形态复杂性（C_g）
1	0.9428	1.0677	1.4937	0.9564	1.1152	122	136.05
2	0.8353	0.5524	0.9946	0.5214	0.7259	337	244.64
3	0.7389	0.8639	1.3741	0.3690	0.8365	346	289.42
4	0.5098	0.6580	1.5056	1.1865	0.9650	339	327.13
5	0.6792	1.1336	1.3206	0.8364	0.9925	90	89.32
6	0.6012	0.4158	1.2256	0.6093	0.7130	289	206.05
7	0.8430	0.6235	1.3043	0.6513	0.8555	222	189.93
8	1.0076	0.8942	1.6547	1.2415	1.1995	56	67.17
9	0.8869	0.8149	1.1182	1.3361	1.0390	30	31.17
10	0.5967	0.4564	1.0682	0.6792	0.7001	198	138.62
11	0.6955	1.0375	1.3559	1.0440	1.0332	173	178.75
12	0.8389	0.8689	1.4413	1.5161	1.1663	47	54.82
13	0.5362	0.4658	1.0641	0.7677	0.7085	391	277.01
14	0.6498	0.4822	1.2213	0.7077	0.7652	353	270.13
15	0.4666	0.7596	1.1227	0.6976	0.7616	271	206.40
16	0.6059	1.0171	1.2606	0.7533	0.9092	173	157.29
17	0.9123	1.0381	1.8379	1.6217	1.3525	77	104.14
18	0.8474	1.0019	1.0162	1.5372	1.1007	37	40.72
19	0.5480	0.9372	1.2124	1.2491	0.9867	104	102.61
20	0.4798	0.4928	1.0691	0.6934	0.6838	240	164.11
21	0.9052	0.9980	1.4469	1.2313	1.1454	141	161.50
22	0.6844	0.9477	1.5771	1.6587	1.2170	118	143.60
23	0.7313	0.7414	1.2952	1.1651	0.9833	373	366.76
24	0.6585	0.7739	0.9680	0.8507	0.8128	99	80.46
25	0.4998	0.5600	1.1024	0.6081	0.6926	169	117.04
26	0.7408	0.9872	1.4037	1.7788	1.2276	58	71.20
27	0.8189	0.6956	1.0857	0.8519	0.8630	162	139.81
28	0.4618	0.7150	1.2702	1.5675	1.0036	145	145.53
29	0.7485	0.6035	1.4851	1.1847	1.0054	236	237.28
30	0.9060	1.0286	1.0729	1.0175	1.0062	92	92.57
31	1.2083	0.7488	1.0937	1.5766	1.1569	50	57.84
32	0.9984	0.8565	1.2795	1.0154	1.0375	120	124.49
33	0.8100	0.8427	1.2388	1.2097	1.0253	44	45.11
34	1.8112	1.0540	1.5818	0.6999	1.2867	91	117.09
35	1.2090	0.9392	1.3101	1.3406	1.1997	103	123.57

续表

编号	行向量 X 差异平均值	行向量 Y 差异平均值	行向量 Z 差异平均值	行向量 W 差异平均值	矩阵波动振幅（振幅 $S_{A,B}$）	矩阵波动频率（T_g）	城市形态复杂性（C_g）
36	1.2519	1.0825	1.4333	1.7912	1.3897	149	207.07
37	0.7002	0.6527	1.2565	0.7265	0.8340	298	248.53
38	0.7225	0.8975	1.2591	1.1356	1.0037	357	358.31
39	1.7502	0.6753	1.1761	1.9785	1.3950	193	269.24
40	0.5348	0.7540	1.3868	1.2599	0.9839	755	742.84
41	0.5233	0.5060	1.1576	0.8159	0.7507	1131	849.04
42	0.6643	0.5788	1.1331	0.6148	0.7477	394	294.61
43	1.0840	0.7283	1.1987	0.9442	0.9888	32	31.64
44	1.0295	0.6589	1.1577	0.4624	0.8271	56	46.32
45	0.8174	0.6130	1.2260	1.2217	0.9695	311	301.52
46	0.4407	0.5711	1.0763	0.8694	0.7394	385	284.67
47	1.2652	1.0259	1.3854	1.4350	1.2779	129	164.85
48	0.3610	0.3087	1.0787	0.4600	0.5521	932	514.55
49	0.2102	0.3381	1.2430	0.5713	0.5906	813	480.19
50	0.7287	0.9884	1.7890	1.5133	1.2549	148	185.72
51	0.6622	0.6804	1.3763	0.9781	0.9243	354	327.19
52	0.4347	0.4395	1.1767	0.7849	0.7089	1025	726.67
53	1.1995	1.4632	1.6358	1.0695	1.3420	87	116.75
54	0.4164	0.6384	1.4301	0.8369	0.8304	349	289.82
55	1.3689	0.8746	1.0235	0.9974	1.0661	117	124.73
56	0.6822	0.6920	1.5097	0.7615	0.9114	521	474.81
57	1.2033	0.9286	1.3634	1.0517	1.1368	160	181.88
58	0.5438	0.6441	1.1168	0.4077	0.6781	371	251.58
59	0.3043	0.3291	1.0369	0.4681	0.5346	908	485.39
60	0.4919	0.8902	1.3695	0.8775	0.9073	378	342.95
61	0.5048	0.5323	1.3717	0.4274	0.7091	551	390.70
62	0.3777	0.3597	1.0711	0.5557	0.5911	1095	647.21
63	0.5408	0.3654	1.1512	0.6474	0.6762	566	382.73
64	0.7633	0.6105	1.4570	0.7000	0.8827	219	193.31
65	1.2859	1.2081	1.3193	1.4191	1.3081	57	74.56
66	0.4583	0.7125	1.2436	1.0495	0.8660	111	96.12
67	0.3834	0.4940	1.2428	1.0247	0.7862	184	144.66
68	0.6516	0.9041	1.2020	0.8116	0.8923	60	53.54
69	1.2103	1.0467	1.2807	0.9914	1.1323	40	45.29
70	0.7159	0.7957	1.4998	0.9769	0.9971	319	318.07
71	0.3569	0.4845	1.2954	0.6133	0.6875	490	336.89
72	0.5592	0.7616	1.5252	1.1127	0.9897	393	388.94

续表

编号	行向量 X 差异平均值	行向量 Y 差异平均值	行向量 Z 差异平均值	行向量 W 差异平均值	矩阵波动振幅（振幅 $S_{A,B}$）	矩阵波动频率（T_g）	城市形态复杂性（C_g）
73	0.3634	0.3735	1.1122	0.7249	0.6435	674	433.73
74	0.4491	0.4599	1.3125	0.7141	0.7339	662	485.84
75	0.4038	0.4330	1.3012	0.3651	0.6258	562	351.68
76	0.3775	0.2827	1.1385	0.5888	0.5969	1453	867.25
77	0.2564	0.2107	1.2189	0.7015	0.5969	1507	899.47
78	0.3349	0.3428	1.1138	0.6844	0.6190	937	579.97
79	0.2927	0.3737	1.2970	1.0107	0.7435	954	709.34
80	0.4546	0.4010	1.3355	0.6516	0.7107	423	300.62
81	0.6270	0.4400	1.3155	0.7407	0.7808	281	219.41
82	0.4993	0.5881	1.1629	0.8400	0.7726	199	153.74
83	0.6153	0.8346	1.3929	1.4535	1.0741	166	178.30
84	1.3630	1.1307	1.5895	1.4536	1.3842	122	168.87
85	0.4287	0.6761	1.6084	0.9127	0.9065	496	449.61
86	0.4469	0.7246	1.5585	1.1363	0.9666	689	665.98
87	0.3270	0.4348	1.2064	0.6813	0.6624	747	494.81
88	0.2978	0.4192	1.1950	0.6167	0.6322	1180	745.98
89	0.1390	0.2716	1.0959	0.4604	0.4917	1537	755.75
90	0.2348	0.2421	0.8355	0.4416	0.4385	1649	723.10
91	0.3221	0.2188	0.8793	0.2882	0.4271	1856	792.70
92	0.5158	0.6809	1.5313	0.9998	0.9320	949	884.44
93	0.4828	0.4425	1.3500	0.5471	0.7056	1295	913.75
94	0.4032	0.4039	1.2495	0.7627	0.7048	1011	712.59
95	0.3536	0.5067	1.3615	0.4573	0.6698	544	364.36
96	0.5967	0.5108	1.3674	0.5966	0.7678	382	293.32
97	0.5159	0.5340	1.1944	0.7717	0.7540	330	248.82
98	0.6054	0.8374	1.1812	1.0653	0.9223	166	153.10
99	0.6597	0.9144	1.2800	0.9821	0.9590	78	74.81
100	1.2509	1.0131	1.3991	0.5359	1.0497	220	230.94
101	0.3062	0.3065	1.2520	0.4617	0.5816	1191	692.68
102	0.2710	0.3907	1.3646	0.4723	0.6246	815	509.08
103	0.2949	0.3876	1.0135	0.5920	0.5720	1227	701.83
104	0.2548	0.1753	0.9361	0.4501	0.4541	1996	906.33
105	0.2938	0.2377	1.0678	0.5512	0.5376	1773	953.22
106	0.2598	0.2896	1.1701	0.5037	0.5558	1542	857.03
107	0.4280	0.2910	1.0968	0.4354	0.5628	1036	583.08
108	0.5932	0.4468	1.4494	0.7030	0.7981	537	428.58
109	0.4540	0.5043	1.4312	0.5547	0.7360	563	414.39

续表

编号	行向量 X 差异平均值	行向量 Y 差异平均值	行向量 Z 差异平均值	行向量 W 差异平均值	矩阵波动振幅（振幅 $S_{A,B}$）	矩阵波动频率（T_g）	城市形态复杂性（C_g）
110	0.5804	0.5889	1.1796	0.6593	0.7521	364	273.75
111	0.5652	0.6273	1.1689	0.5330	0.7236	318	230.10
112	0.4638	0.4359	1.1345	0.7726	0.7017	505	354.36
113	0.6716	0.5608	1.2013	0.6657	0.7749	376	291.35
114	0.4303	0.4238	0.9744	0.6993	0.6320	972	614.27
115	0.2469	0.3853	1.0577	0.6027	0.5732	1077	617.29
116	0.5439	0.3926	0.9585	0.4509	0.5865	1107	649.21
117	0.2507	0.2551	0.8931	0.3502	0.4373	1479	646.70
118	0.3670	0.2200	0.7945	0.4370	0.4546	1457	662.41
119	0.3773	0.2097	0.9799	0.4420	0.5022	1484	745.29
120	0.3632	0.3293	1.1604	0.4572	0.5775	1262	728.85
121	0.3741	0.3536	1.1554	0.4974	0.5951	847	504.06
122	0.4981	0.4726	1.3533	0.3716	0.6739	640	431.29
123	0.3394	0.4203	1.4627	0.5237	0.6865	443	304.13
124	0.3815	0.6680	1.4801	0.9444	0.8685	414	359.56
125	0.7749	0.6444	1.3524	1.3390	1.0277	212	217.86
126	0.5815	0.5304	1.2536	1.1217	0.8718	299	260.67
127	0.5019	0.5294	1.1930	0.6556	0.7200	562	404.62
128	0.2902	0.4394	1.0466	0.5290	0.5763	985	567.66
129	0.3692	0.6691	1.1839	0.8402	0.7656	883	676.02
130	0.6381	0.6020	1.2859	0.8107	0.8341	618	515.50
131	0.2452	0.4618	1.0112	0.4995	0.5544	1234	684.17
132	0.3807	0.2480	0.9371	0.6447	0.5526	1537	849.39
133	0.4333	0.2345	1.0704	0.5425	0.5702	1924	1097.04
134	0.4030	0.3797	1.2633	0.5206	0.6417	1114	714.80
135	0.4498	0.4158	1.5126	0.5528	0.7327	630	461.62
136	0.3802	0.2799	1.4584	0.6000	0.6796	964	655.17
137	0.8131	0.8409	1.1850	1.0622	0.9753	289	281.86
138	0.3211	0.4201	1.1120	0.5893	0.6106	908	554.42
139	0.3920	0.4284	0.9189	0.5317	0.5677	835	474.07
140	0.6008	0.4954	1.1578	0.4251	0.6698	993	665.09
141	0.3288	0.2207	1.0229	0.3462	0.4796	2338	1121.39
142	0.2475	0.3576	0.8423	0.2834	0.4327	1230	532.18
143	0.5625	0.4509	1.2026	0.5725	0.6971	1161	809.36
144	0.5391	0.3688	1.3516	0.4354	0.6737	929	625.90
145	0.6889	0.7674	1.5372	0.6148	0.9021	442	398.72
146	0.5291	0.4644	1.0182	0.6605	0.6681	810	541.12

续表

编号	行向量 X 差异平均值	行向量 Y 差异平均值	行向量 Z 差异平均值	行向量 W 差异平均值	矩阵波动振幅（振幅 $S_{A,B}$）	矩阵波动频率（T_g）	城市形态复杂性（C_g）
147	0.3668	0.6169	1.1841	0.5180	0.6715	643	431.75
148	0.3392	0.3850	1.1201	0.4550	0.5748	1097	630.57
149	0.3660	0.1837	0.8258	0.4123	0.4469	1920	858.14
150	0.3376	0.3014	0.9297	0.4983	0.5167	1956	1010.72
151	0.7199	0.7290	1.1056	0.8003	0.8387	356	298.58
152	0.4699	0.4725	1.0882	0.6506	0.6703	410	274.82
153	0.4124	0.3417	1.2974	0.4665	0.6295	935	588.57
154	0.6015	0.4069	1.0707	0.5937	0.6682	989	660.86
155	0.4869	0.3777	1.0589	0.6159	0.6348	1312	832.92
156	0.3112	0.3618	0.9027	0.4227	0.4996	1278	638.47
157	0.3987	0.3229	1.0348	0.4210	0.5443	1037	564.47
158	0.4117	0.4016	1.1117	0.5550	0.6200	438	271.56
159	0.5250	0.4486	1.0823	0.5890	0.6612	449	296.89
160	0.5669	0.6002	1.4515	1.0755	0.9235	476	439.60
161	0.3367	0.3185	1.0169	0.3030	0.4938	1156	570.79
162	0.4665	0.3640	1.0692	0.4258	0.5814	1177	684.28
163	0.3568	0.4869	1.1589	0.6193	0.6555	1008	660.73
164	0.5913	0.3959	0.9487	0.6109	0.6367	1158	737.31
165	0.6722	0.6324	1.2042	0.7135	0.8056	243	195.76
166	0.4811	0.5244	1.2113	0.3158	0.6331	334	211.47
167	0.8103	0.4826	1.2114	0.4048	0.7273	236	171.64
168	0.5519	0.5524	1.0414	0.8500	0.7489	357	267.37
169	0.4572	0.4283	0.9651	0.4331	0.5709	240	137.03
170	0.7795	0.7563	1.3233	0.8557	0.9287	291	270.25
171	0.4854	0.6724	1.2454	0.9457	0.8372	610	510.72
172	0.3470	0.3991	1.1406	0.3862	0.5682	1003	569.93
173	0.6022	0.4560	1.1379	0.5747	0.6927	408	282.62
174	0.5346	0.4877	1.0224	0.4221	0.6167	480	296.02
175	0.4203	0.5828	1.3978	0.5823	0.7458	403	300.56
176	0.4451	0.6110	1.1616	0.5616	0.6948	350	243.19
177	0.2901	0.6724	1.4347	0.6413	0.7596	277	210.42
178	0.9768	0.6962	1.4163	1.0738	1.0408	191	198.79
179	1.2034	1.1234	1.6627	1.0553	1.2612	108	136.21
180	0.8194	1.2206	1.1282	0.9692	1.0344	60	62.06
181	0.6792	0.6073	0.9435	0.5402	0.6925	31	21.47
182	0.4883	0.6372	1.7869	1.2799	1.0481	263	275.65
183	0.5590	0.4014	1.1240	0.7467	0.7078	469	331.95

续表

编号	行向量 X 差异平均值	行向量 Y 差异平均值	行向量 Z 差异平均值	行向量 W 差异平均值	矩阵波动振幅（振幅 $S_{A,B}$）	矩阵波动频率（T_g）	城市形态复杂性（C_g）
184	0.4442	0.4595	1.2551	0.8894	0.7620	327	249.19
185	0.3013	0.4937	0.9658	0.5587	0.5799	444	257.46
186	0.6261	0.7077	1.4879	0.7670	0.8972	261	234.16
187	0.3505	0.4254	1.2698	0.5790	0.6562	411	269.68
188	0.5941	0.4497	1.1498	0.7073	0.7252	401	290.81
189	0.4335	0.6565	1.3562	0.5197	0.7415	321	238.01
190	0.4064	0.5565	1.2556	0.7258	0.7361	364	267.93
191	0.3973	0.4955	1.1574	0.3922	0.6106	163	99.53
192	0.2795	0.3019	1.0250	0.8479	0.6136	256	157.07
193	0.6510	0.6431	1.1524	0.3568	0.7008	213	149.27
194	0.4992	0.5290	1.1229	0.6839	0.7088	323	228.93
195	0.6690	0.6643	1.4280	0.8752	0.9091	235	213.64
196	0.9291	0.9270	1.2954	0.8237	0.9938	189	187.83
197	0.5488	0.7076	1.4516	0.6895	0.8494	311	264.16
198	0.8583	0.7428	1.1276	0.8848	0.9034	192	173.45
199	0.6100	0.5947	1.0961	0.6295	0.7326	315	230.76
200	0.6972	0.7754	1.3350	1.5122	1.0800	163	176.03
201	0.3147	0.5337	0.9800	1.3323	0.7902	98	77.44
202	1.5529	1.2746	1.6195	1.4944	1.4853	86	127.74
203	0.9461	0.8737	1.1828	0.8179	0.9551	174	166.19
204	0.7277	0.5757	1.3495	0.5453	0.7995	357	285.43
205	0.4002	0.4881	1.1719	0.5389	0.6498	195	126.71
206	0.5600	1.0573	1.2768	0.8970	0.9478	172	163.01
207	0.7171	0.7579	1.1885	1.5017	1.0413	170	177.02
208	0.6214	0.7802	1.1104	1.6089	1.0302	49	50.48
209	0.6385	0.5683	0.7126	0.5974	0.6292	139	87.45
210	0.8723	0.9841	1.6474	0.8749	1.0947	85	93.05
211	0.8423	1.1710	1.5166	1.1807	1.1777	89	104.81
212	0.9758	0.9297	1.4153	1.1639	1.1212	107	119.96

注：$\sum \text{dist}(X_i,X_j)/Q$ 为栅格 g 中行向量 X（建筑形态关系）差异性的平均值，$\sum \text{dist}(Y_i,Y_j)/Q$ 为栅格 g 中行向量 Y（建筑间距关系）差异性的平均值，$\sum \text{dist}(Z_i,Z_j)/Q$ 为栅格 g 中行向量 Z（建筑朝向关系）差异性的平均值，$\sum \text{dist}(W_i,W_j)/Q$ 为栅格 g 中行向量 W（建筑高度关系）差异性的平均值，$S_{A,B}$ 为矩阵波动振幅（即随机抽取一组相邻矩阵的差异性的平均值），T_g 为栅格 g 中所有矩阵的波动频率（即所有矩阵的类型总数），C_g 为栅格 g 的城市形态复杂性。

附录 C　南京中心城区城市形态复杂性问卷统计结果

编号	建筑类专业	性别	年龄	第 1 题	第 2 题	第 3 题	第 4 题	第 5 题	第 6 题	第 7 题	第 8 题	第 9 题	第 10 题	第 11 题	第 12 题	第 13 题
1	是	男	31—44	[48,68]	[207,84]	[17,30]	[21,198]	[25,106]	[51,170]	[141,145]	[105,208]	[183,76]	[200,198]	[174,182]	[90,68]	[7]
2	是	女	31—44	[48,68]	[148,205]	[76,103]	[17,53]	[191,5]	[132,212]	[160,106]	[105,208]	[149,14]	[132,17]	[107,130]	[90,68]	[2, 6]
3	是	女	45—59	[48,68]	[166,136]	[34,17]	[152,52]	[53,80]	[73,77]	[158,199]	[105,208]	[33,171]	[125,34]	[23,33]	[90,68]	[6]
4	是	女	31—44	[48,68]	[188,37]	[197,205]	[161,209]	[25,70]	[63,110]	[25,68]	[105,208]	[131,180]	[162,36]	[115,41]	[90,68]	[1, 3]
5	是	男	45—59	[48,68]	[145,178]	[27,99]	[107,211]	[140,54]	[54,79]	[153,28]	[105,208]	[154,65]	[63,102]	[94,16]	[90,68]	[3, 5, 7, 9]
6	否	男	31—44	[48,68]	[104,197]	[149,207]	[80,35]	[44,39]	[173,166]	[130,150]	[105,208]	[38,180]	[26,53]	[97,8]	[90,68]	[3]
7	是	女	31—44	[48,68]	[44,9]	[148,186]	[162,23]	[5,160]	[119,7]	[143,196]	[105,208]	[90,42]	[91,202]	[187,150]	[90,68]	[5, 7]
8	是	女	31—44	[48,68]	[202,81]	[114,3]	[159,16]	[193,199]	[183,100]	[99,79]	[105,208]	[48,25]	[140,13]	[159,182]	[90,68]	[5, 9]
9	是	男	31—44	[48,68]	[172,9]	[73,209]	[160,195]	[108,124]	[184,59]	[183,107]	[105,208]	[13,100]	[147,37]	[162,57]	[90,68]	[4, 6]
10	是	女	18—30	[48,68]	[146,36]	[132,98]	[74,206]	[63,11]	[137,190]	[156,61]	[105,208]	[194,121]	[115,209]	[22,182]	[90,68]	[1, 3]
11	是	女	31—44	[48,68]	[212,12]	[173,66]	[188,139]	[78,174]	[22,212]	[118,175]	[105,208]	[32,208]	[187,56]	[172,10]	[90,68]	[1, 2, 4, 5, 7]
12	是	男	31—44	[48,68]	[160,16]	[126,34]	[188,192]	[158,212]	[105,111]	[159,68]	[105,208]	[114,28]	[96,192]	[117,68]	[90,68]	[1]
13	是	男	18—30	[48,68]	[62,163]	[199,122]	[87,206]	[127,5]	[203,161]	[90,189]	[105,208]	[158,36]	[132,22]	[94,10]	[90,68]	[4]
14	是	男	31—44	[48,68]	[153,132]	[75,31]	[74,50]	[36,120]	[61,25]	[5,192]	[105,208]	[55,8]	[139,201]	[68,66]	[90,68]	[5, 7]
15	否	女	31—44	[48,68]	[76,153]	[165,168]	[58,70]	[153,103]	[76,119]	[78,203]	[105,208]	[7,125]	[52,210]	[56,99]	[90,68]	[1, 4, 8]
16	是	男	31—44	[48,68]	[98,163]	[146,105]	[103,137]	[5,189]	[166,11]	[160,208]	[105,208]	[163,2]	[81,90]	[131,58]	[90,68]	[1, 3, 4]
17	否	女	45—59	[48,68]	[89,192]	[119,111]	[200,22]	[115,53]	[162,51]	[194,6]	[105,208]	[91,129]	[88,177]	[121,182]	[90,68]	[2, 5, 7, 9]
18	是	男	31—44	[48,68]	[135,204]	[181,196]	[197,69]	[13,47]	[156,77]	[31,144]	[105,208]	[110,166]	[89,54]	[134,198]	[90,68]	[2, 4, 5, 6, 8]
19	否	女	31—44	[48,68]	[198,208]	[72,200]	[111,26]	[71,9]	[131,51]	[165,19]	[105,208]	[154,25]	[91,39]	[170,12]	[90,68]	[5]
20	是	男	18—30	[48,68]	[62,102]	[137,181]	[130,145]	[174,11]	[61,80]	[92,146]	[105,208]	[49,21]	[114,134]	[71,12]	[90,68]	[4]
21	是	女	31—44	[48,68]	[49,6]	[90,114]	[182,171]	[129,42]	[168,108]	[62,68]	[105,208]	[133,9]	[139,199]	[95,113]	[90,68]	[1, 2, 3, 4, 5, 6, 7, 8, 9, 10]
22	否	男	31—44	[48,68]	[182,161]	[157,115]	[144,122]	[199,151]	[109,31]	[200,130]	[105,208]	[37,137]	[94,127]	[77,154]	[90,68]	[1, 3]
23	是	男	45—59	[48,68]	[128,193]	[78,163]	[44,111]	[26,135]	[167,32]	[145,155]	[105,208]	[36,2]	[35,111]	[119,123]	[90,68]	[1]
24	否	男	31—44	[48,68]	[75,30]	[118,85]	[173,198]	[107,106]	[5,28]	[56,70]	[105,208]	[200,107]	[127,212]	[175,17]	[90,68]	[1, 3]
25	是	女	18—30	[48,68]	[170,32]	[153,65]	[123,31]	[203,1]	[86,15]	[148,170]	[105,208]	[175,32]	[81,14]	[34,12]	[90,68]	[1, 2, 3, 6, 7]
26	是	女	45—59	[48,68]	[3,23]	[79,204]	[149,119]	[90,19]	[142,2]	[71,123]	[105,208]	[67,43]	[161,112]	[116,81]	[90,68]	[3, 4, 7]
27	否	女	18—30	[48,68]	[108,38]	[148,128]	[210,169]	[100,206]	[60,168]	[133,175]	[105,208]	[157,162]	[209,36]	[126,50]	[90,68]	[8]
28	是	男	31—44	[48,68]	[120,38]	[52,175]	[84,24]	[75,53]	[118,94]	[153,42]	[105,208]	[134,32]	[170,65]	[148,61]	[90,68]	[1]
29	是	女	31—44	[48,68]	[38,70]	[2,51]	[105,8]	[174,79]	[186,189]	[67,39]	[105,208]	[197,125]	[145,180]	[30,202]	[90,68]	[1, 3]
30	是	男	31—44	[48,68]	[186,136]	[177,138]	[73,206]	[158,134]	[197,54]	[116,27]	[105,208]	[126,59]	[117,33]	[140,144]	[90,68]	[3, 6]
31	是	女	31—44	[48,68]	[90,65]	[193,2]	[3,202]	[119,195]	[38,178]	[210,209]	[105,208]	[117,204]	[178,209]	[91,210]	[90,68]	[1, 3]
32	是	男	31—44	[48,68]	[182,157]	[122,12]	[55,85]	[96,6]	[110,33]	[7,162]	[105,208]	[56,206]	[123,163]	[26,114]	[90,68]	[6]

续表

编号	建筑类专业	性别	年龄	第 1 题	第 2 题	第 3 题	第 4 题	第 5 题	第 6 题	第 7 题	第 8 题	第 9 题	第 10 题	第 11 题	第 12 题	第 13 题
33	是	女	31—44	[48,68]	[16,84]	[114,47]	[195,67]	[103,36]	[193,37]	[73,8]	[105,208]	[182,70]	[64,25]	[153,27]	[90,68]	[2, 4, 6, 9]
34	否	男	31—44	[48,68]	[194,75]	[41,35]	[145,60]	[80,18]	[116,145]	[207,99]	[105,208]	[3,7]	[81,39]	[188,158]	[90,68]	[1, 3]
35	否	男	45—59	[48,68]	[171,95]	[167,138]	[59,208]	[103,208]	[173,170]	[151,47]	[105,208]	[20,16]	[54,119]	[84,154]	[90,68]	[2, 3, 4, 5, 6]
36	是	女	31—44	[48,68]	[146,71]	[54,149]	[64,102]	[127,209]	[191,198]	[49,129]	[105,208]	[193,211]	[34,127]	[149,90]	[90,68]	[3, 4, 6]
37	是	男	31—44	[48,68]	[194,59]	[19,46]	[198,192]	[144,119]	[48,97]	[115,117]	[105,208]	[9,57]	[116,159]	[125,59]	[90,68]	[1, 4]
38	是	男	31—44	[48,68]	[141,209]	[200,77]	[48,58]	[161,101]	[97,164]	[77,40]	[105,208]	[120,111]	[60,83]	[124,59]	[90,68]	[1, 4]
39	是	男	18—30	[48,68]	[61,43]	[117,135]	[46,12]	[27,26]	[129,125]	[73,207]	[105,208]	[98,124]	[88,68]	[163,172]	[90,68]	[1, 2, 3, 4, 5, 6, 7, 8, 9, 10]
40	是	男	18—30	[48,68]	[36,211]	[198,145]	[62,153]	[105,103]	[29,128]	[158,172]	[105,208]	[211,24]	[15,139]	[119,65]	[90,68]	[1, 2, 3]
41	否	女	45—59	[48,68]	[143,5]	[151,70]	[104,145]	[133,28]	[64,205]	[162,179]	[105,208]	[102,191]	[157,151]	[87,49]	[90,68]	[7]
42	否	女	45—59	[48,68]	[203,36]	[173,55]	[204,85]	[129,176]	[1,202]	[139,195]	[105,208]	[168,38]	[155,81]	[92,61]	[90,68]	[2, 6]
43	是	男	18—30	[48,68]	[163,139]	[7,122]	[157,85]	[105,59]	[39,136]	[112,179]	[105,208]	[117,75]	[147,125]	[87,3]	[90,68]	[1, 3, 7]
44	是	男	31—44	[48,68]	[206,160]	[52,102]	[193,123]	[31,101]	[208,183]	[36,26]	[105,208]	[15,176]	[4,54]	[175,36]	[90,68]	[5, 9]
45	否	男	17 及以下	[48,68]	[66,158]	[44,155]	[138,33]	[179,29]	[111,143]	[69,150]	[105,208]	[110,92]	[163,58]	[59,39]	[90,68]	[4, 6, 8]
46	否	男	31—44	[48,68]	[77,129]	[101,100]	[147,49]	[73,100]	[78,136]	[142,89]	[105,208]	[117,126]	[153,172]	[145,22]	[90,68]	[3]
47	是	男	45—59	[48,68]	[92,11]	[196,206]	[81,145]	[142,33]	[154,3]	[158,167]	[105,208]	[119,58]	[197,86]	[76,209]	[90,68]	[5]
48	是	男	45—59	[48,68]	[203,113]	[139,199]	[181,83]	[83,197]	[9,72]	[104,73]	[105,208]	[121,115]	[125,189]	[122,13]	[90,68]	[6]
49	是	男	45—59	[48,68]	[175,40]	[186,126]	[74,43]	[92,126]	[91,172]	[77,33]	[105,208]	[173,74]	[203,92]	[140,184]	[90,68]	[4, 7]
50	否	女	45—59	[48,68]	[65,186]	[24,52]	[81,170]	[211,202]	[22,95]	[196,58]	[105,208]	[191,69]	[152,140]	[73,169]	[90,68]	[6]
51	是	女	18—30	[48,68]	[154,51]	[155,127]	[162,58]	[130,185]	[198,85]	[34,65]	[105,208]	[77,30]	[95,212]	[41,179]	[90,68]	[1, 2, 3, 4, 5, 6, 7, 8, 9, 10]
52	是	男	45—59	[48,68]	[173,30]	[83,85]	[122,99]	[91,18]	[72,53]	[25,16]	[105,208]	[35,208]	[48,46]	[45,209]	[90,68]	[5]
53	否	男	31—44	[48,68]	[152,26]	[133,179]	[23,83]	[120,99]	[81,166]	[127,178]	[105,208]	[127,196]	[154,118]	[132,171]	[90,68]	[4]
54	是	男	17 及以下	[48,68]	[100,8]	[196,18]	[185,58]	[145,100]	[170,21]	[141,122]	[105,208]	[84,100]	[115,112]	[184,181]	[90,68]	[4]
55	否	女	18—30	[48,68]	[109,29]	[135,17]	[133,196]	[104,194]	[17,7]	[127,191]	[105,208]	[155,128]	[142,113]	[198,20]	[90,68]	[3]
56	是	女	31—44	[48,68]	[111,85]	[186,75]	[162,161]	[93,164]	[35,151]	[107,128]	[105,208]	[70,192]	[189,178]	[56,191]	[90,68]	[1, 3, 4, 5, 6]
57	是	女	45—59	[48,68]	[123,33]	[147,46]	[55,111]	[3,211]	[118,13]	[77,63]	[105,208]	[45,43]	[103,208]	[189,172]	[90,68]	[1, 3, 5]
58	是	男	31—44	[48,68]	[101,182]	[62,24]	[15,40]	[117,80]	[75,100]	[14,126]	[105,208]	[154,183]	[203,12]	[63,85]	[90,68]	[1, 4, 6, 7, 8, 9]
59	否	女	18—30	[48,68]	[176,54]	[133,86]	[11,12]	[62,20]	[154,22]	[160,42]	[105,208]	[100,179]	[41,136]	[173,129]	[90,68]	[7]
60	是	男	31—44	[48,68]	[133,86]	[46,35]	[56,50]	[162,172]	[173,157]	[163,188]	[105,208]	[3,32]	[181,84]	[105,2]	[90,68]	[1, 4, 7, 8, 10]
61	是	男	31—44	[48,68]	[131,106]	[170,38]	[114,189]	[184,113]	[104,39]	[137,102]	[105,208]	[37,175]	[8,35]	[46,10]	[90,68]	[1, 4, 6]

续表

编号	建筑类专业	性别	年龄	第1题	第2题	第3题	第4题	第5题	第6题	第7题	第8题	第9题	第10题	第11题	第12题	第13题
62	是	男	31—44	[48,68]	[22,31]	[20,139]	[140,65]	[178,23]	[150,192]	[36,59]	[105,208]	[67,43]	[129,203]	[44,192]	[90,68]	[3, 6]
63	否	女	31—44	[48,68]	[163,45]	[173,196]	[135,17]	[41,208]	[143,6]	[139,53]	[105,208]	[56,85]	[15,191]	[170,200]	[90,68]	[2, 5, 7]
64	是	男	18—30	[48,68]	[101,201]	[62,73]	[107,33]	[80,24]	[117,178]	[30,9]	[105,208]	[79,206]	[49,7]	[131,39]	[90,68]	[1, 2, 4, 5, 7]
65	是	男	31—44	[48,68]	[193,66]	[61,43]	[141,31]	[57,12]	[187,97]	[194,3]	[105,208]	[82,3]	[157,51]	[173,179]	[90,68]	[3, 4, 9, 10]
66	是	男	31—44	[48,68]	[66,69]	[98,41]	[49,166]	[185,199]	[31,12]	[159,51]	[105,208]	[198,72]	[14,146]	[77,30]	[90,68]	[1, 2, 5]
67	是	男	31—44	[48,68]	[107,51]	[62,37]	[88,189]	[204,6]	[89,21]	[197,195]	[105,208]	[139,208]	[171,175]	[198,99]	[90,68]	[1, 4, 8, 9]
68	是	男	45—59	[48,68]	[87,197]	[140,1]	[89,22]	[110,161]	[120,102]	[113,29]	[105,208]	[139,124]	[48,150]	[161,2]	[90,68]	[3]
69	否	女	45—59	[48,68]	[114,158]	[134,53]	[132,138]	[197,193]	[158,173]	[154,64]	[105,208]	[79,98]	[73,208]	[117,180]	[90,68]	[5, 8]
70	是	男	31—44	[48,68]	[161,67]	[173,68]	[32,12]	[23,27]	[17,28]	[105,154]	[105,208]	[19,68]	[110,2]	[74,206]	[90,68]	[1, 2, 7, 8, 9]
71	是	女	31—44	[48,68]	[156,147]	[41,203]	[211,11]	[154,59]	[189,51]	[33,35]	[105,208]	[103,181]	[189,135]	[117,190]	[90,68]	[1, 3, 6]
72	是	男	45—59	[48,68]	[46,155]	[123,142]	[208,97]	[64,211]	[104,88]	[59,132]	[105,208]	[75,208]	[123,209]	[83,167]	[90,68]	[3]
73	是	男	31—44	[48,68]	[2,73]	[181,157]	[148,202]	[93,180]	[128,191]	[205,71]	[105,208]	[176,156]	[165,118]	[45,205]	[90,68]	[5]
74	是	男	31—44	[48,68]	[52,18]	[205,125]	[38,182]	[160,38]	[176,191]	[80,108]	[105,208]	[63,99]	[141,91]	[142,131]	[90,68]	[6]
75	是	男	31—44	[48,68]	[172,170]	[187,39]	[73,79]	[212,98]	[47,189]	[54,89]	[105,208]	[199,167]	[131,151]	[208,174]	[90,68]	[4]
77	是	男	31—44	[48,68]	[163,84]	[154,105]	[46,164]	[35,78]	[78,96]	[65,120]	[105,208]	[69,65]	[135,181]	[84,64]	[90,68]	[4, 6]
78	是	男	31—44	[48,68]	[109,196]	[187,181]	[95,79]	[48,195]	[91,43]	[111,6]	[105,208]	[146,43]	[145,103]	[44,35]	[90,68]	[3, 5, 7]
79	是	男	18—30	[48,68]	[161,1]	[50,178]	[48,163]	[90,212]	[168,181]	[52,170]	[105,208]	[166,178]	[86,21]	[138,57]	[90,68]	[3]
80	是	男	18—30	[48,68]	[100,11]	[86,195]	[121,136]	[173,175]	[89,151]	[200,26]	[105,208]	[198,180]	[135,50]	[190,22]	[90,68]	[1, 2, 3, 4, 5, 7]
81	是	女	45—59	[48,68]	[76,68]	[7,80]	[170,190]	[147,134]	[189,81]	[163,173]	[105,208]	[131,123]	[197,15]	[85,8]	[90,68]	[5]
82	是	男	31—44	[48,68]	[141,143]	[52,153]	[153,9]	[30,144]	[85,145]	[10,60]	[105,208]	[70,186]	[60,210]	[199,24]	[90,68]	[1, 3]
83	是	男	18—30	[48,68]	[197,127]	[20,38]	[128,164]	[171,168]	[88,107]	[52,100]	[105,208]	[63,30]	[115,125]	[141,39]	[90,68]	[1, 3, 5]
84	是	男	31—44	[48,68]	[46,41]	[212,210]	[170,4]	[121,64]	[171,189]	[75,48]	[105,208]	[8,15]	[92,191]	[138,42]	[90,68]	[4]
85	是	男	45—59	[48,68]	[189,28]	[131,15]	[128,124]	[13,133]	[152,97]	[187,14]	[105,208]	[146,197]	[193,52]	[159,54]	[90,68]	[5]
86	是	男	31—44	[48,68]	[4,34]	[142,174]	[87,60]	[53,120]	[15,50]	[104,152]	[105,208]	[108,68]	[188,182]	[13,5]	[90,68]	[1]
87	是	女	31—44	[48,68]	[197,125]	[142,41]	[51,32]	[70,55]	[193,84]	[115,25]	[105,208]	[60,95]	[119,178]	[146,62]	[90,68]	[1, 3, 5, 6, 7, 8, 9, 10]
88	是	女	18—30	[48,68]	[48,122]	[188,79]	[171,110]	[119,200]	[171,177]	[189,43]	[105,208]	[36,60]	[195,17]	[157,211]	[90,68]	[1, 3, 6]
89	否	男	60—74	[48,68]	[154,159]	[23,209]	[198,71]	[193,25]	[29,208]	[36,202]	[105,208]	[171,24]	[183,127]	[62,68]	[90,68]	[3, 5, 7]
90	否	女	31—44	[48,68]	[41,128]	[77,167]	[130,42]	[147,173]	[132,198]	[29,55]	[105,208]	[105,19]	[118,52]	[147,97]	[90,68]	[1, 2, 4, 5]
91	是	男	45—59	[48,68]	[91,166]	[182,124]	[95,6]	[81,208]	[90,70]	[19,99]	[105,208]	[80,1]	[106,32]	[91,39]	[90,68]	[2, 4, 6]
92	是	男	45—59	[48,68]	[169,144]	[172,56]	[109,6]	[129,1]	[161,100]	[193,27]	[105,208]	[4,43]	[182,168]	[18,99]	[90,68]	[2, 4, 6]

续表

编号	建筑类专业	性别	年龄	第1题	第2题	第3题	第4题	第5题	第6题	第7题	第8题	第9题	第10题	第11题	第12题	第13题
93	是	男	31—44	[48,68]	[136,125]	[28,8]	[204,123]	[204,146]	[73,176]	[160,41]	[105,208]	[35,16]	[82,21]	[167,170]	[90,68]	[2, 3, 4, 5, 7, 9]
94	是	女	18—30	[48,68]	[72,31]	[120,22]	[88,54]	[173,29]	[133,22]	[203,211]	[105,208]	[188,209]	[103,81]	[79,129]	[90,68]	[1, 2, 3, 4, 5, 6, 7, 8, 9, 10]
95	是	男	18—30	[48,68]	[121,23]	[98,43]	[160,202]	[88,103]	[147,77]	[157,159]	[105,208]	[184,86]	[74,37]	[158,12]	[90,68]	[3, 6]
96	是	男	31—44	[48,68]	[171,74]	[154,186]	[144,43]	[105,53]	[72,44]	[169,205]	[105,208]	[148,181]	[78,188]	[141,9]	[90,68]	[1, 3]
97	否	男	31—44	[48,68]	[174,20]	[58,61]	[31,147]	[93,36]	[162,210]	[160,211]	[105,208]	[198,59]	[104,67]	[112,158]	[90,68]	[5, 6, 7, 9]
98	否	男	18—30	[48,68]	[152,207]	[133,157]	[169,125]	[192,84]	[133,160]	[68,91]	[105,208]	[147,162]	[59,76]	[83,131]	[90,68]	[5]
99	否	女	18—30	[48,68]	[212,43]	[149,124]	[137,182]	[167,86]	[176,79]	[119,162]	[105,208]	[204,23]	[88,204]	[200,160]	[90,68]	[1]
100	是	女	31—44	[48,68]	[131,28]	[15,144]	[183,9]	[24,180]	[34,144]	[138,71]	[105,208]	[74,118]	[140,48]	[205,192]	[90,68]	[4]
101	是	男	45—59	[48,68]	[147,60]	[175,179]	[191,202]	[148,183]	[74,44]	[110,54]	[105,208]	[187,88]	[82,190]	[111,18]	[90,68]	[1, 2, 3, 4, 5, 7, 8]
102	否	女	18—30	[48,68]	[35,39]	[51,150]	[109,182]	[196,112]	[175,54]	[15,209]	[105,208]	[63,120]	[22,208]	[107,44]	[90,68]	[1]
103	是	女	31—44	[48,68]	[87,40]	[160,92]	[186,6]	[191,144]	[161,95]	[149,40]	[105,208]	[33,125]	[183,98]	[192,72]	[90,68]	[6]
104	否	女	18—30	[48,68]	[95,61]	[126,151]	[35,57]	[212,28]	[106,184]	[86,151]	[105,208]	[199,194]	[196,202]	[156,212]	[90,68]	[1]
105	是	男	17及以下	[48,68]	[117,182]	[209,14]	[73,120]	[41,149]	[36,25]	[150,45]	[105,208]	[8,20]	[169,41]	[18,167]	[90,68]	[6]
106	是	男	31—44	[48,68]	[92,21]	[89,135]	[19,119]	[207,17]	[154,181]	[101,43]	[105,208]	[206,156]	[74,50]	[104,68]	[90,68]	[3, 5]
107	是	男	31—44	[48,68]	[196,178]	[54,63]	[131,11]	[171,64]	[125,2]	[162,29]	[105,208]	[37,80]	[78,57]	[121,46]	[90,68]	[3, 6]
108	否	女	18—30	[48,68]	[152,31]	[67,83]	[6,64]	[5,205]	[42,50]	[67,114]	[105,208]	[211,160]	[74,125]	[66,26]	[90,68]	[1]
109	是	女	45—59	[48,68]	[157,33]	[189,50]	[90,132]	[160,103]	[1,164]	[197,179]	[105,208]	[23,41]	[155,190]	[84,206]	[90,68]	[1, 4, 6]
110	是	男	31—44	[48,68]	[120,111]	[134,193]	[120,66]	[118,210]	[187,71]	[39,206]	[105,208]	[100,125]	[108,85]	[194,195]	[90,68]	[3, 6]
111	是	男	31—44	[48,68]	[172,195]	[94,32]	[154,50]	[79,179]	[197,168]	[96,50]	[105,208]	[178,102]	[208,99]	[15,96]	[90,68]	[1, 4, 5]
112	是	女	31—44	[48,68]	[143,180]	[132,82]	[133,125]	[172,119]	[195,31]	[108,9]	[105,208]	[104,76]	[127,70]	[81,98]	[90,68]	[4, 6, 7]
113	是	男	18—30	[48,68]	[159,98]	[134,211]	[22,8]	[67,205]	[27,179]	[111,102]	[105,208]	[24,124]	[46,112]	[123,207]	[90,68]	[4]
114	是	男	31—44	[48,68]	[205,3]	[39,87]	[149,88]	[74,128]	[24,53]	[74,67]	[105,208]	[112,117]	[181,3]	[172,74]	[90,68]	[5]
115	是	女	31—44	[48,68]	[174,8]	[171,168]	[198,71]	[64,178]	[88,22]	[174,187]	[105,208]	[114,86]	[88,179]	[74,47]	[90,68]	[5]
116	是	男	18—30	[48,68]	[146,18]	[45,8]	[73,113]	[188,41]	[100,112]	[97,67]	[105,208]	[158,169]	[95,35]	[171,103]	[90,68]	[3, 5, 7]
117	否	女	31—44	[48,68]	[50,84]	[124,140]	[57,125]	[36,10]	[112,104]	[108,118]	[105,208]	[142,181]	[96,189]	[202,34]	[90,68]	[6]
118	是	男	31—44	[48,68]	[109,120]	[2,49]	[105,58]	[185,140]	[68,32]	[149,201]	[105,208]	[145,99]	[34,181]	[192,70]	[90,68]	[4, 6]
119	是	男	31—44	[48,68]	[32,164]	[191,113]	[190,39]	[160,86]	[88,197]	[132,149]	[105,208]	[12,206]	[81,108]	[158,4]	[90,68]	[6]
120	否	男	45—59	[48,68]	[120,60]	[75,113]	[42,65]	[109,10]	[103,181]	[89,99]	[105,208]	[146,82]	[96,22]	[13,136]	[90,68]	[1, 3]
121	否	男	31—44	[48,68]	[60,192]	[65,108]	[171,133]	[52,21]	[95,103]	[74,18]	[105,208]	[58,189]	[72,210]	[151,62]	[90,68]	[6]
122	是	男	31—44	[48,68]	[197,15]	[93,199]	[55,212]	[22,190]	[20,100]	[151,38]	[105,208]	[113,166]	[140,31]	[136,205]	[90,68]	[2, 4, 5, 6, 8, 9]
123	是	女	31—44	[48,68]	[120,30]	[132,36]	[15,32]	[19,29]	[90,197]	[106,170]	[105,208]	[20,26]	[140,22]	[60,96]	[90,68]	[1, 3]

续表

编号	建筑类专业	性别	年龄	第1题	第2题	第3题	第4题	第5题	第6题	第7题	第8题	第9题	第10题	第11题	第12题	第13题
124	是	男	31—44	[48,68]	[103,192]	[182,197]	[78,111]	[108,64]	[135,161]	[94,181]	[105,208]	[39,210]	[151,1]	[77,94]	[90,68]	[3, 7]
125	是	男	45—59	[48,68]	[188,11]	[118,102]	[212,21]	[196,205]	[88,103]	[111,22]	[105,208]	[186,155]	[48,199]	[184,17]	[90,68]	[6]
126	是	男	31—44	[48,68]	[115,30]	[134,144]	[134,202]	[188,146]	[95,150]	[163,109]	[105,208]	[79,9]	[2,164]	[159,198]	[90,68]	[1, 3, 4, 5, 6]
127	是	女	45—59	[48,68]	[74,128]	[138,47]	[40,47]	[65,166]	[84,147]	[116,203]	[105,208]	[192,137]	[201,48]	[187,211]	[90,68]	[7]
128	否	女	31—44	[48,68]	[103,197]	[171,15]	[101,128]	[169,9]	[89,13]	[141,129]	[105,208]	[112,21]	[121,7]	[13,51]	[90,68]	[3, 6]
129	是	男	31—44	[48,68]	[119,32]	[118,205]	[170,54]	[186,107]	[152,37]	[188,210]	[105,208]	[148,147]	[76,146]	[189,56]	[90,68]	[2, 3, 10]
130	是	男	31—44	[48,68]	[51,44]	[197,191]	[132,95]	[135,67]	[160,86]	[94,181]	[105,208]	[72,199]	[59,207]	[109,86]	[90,68]	[1, 4, 6]
131	是	男	31—44	[48,68]	[83,65]	[142,39]	[118,35]	[123,36]	[123,134]	[20,43]	[105,208]	[151,64]	[70,58]	[40,9]	[90,68]	[5]
132	是	男	45—59	[48,68]	[146,193]	[89,180]	[78,197]	[102,48]	[114,40]	[62,97]	[105,208]	[143,110]	[44,143]	[2,172]	[90,68]	[3, 5, 8]
133	是	男	45—59	[48,68]	[171,106]	[184,72]	[67,205]	[133,180]	[152,67]	[148,206]	[105,208]	[128,24]	[204,44]	[122,21]	[90,68]	[3, 5, 7]
134	是	男	18—30	[48,68]	[28,152]	[208,102]	[139,72]	[72,95]	[11,41]	[56,63]	[105,208]	[139,17]	[21,145]	[151,44]	[90,68]	[1]
135	是	女	31—44	[48,68]	[185,110]	[10,114]	[20,135]	[107,163]	[73,141]	[1,170]	[105,208]	[110,165]	[100,123]	[193,166]	[90,68]	[3, 5, 7]
136	否	男	18—30	[48,68]	[34,50]	[95,129]	[10,170]	[89,15]	[97,66]	[156,81]	[105,208]	[63,193]	[165,136]	[22,190]	[90,68]	[3]
137	是	女	31—44	[48,68]	[13,2]	[20,6]	[83,190]	[17,210]	[78,164]	[133,184]	[105,208]	[196,30]	[199,76]	[20,192]	[90,68]	[5]
138	是	男	31—44	[48,68]	[34,26]	[28,124]	[186,180]	[14,42]	[107,3]	[30,66]	[105,208]	[203,44]	[142,67]	[159,99]	[90,68]	[3, 5, 7]
139	是	女	31—44	[48,68]	[151,70]	[14,189]	[97,6]	[185,129]	[36,179]	[130,17]	[105,208]	[158,59]	[156,205]	[89,190]	[90,68]	[1, 2, 3, 4, 5, 6, 7, 8, 9, 10]
140	是	男	31—44	[48,68]	[113,16]	[145,141]	[58,15]	[133,135]	[63,160]	[62,128]	[105,208]	[187,176]	[46,97]	[61,9]	[90,68]	[1, 2, 4]
141	是	男	45—59	[48,68]	[4,39]	[148,98]	[48,37]	[171,80]	[111,10]	[181,33]	[105,208]	[127,167]	[203,70]	[212,50]	[90,68]	[1, 2, 3]
142	是	男	31—44	[48,68]	[118,20]	[143,7]	[62,167]	[165,34]	[90,93]	[154,125]	[105,208]	[15,39]	[127,201]	[28,50]	[90,68]	[5]
143	是	男	31—44	[48,68]	[186,175]	[141,4]	[92,5]	[144,205]	[127,138]	[150,2]	[105,208]	[95,143]	[189,6]	[143,108]	[90,68]	[3, 6]
144	否	男	60—74	[48,68]	[185,82]	[34,22]	[77,135]	[187,178]	[105,53]	[147,2]	[105,208]	[57,178]	[91,131]	[143,42]	[90,68]	[3]
145	是	女	31—44	[48,68]	[2,164]	[127,55]	[78,172]	[126,168]	[78,56]	[141,70]	[105,208]	[51,11]	[153,187]	[104,27]	[90,68]	[1, 2, 3, 4, 5, 6, 7, 8, 9, 10]
146	是	女	31—44	[48,68]	[25,166]	[79,130]	[145,46]	[39,43]	[6,209]	[171,21]	[105,208]	[85,60]	[192,128]	[105,33]	[90,68]	[8]
147	是	男	31—44	[48,68]	[88,60]	[186,194]	[118,146]	[167,207]	[75,16]	[140,24]	[105,208]	[130,75]	[160,47]	[52,72]	[90,68]	[3, 4, 6]
148	否	女	45—59	[48,68]	[21,204]	[192,160]	[133,174]	[208,36]	[13,199]	[175,193]	[105,208]	[141,76]	[160,139]	[192,135]	[90,68]	[3, 6]
149	否	女	31—44	[48,68]	[37,190]	[133,43]	[92,69]	[196,124]	[73,159]	[76,149]	[105,208]	[88,46]	[158,183]	[91,93]	[90,68]	[4, 6]
150	是	男	31—44	[48,68]	[104,164]	[71,41]	[95,158]	[44,9]	[144,81]	[132,166]	[105,208]	[203,44]	[38,180]	[43,134]	[90,68]	[1, 5]
151	否	女	18—30	[48,68]	[21,6]	[148,197]	[135,185]	[120,201]	[76,62]	[197,118]	[105,208]	[157,150]	[9,8]	[34,18]	[90,68]	[7]
152	是	男	45—59	[48,68]	[162,124]	[161,137]	[6,30]	[204,116]	[166,85]	[86,186]	[105,208]	[181,189]	[199,174]	[132,97]	[90,68]	[3]
153	是	男	18—30	[48,68]	[100,35]	[140,42]	[157,68]	[132,108]	[142,192]	[130,144]	[105,208]	[173,103]	[130,166]	[153,7]	[90,68]	[6]
154	否	女	18—30	[48,68]	[140,32]	[91,9]	[159,24]	[77,116]	[78,22]	[114,37]	[105,208]	[14,169]	[45,6]	[186,135]	[90,68]	[5]
155	否	女	31—44	[48,68]	[91,8]	[203,53]	[126,43]	[117,2]	[18,40]	[131,106]	[105,208]	[86,164]	[208,18]	[163,206]	[90,68]	[8]

续表

编号	建筑类专业	性别	年龄	第 1 题	第 2 题	第 3 题	第 4 题	第 5 题	第 6 题	第 7 题	第 8 题	第 9 题	第 10 题	第 11 题	第 12 题	第 13 题
156	是	男	31—44	[48,68]	[85,19]	[38,54]	[40,97]	[127,207]	[156,70]	[104,100]	[105,208]	[152,180]	[95,124]	[80,6]	[90,68]	[2, 5, 8]
157	否	男	31—44	[48,68]	[152,202]	[189,150]	[50,1]	[154,101]	[184,167]	[162,71]	[105,208]	[55,31]	[78,103]	[142,10]	[90,68]	[4]
158	是	男	31—44	[48,68]	[101,211]	[55,1]	[190,24]	[41,33]	[181,112]	[59,211]	[105,208]	[192,26]	[79,143]	[107,12]	[90,68]	[2, 4, 5]
159	否	男	31—44	[48,68]	[68,85]	[52,7]	[29,5]	[127,178]	[39,5]	[49,59]	[105,208]	[101,110]	[125,168]	[4,113]	[90,68]	[2, 3, 4, 5, 6, 7]
160	是	男	45—59	[48,68]	[197,139]	[102,43]	[173,178]	[2,3]	[171,76]	[91,97]	[105,208]	[48,40]	[91,179]	[203,70]	[90,68]	[1, 2, 5, 7]
161	否	女	31—44	[48,68]	[52,191]	[149,192]	[152,200]	[45,56]	[117,18]	[46,100]	[105,208]	[147,50]	[33,44]	[163,10]	[90,68]	[4, 7]
162	是	男	31—44	[48,68]	[13,79]	[170,67]	[184,124]	[1,9]	[176,192]	[62,113]	[105,208]	[146,112]	[128,37]	[41,98]	[90,68]	[4]
163	是	女	31—44	[48,68]	[118,39]	[185,178]	[51,68]	[79,33]	[40,145]	[17,206]	[105,208]	[158,9]	[188,82]	[155,91]	[90,68]	[3, 6, 8]
164	是	男	31—44	[48,68]	[5,150]	[188,55]	[78,155]	[115,71]	[33,50]	[132,175]	[105,208]	[7,144]	[77,174]	[149,125]	[90,68]	[3]
165	是	男	31—44	[48,68]	[147,83]	[197,20]	[58,16]	[54,24]	[149,41]	[184,123]	[105,208]	[200,55]	[104,98]	[90,150]	[90,68]	[1, 3, 5]
166	是	男	18—30	[48,68]	[81,54]	[43,89]	[156,192]	[154,185]	[69,183]	[190,130]	[105,208]	[16,134]	[126,86]	[129,3]	[90,68]	[8]
167	是	男	31—44	[48,68]	[106,124]	[35,119]	[133,172]	[150,149]	[1,15]	[85,125]	[105,208]	[42,5]	[84,141]	[60,190]	[90,68]	[6]
168	是	男	31—44	[48,68]	[108,8]	[169,167]	[116,166]	[62,31]	[92,164]	[7,31]	[105,208]	[20,59]	[93,138]	[76,146]	[90,68]	[2, 5]
169	是	女	31—44	[48,68]	[137,174]	[157,54]	[109,22]	[205,38]	[202,137]	[187,137]	[105,208]	[141,55]	[39,139]	[87,36]	[90,68]	[2, 4, 6]
170	否	女	31—44	[48,68]	[13,105]	[110,71]	[87,118]	[148,189]	[186,124]	[79,10]	[105,208]	[142,50]	[184,134]	[56,174]	[90,68]	[2]
171	否	女	18—30	[48,68]	[159,23]	[7,113]	[156,93]	[85,164]	[72,205]	[146,152]	[105,208]	[74,128]	[24,64]	[7,211]	[90,68]	[6]
172	是	男	60—74	[48,68]	[147,141]	[143,28]	[141,112]	[113,177]	[155,5]	[103,129]	[105,208]	[81,6]	[176,58]	[140,57]	[90,68]	[1, 2, 3, 4, 5, 6, 7]
173	是	男	31—44	[48,68]	[101,191]	[165,168]	[85,179]	[116,98]	[126,65]	[134,47]	[105,208]	[33,53]	[45,30]	[99,18]	[90,68]	[4]
174	是	男	31—44	[48,68]	[134,30]	[109,43]	[2,35]	[76,64]	[107,145]	[212,11]	[105,208]	[11,178]	[176,170]	[110,30]	[90,68]	[1, 3]
175	否	男	31—44	[48,68]	[148,188]	[92,79]	[120,100]	[110,108]	[120,188]	[11,168]	[105,208]	[132,53]	[93,65]	[145,34]	[90,68]	[4]
176	是	男	31—44	[48,68]	[174,3]	[121,125]	[155,94]	[79,97]	[144,82]	[35,66]	[105,208]	[107,209]	[161,63]	[141,54]	[90,68]	[3, 5, 8]
177	否	男	45—59	[48,68]	[190,67]	[147,150]	[5,149]	[64,96]	[180,19]	[73,29]	[105,208]	[100,91]	[110,49]	[184,52]	[90,68]	[7]
178	是	男	31—44	[48,68]	[115,145]	[173,51]	[172,10]	[106,81]	[146,75]	[184,81]	[105,208]	[29,179]	[171,145]	[137,36]	[90,68]	[5]
179	否	女	18—30	[48,68]	[48,3]	[14,206]	[199,70]	[138,98]	[97,190]	[166,209]	[105,208]	[117,33]	[21,3]	[104,21]	[90,68]	[5, 6]
180	是	男	18—30	[48,68]	[104,43]	[61,97]	[111,202]	[93,16]	[145,8]	[75,38]	[105,208]	[159,76]	[17,200]	[20,6]	[90,68]	[3, 6]
181	是	男	31—44	[48,68]	[27,164]	[154,91]	[156,42]	[117,130]	[101,42]	[48,105]	[105,208]	[190,64]	[2,113]	[208,9]	[90,68]	[5]
182	是	男	31—44	[48,68]	[185,204]	[35,172]	[44,126]	[103,212]	[42,93]	[112,8]	[105,208]	[184,48]	[35,51]	[168,181]	[90,68]	[6]
183	否	女	45—59	[48,68]	[54,180]	[118,102]	[117,72]	[133,29]	[168,65]	[182,178]	[105,208]	[129,112]	[147,44]	[12,80]	[90,68]	[5, 7]
184	是	女	31—44	[48,68]	[118,136]	[53,180]	[175,128]	[49,57]	[63,99]	[91,184]	[105,208]	[171,73]	[121,136]	[129,18]	[90,68]	[2, 5, 7]
185	是	男	31—44	[48,68]	[116,29]	[172,180]	[148,139]	[114,180]	[71,28]	[184,16]	[105,208]	[146,196]	[135,164]	[105,112]	[90,68]	[4]
186	否	男	31—44	[48,68]	[174,194]	[23,195]	[134,79]	[15,51]	[186,70]	[39,4]	[105,208]	[158,209]	[77,14]	[166,157]	[90,68]	[1, 3]

续表

编号	建筑类专业	性别	年龄	第1题	第2题	第3题	第4题	第5题	第6题	第7题	第8题	第9题	第10题	第11题	第12题	第13题
187	否	女	45—59	[48,68]	[32,211]	[56,149]	[50,176]	[15,207]	[89,142]	[78,21]	[105,208]	[113,197]	[98,154]	[212,168]	[90,68]	[4]
188	否	男	31—44	[48,68]	[140,2]	[60,98]	[155,47]	[149,125]	[148,79]	[117,42]	[105,208]	[198,120]	[124,24]	[72,60]	[90,68]	[2, 4, 5, 7, 9]
189	是	男	18—30	[48,68]	[140,35]	[190,195]	[116,38]	[121,196]	[92,10]	[62,152]	[105,208]	[80,83]	[147,178]	[52,16]	[90,68]	[3]
190	是	女	18—30	[48,68]	[184,126]	[95,2]	[29,47]	[137,112]	[108,178]	[196,37]	[105,208]	[27,17]	[183,185]	[23,105]	[90,68]	[1, 3]
191	是	男	45—59	[48,68]	[46,121]	[97,211]	[112,196]	[142,194]	[29,6]	[1,5]	[105,208]	[46,137]	[166,170]	[123,205]	[90,68]	[6]
192	是	男	18—30	[48,68]	[74,43]	[149,85]	[87,152]	[93,128]	[184,193]	[113,190]	[105,208]	[199,180]	[156,16]	[139,185]	[90,68]	[2, 5]
193	否	女	18—30	[48,68]	[114,7]	[56,127]	[56,59]	[82,31]	[179,9]	[123,141]	[105,208]	[170,122]	[174,33]	[102,25]	[90,68]	[6]
194	否	女	45—59	[48,68]	[100,145]	[124,6]	[119,125]	[62,60]	[60,36]	[188,103]	[105,208]	[13,32]	[170,90]	[187,121]	[90,68]	[6]
195	是	女	18—30	[48,68]	[135,205]	[135,182]	[41,176]	[25,138]	[63,189]	[95,187]	[105,208]	[136,206]	[190,117]	[95,202]	[90,68]	[5]
196	是	男	31—44	[48,68]	[157,43]	[160,126]	[145,66]	[76,29]	[111,20]	[186,133]	[105,208]	[87,176]	[59,27]	[4,43]	[90,68]	[1, 3]
197	否	男	45—59	[48,68]	[171,146]	[181,64]	[118,108]	[145,72]	[73,185]	[56,210]	[105,208]	[126,11]	[205,37]	[140,146]	[90,68]	[5]
198	否	男	45—59	[48,68]	[35,192]	[142,191]	[161,42]	[200,209]	[161,59]	[181,206]	[105,208]	[107,193]	[19,206]	[41,75]	[90,68]	[4]
199	是	女	18—30	[48,68]	[161,109]	[145,5]	[47,207]	[186,125]	[165,125]	[133,4]	[105,208]	[33,43]	[175,185]	[203,7]	[90,68]	[1, 2, 4]
200	是	男	31—44	[48,68]	[189,117]	[148,47]	[168,20]	[168,152]	[183,57]	[102,148]	[105,208]	[103,129]	[85,55]	[135,108]	[90,68]	[1, 4]

注：有效问卷数量 2292 份，涵盖了 20628 条统计数据，由于文论篇幅受限无法全部列入，因此仅展示其中前 200 份问卷的统计结果。其中第 1、8、12 题为陷阱题，第 2-7、9-11 题为随机栅格对比题（[a,b] 代表栅格 a 的复杂性大于栅格 b），第 13 题为选择依据题。

内容简介

城市形态的复杂性是近年来兴起的热点话题，研究城市形态复杂性的测度方法与建构机理，对于挖掘城市形态的形成机理、探索城市形态与经济社会等非物质因素的内在关联、优化城市形态结构与空间布局具有重要意义。

本书以建筑体量为构成要素的城市形态复杂性研究为切入点，基于逐层剖析和递进式分析挖掘城市形态复杂性的构成及其相互作用规律，并通过城市形态的抽象、降维及归一化等方式建构城市形态复杂性测度模型，进而以南京中心城区为例进一步探讨其城市形态复杂性的特征规律、与空间要素的内在关联机理，并由此提出城市形态复杂性的原型模式。

本书旨在突破传统“唯非线性论”的复杂性研究方式，在确保城市形态复杂性的研究与测度符合其非线性特征的同时保证研究和测度结果的可解释性。同时，挖掘小尺度空间下城市空间要素对于城市形态变化的作用机理，厘清城市形态复杂性的强弱变化规律、衍化逻辑及模式构成，为城市空间的高品质、精细化发展提供理论依据和方法支撑。

图书在版编目（CIP）数据

关联：城市形态复杂性的测度模型与建构机理 / 邵典，杨俊宴著. -- 南京：东南大学出版社，2024.3

（城市设计研究 / 杨俊宴主编. 数字·智能城市研究）

ISBN 978-7-5766-1056-7

Ⅰ. ①关… Ⅱ. ①邵… ②杨… Ⅲ. ①城市规划—建筑设计—研究 Ⅳ. ①TU984

中国国家版本馆CIP数据核字（2023）第246858号

责任编辑：丁 丁 **责任校对**：张万莹 **书籍设计**：小舍得 **责任印制**：周荣虎

关联：城市形态复杂性的测度模型与建构机理

Guanlian: Chengshi Xingtai Fuzaxing De Cedu Moxing Yu Jiangou Jili

著　　者	邵　典　杨俊宴
出版发行	东南大学出版社
社　　址	南京市四牌楼 2 号　邮编：210096　电话：025-83793330
出 版 人	白云飞
网　　址	http://www.seupress.com
电子邮件	Press@seupress.com
经　　销	全国各地新华书店
印　　刷	南京爱德印刷有限公司
开　　本	787 mm × 1092 mm　1/16
印　　张	17.25
字　　数	339千字
版　　次	2024年3月第1版
印　　次	2024年3月第1次印刷
书　　号	ISBN 978-7-5766-1056-7
定　　价	168.00元

本社图书若有印装质量问题，请直接与营销部联系，电话：025-83791830。